新型干法水泥工艺生产计算手册

王君伟 ◎ 编著

XINXING GANFA SHUINI
GONGYI SHENGCHAN
JISUAN SHOUCE

化学工业出版社

·北京·

图书在版编目（CIP）数据

新型干法水泥工艺生产计算手册/王君伟编著. —北京：
化学工业出版社，2013.3
ISBN 978-7-122-15280-0

Ⅰ.①新…　Ⅱ.①王…　Ⅲ.①水泥-干法-生产工艺-
技术手册　Ⅳ.①TQ172.6-62

中国版本图书馆 CIP 数据核字（2012）第 211122 号

责任编辑：常　青　　　　　文字编辑：冯国庆
责任校对：周梦华　　　　　装帧设计：韩　飞

出版发行：化学工业出版社（北京市东城区青年湖南街 13 号　邮政编码 100011）
印　　装：北京虎彩文化传播有限公司
787mm×1092mm　1/16　印张 13½　字数 321 千字　　2013 年 5 月北京第 1 版第 1 次印刷

购书咨询：010-64518888　　售后服务：010-64518899
网　　址：http://www.cip.com.cn
凡购买本书，如有缺损质量问题，本社销售中心负责调换。

定　　价：50.00 元

目 录

常用代码符号说明

为减少在计算公式中因常用符号说明占用篇幅，将业内惯用代码、符号、缩写以及本书中单位指标注脚代码列于表1～表5中。

表1 水泥主要化学成分

名称	氧化钙	二氧化硅	三氧化铝	三氧化铁	氧化镁	烧失量
化学组成	CaO	SiO_2	Al_2O_3	Fe_2O_3	MgO	LOSS
缩写	C	S	A	F	M	LOI
名称	氧化钠	氧化钾	碱含量	钠当量	氧化钛	氧化亚锰
化学组成	Na_2O	K_2O	$Na_2O + K_2O$	①	TiO_2	MnO
缩写	N	K	K_2O	Na_2O_{eq}	T	Mn
名称	氧化亚铁	氟化钙	五氧化二磷	三氧化硫	氟离子	氯离子
化学组成	FeO	CaF_2	P_2O_5	SO_3	F^-	Cl^-
缩写	$\overline{F}$	$\overline{P}$	$\overline{S}$			

① 钠当量 $Na_2O_{eq} = Na_2O + 0.658K_2O$。

表2 水泥熟料主要矿物组成

矿物组成	硅酸三钙	硅酸二钙	铝酸三钙	铁铝酸四钙
化学组成	$3CaO \cdot SiO_2$	$2CaO \cdot SiO_2$	$3CaO \cdot Al_2O_3$	$4CaO \cdot Al_2O_3 \cdot Fe_2O_3$
缩写	C_3S	C_2S	C_3A	C_4AF
矿物组成	铁酸二钙	铝酸一钙	二铝酸一钙	硅铝酸二钙
化学组成	$2CaO \cdot Fe_2O_3$	$CaO \cdot Al_2O_3$	$CaO \cdot 2Al_2O_3$	$2CaO \cdot Al_2O_3 \cdot SiO_2$
缩写	C_2F	CA	CA_2	C_2AS
矿物组成	硫铝酸钙	氟铝酸钙	游离石灰	游离二氧化硅
化学组成	$4CaO \cdot 3Al_2O_3 \cdot SO_3$	$11CaO \cdot 7Al_2O_3 \cdot CaF_2$	$f\text{-}CaO$	$f\text{-}SiO_2$
缩写	$C_4A_3 \cdot SO_3$	$C_{11}A_7 \cdot CaF_2$	$f\text{-}CaO$	$f\text{-}SiO_2$
矿物组成	游离氧化镁	钛酸钙	无水石膏	
化学组成	$f\text{-}MgO$	$CaO \cdot TiO_2$	$CaSO_4$	
缩写	$f\text{-}MgO$	CT	$C \cdot SO_3$	

水泥熟料	硅酸盐水泥	铝酸盐水泥	铁铝酸盐	硫铝酸盐	氟铝酸盐
矿物组成	C_3S,C_2S,C_3A,C_4AF	$CA,CA_2,C_{12}A_7$	$C_4A\overline{S},C_4AF,C_2S$	$C_4A_3\overline{S},C_2S,C_4AF$	$C_{11}A_7 \cdot CaF_2,C_3S,$ C_2S,C_4AF 或 C_2F

水泥熟料	硫铝酸锶钙水泥	硫铝酸钡钙水泥
矿物组成	$Ca_{1.5}Sr_{2.5}A_3 \cdot SO_3,C_3S,C_2S,C_3A,C_4AF$	$Ca_{2.75}Ba_{1.25}A_3 \cdot SO_3,C_3S,C_2S,C_3A,C_4AF$

注：游离氧化镁又称方镁石，钛酸钙又称钙钛石。

表 3　熟料率值、系数

硅酸盐水泥	率值	石灰饱和系数	硅酸率	铝氧率	石灰饱和率
	代码	KH	SM	IM	LSF
铝酸盐水泥	系数	碱度系数			
	代码	A_m			
硫铝酸盐水泥	系数	碱度系数	铝硫比	铝硅比	硫铝比
	代码	C_m	P_s	A_s	P_m

表 4　煤质基准符号

基准	术语	空气干燥基	收到基		干燥基		干燥无灰基	
	符号	ad	ar		d		daf	
工业分析	名称	水分	灰分	挥发分	固定碳	发热量	高位	低位	弹筒
	符号	M	A	V	FC	Q	gr	net	b
元素分析	名称	氮	氢	氧	碳	硫	全(硫、水)		
	符号	N	H	O	C	S	t——注脚		

表 5　单位指标注脚代码

名称	千克标准煤,kg标煤	吨原料,t原料	吨生料,t生料	吨熟料,t熟料
代码	kgce	t_y	t_s	t_{sh}
名称	吨水泥,t水泥	吨燃料,t燃料		吨废渣,t废渣
代码	t_{sn}	t_r		t_z

第一章

水泥熟料质量式

水泥是主要建筑材料之一，其质量优劣与建筑物、构筑物的使用质量密切相关，也关系到人们的"住"和"行"。水泥质量主要取决于水泥熟料质量，优质熟料应有与用户要求的使用性能相匹配的合适的化学成分和矿物组成，且岩相结构优良。

水泥熟料的矿物组成与水泥的物理化学性能、水泥品种相关，所以本书将水泥熟料的矿物组成计算公式作为开篇章。一方面考虑我国生产的水泥品种比例和节能要求，所以，重点介绍硅酸盐水泥熟料和硫铝酸盐水泥熟料；另一方面顾及水泥企业有的产品面向国际市场和外资企业，所以在介绍率值计算式中也包括国外采用的石灰饱和率 LSF、石灰标准值 KST 和水硬率 HM。

第一节　水泥熟料矿物组成

水泥熟料是一种由多种矿物组成的细小人造岩石，其组成、含量和结构形态可通过岩相分析、X 射线和红外光谱等分析法测定。水泥熟料矿物组成计算式是在假定反应完全平衡和假设形成纯熟料矿物的条件下所得到的数据。实际上熟料矿物组成的成分比较复杂，大部分以固溶体形式存在，而且在生产条件下，冷却状况差异对矿物组成和数量影响很大，造成测定值与计算的矿物组成值存在偏差。尽管如此，用化学成分计算的矿物组成来粗略估计熟料性能，还是具有一定准确性。因此用化学分析方法计算其潜在的熟料矿物组成，在水泥工业，尤其是工矿企业依然得到广泛应用。

一、硅酸盐水泥熟料

硅酸盐水泥熟料矿物组成计算式见表 1-1。

表 1-1　硅酸盐水泥熟料矿物组成计算式　　　　　单位:% （质量分数）

矿物组成/%	用已知熟料化学成分计算矿物组成	
	IM≥0.64	IM<0.64
C_3S	$C_3S=4.07(CaO-f\text{-}CaO)-7.60SiO_2-6.72Al_2O_3$ $-1.43Fe_2O_3-2.86SO_3$	$C_3S=4.07CaO-7.60SiO_2-4.47Al_2O_3$ $-2.86Fe_2O_3-2.86SO_3$

矿物组成/%	IM≥0.64	IM<0.64
C_2S	$C_2S=8.60SiO_2+5.07Al_2O_3+1.07Fe_2O_3+2.15SO_3-3.07CaO$	$C_2S=8.60SiO_2+3.38Al_2O_3+2.15Fe_2O_3+2.15SO_3-3.07CaO$
C_3A	$C_3A=2.65Al_2O_3-1.69Fe_2O_3=2.65Fe_2O_3(IM-0.64)$	
C_4AF	$C_4AF=3.04Fe_2O_3$	$C_4AF=4.77Al_2O_3$
C_2F		$C_2F=1.70(Fe_2O_3-1.57Al_2O_3)=1.70Fe_2O_3-2.67Al_2O_3$
$CaSO_4$	$CaSO_4=1.70SO_3$	$CaSO_4=1.70SO_3$
用已知熟料化学成分和率值计算矿物组成		
C_3S	$C_3S=3.80SiO_2(3KH-2)$	$C_3S=3.80SiO_2(3KH-2)$
C_2S	$C_2S=8.61SiO_2(1-KH)$	$C_2S=8.61SiO_2(1-KH)$
C_3A	$C_3A=2.65(Al_2O_3-0.64Fe_2O_3)=2.65Fe_2O_3(IM-0.64)$	
C_4AF	$C_4AF=3.04Fe_2O_3$	$C_4AF=4.77Al_2O_3$
C_2F		$C_2F=1.70(Fe_2O_3-1.57Al_2O_3)=1.70Fe_2O_3(1-1.57IM)$
$CaSO_4$	$CaSO_4=1.70SO_3$	$CaSO_4=1.70SO_3$

二、铝酸盐水泥和硫铝酸盐水泥熟料

铝酸盐水泥、硫铝酸盐水泥熟料矿物组成计算式见表1-2。

表 1-2　铝酸盐水泥和硫铝酸盐水泥熟料矿物组成计算式

单位:%（质量分数）

铝酸盐水泥熟料		硫铝酸盐水泥熟料	
矿物组成	计算式	矿物组成	计算式
CA	$CA=1.55(2A_m-1)\times(Al_2O_3-1.70SiO_2-2.53MgO)$	$C_4A_3\cdot SO_3$	$C_4A_3\cdot SO_3=1.99Al_2O_3$
CA_2	$CA_2=2.55(1-A_m)\times(Al_2O_3-1.70SiO_2-2.53MgO)$	C_2S	$C_2S=2.87SiO_2$
C_2AS	$C_2AS=4.57SiO_2$	C_4AF	$C_4AF=3.04Fe_2O_3$
CT	$CT=1.70TiO_2$	CT	$CT=1.70TiO_2$
C_2F	$C_2F=1.70Fe_2O_3$	$CaSO_4$	$CaSO_4=1.70SO_3$
M	$M=3.53MgO$	$f\text{-}SO_3$	$f\text{-}SO_3=SO_3-0.13C_4A_3\cdot SO_3$
		$f\text{-}CaO_A$	$f\text{-}CaO_A=CaO-1.87SiO_2-1.40Fe_2O_3-0.7TiO_2-0.73(Al_2O_3-0.64Fe_2O_3)$
		$f\text{-}CaO_B$	$f\text{-}CaO_B=f\text{-}CaO_A-0.7f\text{-}SO_3$

注：A_m 为铝酸盐水泥熟料碱度系数，见表1-4。

在硫铝酸盐水泥熟料中，$f\text{-}CaO_A$ 指除了形成熟料矿物所需 CaO 外剩下的 f-CaO；$f\text{-}CaO_B$ 则指 $f\text{-}CaO_A$ 与 $CaSO_4$ 结合后所剩的 f-CaO。

第二节　水泥熟料率值

熟料率值是熟料中各种氧化物含量的相互比例，也是质量控制和配料计算的主要指标。

一、硅酸盐水泥熟料

硅酸盐水泥熟料率值计算式见表1-3。

表 1-3　硅酸盐水泥熟料率值计算式

率值	计　算　式	
石灰饱和系数	定义:石灰饱和系数(饱和比)表示熟料中SiO_2被CaO饱和成C_3S的程度	
	用熟料化学成分计算	
	$IM \geqslant 0.64$	$IM < 0.64$
	$KH = \dfrac{CaO-(1.65Al_2O_3+0.35Fe_2O_3+0.70SO_3)}{2.80SiO_2}$	$KH = \dfrac{CaO-(1.10Al_2O_3+0.70Fe_2O_3+0.70SO_3)}{2.80SiO_2}$
	$KH^- = \dfrac{CaO-f\text{-}CaO-(1.65Al_2O_3+0.35Fe_2O_3+0.70SO_3)}{2.80(SiO_2-f\text{-}SiO_2)}$	
	$KH = \dfrac{CaO-1.65(Al_2O_3+TiO_2+P_2O_5)-0.35(Fe_2O_3+MgO)-0.7SO_3}{2.8S}$　注:使用工业废渣和低质原燃料时	
	用熟料矿物组成计算	
	$KH = \dfrac{C_3S+0.8838C_2S}{C_3S+1.3256C_2S}$	
硅酸率	定义:硅酸率表示熟料中二氧化硅含量与氧化铝、氧化铁之和的质量比	
	用熟料化学成分计算	
	一般算式	氧化镁含量大于1.5%时
	$SM = \dfrac{SiO_2}{Al_2O_3+Fe_2O_3}$	$SM = \dfrac{SiO_2}{Al_2O_3+Fe_2O_3+(MgO-1.5)}$
	$SM = \dfrac{SiO_2}{Al_2O_3+TiO_2+P_2O_5+Fe_2O_3+Mn_2O_3}$	注:使用工业废渣时
	用熟料矿物组成计算	
	$SM = \dfrac{C_3S+1.3254C_2S}{1.4341C_3A+2.0464C_4AF}$	
铝氧率	定义:铝氧率是表示熟料中氧化铝和氧化铁含量的质量比	
	用熟料化学成分计算	
	一般算式	氧化镁含量大于1.5%时
	$IM = \dfrac{Al_2O_3}{Fe_2O_3}$	$IM = \dfrac{Al_2O_3}{Fe_2O_3+(MgO-1.5)}$
	用熟料矿物组成计算	
	$IM = \dfrac{1.1501C_3A}{C_4AF}+0.6383$	

率值	计　算　式	
石灰饱和率	定义:表示熟料中 CaO 含量与全部酸性组分需要结合的 CaO 比值,石灰饱和率 LSF 是英国标准规范中使用的一种率值系数	
	用熟料化学成分计算	
	一般算式	不同氧化镁含量下
	$$LSF=\dfrac{100CaO-0.70SO_3}{2.80SiO_2+1.18Al_2O_3+0.65Fe_2O_3}$$	当 $MgO \leqslant 2\%$ 时 $$LSF=\dfrac{100(CaO+0.75MgO)-0.7SO_3}{2.8SiO_2+1.18Al_2O_3+0.65Fe_2O_3}$$ 当 $MgO>2\%$ 时 $$LSF=\dfrac{100(CaO+1.50MgO)-0.7SO_3}{2.8SiO_2+1.18Al_2O_3+0.65Fe_2O_3}$$
石灰标准值	定义:石灰标准值 KST 是指硅酸盐水泥熟料中酸性氧化物形成 C_3S、C_3A 和 C_4AF 时,石灰的极限含量。石灰标准值有三种算式:KST Ⅰ、KST Ⅱ 和 KST Ⅲ。KST Ⅰ 已被 KST Ⅱ 修正,下面介绍 KST Ⅱ 和 KST Ⅲ	
	用熟料化学成分计算	
	KST Ⅱ	KST Ⅲ
	$$KST\,Ⅱ=\dfrac{100CaO}{2.8SiO_2+1.18Al_2O_3+0.65Fe_2O_3}$$	当 $MgO \leqslant 2.0\%$ 时 $$KST\,Ⅲ=\dfrac{100(CaO+0.75MgO)}{2.8SiO_2+1.18Al_2O_3+0.65Fe_2O_3}$$ 当 $MgO>2.0\%$ 时 $$KST\,Ⅲ=\dfrac{100(CaO+1.5MgO)}{2.8SiO_2+1.18Al_2O_3+0.65Fe_2O_3}$$
水硬率	定义:水硬率 HM 是国外使用的率值系数之一,表示熟料中 CaO 与酸性氧化物的比值。一般 HM 为 1.7～2.3,低于 1.7 时,水泥强度较低,大于 2.3 时,安定性不良	
	用熟料化学成分计算	
	$$HM=\dfrac{CaO}{SiO_2+Al_2O_3+Fe_2O_3}$$	

二、铝酸盐水泥和硫铝酸盐水泥熟料

铝酸盐水泥、硫铝酸盐水泥熟料率值计算式见表 1-4。

表 1-4　铝酸盐水泥和硫铝酸盐水泥熟料率值计算式

铝酸盐水泥熟料		硫铝酸盐水泥熟料	
率值	计　算　式	率值	计　算　式
碱度系数	定义:A_m 表示熟料中形成 CA 和 CA_2 的 CaO 量与熟料中铝酸钙全部为 CA 时,所需 CaO 的比值 $$A_m=\dfrac{CaO-1.87SiO_2-0.7(Fe_2O_3+TiO_2)}{0.55(Al_2O_3-1.70SiO_2-2.53MgO)}$$	碱度系数	定义:C_m 表示熟料中 SiO_2、Al_2O_3 和 Fe_2O_3 被 CaO 饱和成 C_2S、$C_4A_3\cdot SO_3$ 和 C_4AF 的程度 $$C_m=\dfrac{CaO-0.70(Fe_2O_3+TiO_2+SO_3)}{1.87SiO_2+0.55Al_2O_3}$$
铝硅比	定义:A_s 反映了 $C_4A_3\cdot SO_3$ 与 $\beta\text{-}C_2S$ 之间的关系 $$A_s=\dfrac{Al_2O_3}{SiO_2}$$	铝硫比	定义:P_m 表示熟料中 CaO、Al_2O_3 和 SO_3 形成 $C_4A_3\cdot SO_3$ 矿物时,SO_3 和 Al_2O_3 之间的比例关系 $$P_s=\dfrac{Al_2O_3-0.64Fe_2O_3}{SO_3}$$

第三节　硅酸盐水泥熟料化学成分

硅酸盐水泥熟料的主要化学成分是氧化钙、二氧化硅、氧化铝、氧化铁，可用熟料的矿物组成和率值来计算。

一、用矿物组成计算

用矿物组成计算式见表 1-5。

表 1-5　用矿物组成计算式　　　　　　单位：%（质量分数）

成分	IM≥0.64	IM<0.64
CaO	$CaO=0.7369C_3S+0.6512C_2S+0.6227C_3A$ $+0.4616C_4AF+0.4119CaSO_4$	$CaO=0.7369C_3S+0.6512C_2S+0.4616C_4AF$ $+0.4126C_2F+0.4119CaSO_4$
SiO₂	$SiO_2=0.2631C_3S+0.3488C_2S$	$SiO_2=0.2631C_3S+0.3488C_2S$
Al₂O₃	$Al_2O_3=0.3773C_3A+0.2098C_4AF$	$Al_2O_3=0.3773+0.2098C_4AF$
Fe₂O₃	$Fe_2O_3=0.3286C_4AF$	$Fe_2O_3=0.3286C_4AF+0.5874C_2F$
SO₃	$SO_3=0.5881CaSO_4$	$SO_3=0.5881CaSO_4$

二、用率值计算

用熟料率值计算式见表 1-6。

表 1-6　用熟料率值计算式　　　　　　单位：%（质量分数）

成分	一般式	掺矿化剂
Σ	$\Sigma=SiO_2+Al_2O_3+Fe_2O_3+CaO=0.97\sim0.98$	$\Sigma\approx0.95$
CaO	$CaO=\dfrac{[2.8KH(IM+1)SM+1.65IM+0.35]\Sigma}{(2.8KH+1)(IM+1)SM+2.65IM+1.35}$	$CaO=\dfrac{[2.8KH(IM+1)SM+0.55IM+1.05]\Sigma}{(2.8KH+1)(IM+1)SM+1.55IM+2.05}$ $+2.87CaF_2+0.75SO_3$
SiO₂	$SiO_2=\dfrac{SM(IM+1)\Sigma}{(2.8KH+1)(IM+1)SM+2.65IM+1.35}$	$SiO_2=(Al_2O_3+Fe_2O_3)SM$
Al₂O₃	$Al_2O_3=\dfrac{IM\times\Sigma}{(2.8KH+1)(IM+1)SM+2.65IM+1.35}$	$Al_2O_3=IM\times Fe_2O_3$
Fe₂O₃	$Fe_2O_3=\dfrac{\Sigma}{(2.8KH+1)(IM+1)SM+2.65IM+1.35}$	$Fe_2O_3=\dfrac{\Sigma-2.87CaF_2-0.70SO_3}{(2.8KH+1)(IM+1)SM+1.55IM+2.05}$

不同系列水泥熟料矿物组成、率值范围见表 1-7～表 1-10。

表 1-7　不同系列水泥熟料的矿物组成和率值控制范围

表 1-7（1）　硅酸盐水泥熟料系列

熟料品种	矿物组成/%				率值控制范围		
	C₃S	C₂S	C₃A	C₄AF	KH	SH	IM
硅酸盐水泥	54～61	17～23	7～9	9～11	0.88～0.93	2.40～2.80	1.40～1.90
道路水泥	50～57	15～20	2～5	16～22	0.94～0.98	1.60～1.80	0.80～0.90

熟料品种	矿物组成/%				率值控制范围		
	C_3S	C_2S	C_3A	C_4AF	KH	SH	IM
快硬水泥	55～60	15～20	5～9	12～55	0.93～0.97	1.90～2.10	1.20～1.40
抗硫酸水泥	40～46	24～30	2～4	15～18	0.84～0.88	1.90～2.10	0.90～1.00
低热微膨胀水泥	约50	20～25	5～7	15～17	0.92～0.96	1.80～2.00	1.00～1.40
明矾石膨胀水泥	>55	15～20	7～9	<14	0.93～0.97	1.90～2.10	1.20～1.40
中热和低热水泥	50～55	20～30	1～5	15～19	0.85～0.91	2.00～2.20	070～1.00
白水泥	55～60	25～30	12～13	<13	0.87～0.96	3.50～5.0	>12

表 1-7（2） 铝酸盐、硫铝酸盐水泥熟料系列　单位：%（质量分数）

熟料品种	C_3A	CA_2	C_2AS	$C_4A \cdot SO_3$	C_2S	C_4AF
铝酸盐	40～45	15～30	20～36			
硫铝酸盐				55～75	15～30	3～6
铁铝酸盐				45～65	15～35	10～25

表 1-8　不同系列水泥熟料化学成分范围　单位：%（质量分数）

熟料品种	SiO_2	Al_2O_3	Fe_2O_3	CaO	FeO	F^-	SO_3
硅酸盐	21～24	4～7	2～4	63～67			
铝酸盐	5～15	40～60	～10	30～40	2～4		
硫铝酸盐	7～14	20～36	1.5～7	42～50	0.5～1.5		7～14
铁铝酸盐	6～12	25～35	5～10	43～46			5～12
氟铝酸盐	5～8	36～39	1.0～1.5	49～52	1.5～2.0	2～3	
型砂	16～17.5	12.5～14	1.5～3.0	60～63	0.5～1.0	0.9～1.4	0.6～2.5

表 1-9　不同硫铝酸盐水泥熟料系列的率值控制范围 单位：%（质量分数）

项目	一般范围	低碱度	自应力	快硬	高强熟料粉
碱度系数 C_m	0.95～0.98	0.94±0.02	0.96±0.02	0.88±0.02	1.02±0.02
铝硫比 Al_2O_3/SO_3		3.30±0.30	3.30±0.30	3.60±0.30	3.90±0.03
铝硅比 Al_2O_3/SiO_2		3～4	2.5～3.5	4～6	5～8

注：数据来源——李乃珍，谢敬坦．特种水泥与特种混凝土 [M]．北京：中国建材工业出版社，2011，(1)．

表 1-10　我国部分特种水泥熟料的矿物组成特点

水泥品种		矿物组成及特点	主要性能
快硬高强	硅酸盐系列	高 C_3S，高比表面积	凝结正常，高早强
	硫铝酸盐	$C_4A_3 \cdot SO_3$，β-C_2S	凝结正常，超高早强
	铁铝酸盐	$C_4A_3 \cdot SO_3$，C_4AF，β-C_2S	凝结正常，超高早强
	氟铝酸盐	$C_{11}A_7 \cdot CaF_2$，$C_4A_3 \cdot SO_3$，β-C_2S	凝结正常，超高早强

水泥品种		矿物组成及特点	主要性能
膨胀和自应力	硅酸盐系列	$CA,CA_2,C_4A_3 \cdot SO_3,$	自应力低,膨胀指数高,稳定期短
	铝酸盐	CA,CA_2	自应力高,稳定期长
	硫铝酸盐	$C_4A_3 \cdot SO_3,\beta\text{-}C_2S$	自应力高,稳定期短
	铁硫铝酸盐	$C_4A_3 \cdot SO_3,C_4AF,\beta\text{-}C_2S$	自应力较高,稳定期短,膨胀指数低
低水化热		低 C_3A,C_3S 适中或偏低	低水化热,干缩小,耐磨,抗硫酸盐侵蚀
油井水泥		低 C_3A,低 C_3S	适用于井下高温、高压,灌注堵塞壁面
耐高温水泥		CA,CA_2,或加 Al_2O_3 粉	在 1200～1700℃ 下具有良好的使用性能
道路水泥		C_3A,高 C_4AF	耐磨,抗折强度高,干缩性能低
低碱水泥		高 C_3A,高 C_2S,水泥中碱以钠当量计 ≤0.6%,浆液中 pH 值低于 11	避免发生碱骨料反应使制品开裂和出现白色碱斑

第二章

原燃材料特性及评价

水泥熟料是将含有钙质、硅质、铝质和铁质的原料，按一定比例，经过制备、配制、煅烧等一系列工艺过程中物理化学反应形成的。掌握水泥原燃料、生料和熟料特性是正确选择原燃料、完成配料设计、确定生产工艺和设备选型等重要依据。水泥原燃料中各组分是以不同矿物形式参与化学反应的，因此原燃料的物理结构及化学反应活性，对熟料的形成、质量和消耗有很大影响。为此，除对原燃材料制定相关质量标准外，还需掌握所使用的原燃材料、生料、熟料的特性。在这方面我国已制定试验方法，直接按检测数据进行评价分析。本章介绍用化学成分计算生料易烧性和企业对熟料、混合材、燃料煤所做的小磨检测试验后计算相对易磨性系数等数据，便于企业读者在原燃材料选择和进行生产分析中参用。

第一节　生料、熟料特性指标

一、生料易烧性

生料易烧性是指生料在煅烧过程中形成熟料的难易程度。生料易烧性是评价原料和生料的重要工艺指标，也是选择原料的重要依据。企业在开发利用新原料、生产新熟料品种前期工作时，都需要掌握和研究生料的易烧性。评价生料易烧性有试验法和经验系数法。

采用经验法时，可借助生料的化学成分计算生料易烧性系数 BF，也可利用熟料矿物组成计算生料易烧性指数 BI，分别介绍如下。

$$BF(\%) = LSF + 6(SM-2) - (MgO + Na_2O + K_2O) \tag{2-1}$$

$$BI(\%) = C_3S/C_4AF + C_3A + MgO + Na_2O + K_2O \tag{2-2}$$

生料易烧性的评价见表 2-1。

表 2-1　生料易烧性的评价

试验法（在实验室内，将生料在 1450℃下煅烧 30min）			系数法（用成分计算生料易烧性系数）			
f-CaO/%	≤1.5	1.5~2.5	>2.5	BF 值	<0.5	0.5~0.6	>0.6
易烧性评价	较好	一般	较差	易烧程度	易熔料	易烧料	难烧料

二、熟料液相量

熟料液相量 L_p（也称为熔体量）指熟料在不同温度下液相量的百分数。水泥熟料液相量关系到熟料硅酸盐矿物的形成，也牵涉窑皮厚薄和窑内结圈状况，进而影响窑能否正常运行。液相量与温度、熟料中熔剂成分的关系见表 2-2。预热预分解窑，在 1450℃ 时，熟料液相量一般控制在 23%～28%（质量分数）范围内为好。

表 2-2　液相量与温度、熟料中熔剂成分关系

温度/℃	液相量 L_p（%）计算式	说　　明
1338	$L_p = 3.03Al_2O_3 + 1.75Fe_2O_3 + Q_T$	Q_T 为 $MgO + R_2O + SO_3$ 等其他成分总和（%）
1400	$L_p = 2.95Al_2O_3 + 2.2Fe_2O_3 + Q_T$	
1450	$L_p = 3.00Al_2O_3 + 2.25Fe_2O_3 + Q_T$	
	$L_p = C_3A + C_4AF + MgO + SO_3 + R_2O$	烧劣质原燃料和废料时

三、熟料窑皮指数

当生料进入窑烧成带，经高温煅烧熔融后，出现具有胶黏性的液相，既能与窑内耐火砖热面起化学反应，又能将所黏附的生料固结到窑衬表面，形成耐高温、耐侵蚀、耐磨损、耐冲刷的窑皮。生产上用窑皮指数 A_W 来反映料子挂窑皮的难易程度，一些耐火材料厂用窑皮值 CI 表示。

数学表达式：

$$A_W(\%) = L_p + 0.2C_2S + 2Fe_2O_3 \tag{2-3}$$

$$CI(\%) = C_3A + C_4AF + 0.2C_2S + 2.0Fe_2O_3 \tag{2-4}$$

窑皮指数、窑皮值与窑皮形成情况见表 2-3。

表 2-3　窑皮指数、窑皮值与窑皮形成情况

窑皮指数 A_W/%	<30	30～39	>40
窑皮形成状况	窑皮难以形成,不结圈	好挂窑皮	易结大块熟料、结蛋、结圈
窑皮值 CI/%	≤25	25～33	>33
窑皮状况	窑皮少	正常	窑皮过量且不稳

注：生产上一般控制窑皮指数在 31%～34% 为好。

四、硫碱比

硫碱比 SO_3/R 是指物料中的硫含量与其碱含量之间相对比值。预热预分解窑，因硫和碱在窑气中循环富集，若硫碱比不当，会产生结皮料，影响窑系统操作，生产上将生料的硫碱比作为控制指标。硫碱比指标见表 2-4。

表 2-4　硫碱比指标

物理量	计　算　式		适用范围
硫碱摩尔比	定义:生料和燃料中三氧化硫与碱含量的摩尔比		
	水泥制造和应用 $\dfrac{SO_3}{R} = \dfrac{SO_3}{0.85K_2O + 1.29Na_2O}$		0.6～0.8
	丹麦 FLS 公司 $\dfrac{SO_3}{R} = \dfrac{SO_3}{0.85K_2O + Na_2O} \leq 1.0$		0.6～0.8
	考虑利用工业或生活废弃物时扣除 Cl^- 的影响 $\dfrac{\bar{S}}{R} = \dfrac{SO_3/80}{\dfrac{Na_2O}{62} + \dfrac{K_2O}{94} - \dfrac{Cl^-}{71}} = \dfrac{SO_3}{1.29Na_2O + 0.85K_2O - 1.113Cl^-}$		0.7～1.0

物理量	计 算 式	适用范围
过剩硫	定义：表示生料和燃料中的硫，在燃烧过程中生成 SO_2，在窑气中与碱化合成硫酸碱后，SO_3 的过剩情况。多余的 SO_3 与 CaO 生成 $CaSO_4$，易在某一部位结厚窑皮，难清除	
	丹麦 FLS 公司采用过剩硫控制的指标，过剩硫 $=(SO_3-0.85K_2O-1.29Na_2O)/SO_3$	$<30\%$
熟料硫酸盐饱和度（SG）	定义：表示熟料中 SO_3 硫酸盐化程度。饱和度越高生成 $CaSO_4$ 越多，硫的挥发系数也越高，易结圈或结皮	
	$SG=\dfrac{100\times SO_3\times 0.774}{0.658K_2O+Na_2O}\times 100\%$	$<50\%$ 为好

五、物料相对易磨性系数

物料的易磨性是表征物料破碎和粉磨难易程度的物性参数，是影响生料磨、煤磨和水泥磨的产量、电耗及磨耗的主要因素，是标定磨机产量和磨机系统设备选型的重要参数及依据，也是评价原料优劣的重要工艺指标之一。

物料粉磨时难易程度，通常用易磨性指数（用试验磨测得，试验方法见国标）或用相对易磨性系数表示。易磨性指数越高，表示其易磨性越好；反之，易磨性越差。相对易磨性系数 K_m 表示被粉磨物料与基准物料的粉磨难易相对程度。企业可通过所测的相对易磨性系数，估计使用新物料后的产量和电耗变化情况，因而具有实用价值。这个参数的检测方法简单：在试验小磨上，将被测物料（企业拟替代的物料）和标准物料（平潭标准砂或回转窑熟料）或参照物料，在相同条件（如粒度、试验磨）下，用相同时间进行分别粉磨，测其各自的比表面积（不能测比表面积，可测其筛余细度），然后进行细度相比计算，即为相对易磨性系数。

$$K_m=\frac{S_1}{S_2} \tag{2-5}$$

式中 S_1，S_2——被测物料和参照物的比表面积，m^2/kg。

物料易磨性评价见表 2-5。

表 2-5 物料易磨性评价

项 目		极难磨	难磨	中等	易磨	备 注
球磨功耗 W_i/(kW·h/t)		大于 15	13~16	10~13	小于 10	$W_i=435/HGI^{0.91}$ 1kW·h/t=2.5kW·h/短 t
		大于 14	12~14	10~12	小于 10	
无烟煤	相对易磨性系数 K_m	0.9	1.1	1.3	1.5	
	哈氏指数 HGI	35.1	53.3	70.13	86	
	能耗/(kW·h/短 t)	16.7	11.7	9.09	7.55	
	能耗/(kW·h/t)	41.7	29.3	22.7	18.9	
原料易磨性系数 B_i		硬（难磨）	较硬（较难磨）	中硬（中等）	软（耐磨）	
能耗/(kW·h/t)		>14	10~13	8~10	<8	
物料易磨性分类标准		A 易磨	B 比较易磨	C 中等易磨	D 比较难磨	E 难磨 按照中国水泥发展中心的易磨性分类方法
能耗/(kW·h/t)		≤8	8~10	10~13	13~15	>15
辊磨易磨性系数		小于 1 易磨；大于 1 难磨				

第二节　碱　含　量

表示物料中碱含量方式，除碱性氧化物成分外，还可用碱合量和钠当量（有的称为可溶性碱）表示，其算式如下。

1. 碱含量

$$R_2O(\%) = Na_2O + K_2O \tag{2-6}$$

2. 钠当量

$$Na_2O_{eq}(\%) = Na_2O + 0.658K_2O \tag{2-7}$$

3. 水泥熟料中碱含量（以钠当量表示）**的生产测算**

为生产低碱水泥，要求水泥企业生产的熟料碱含量符合质量指标或满足客户要求，考虑在熟料烧成过程中碱挥发等因素，使熟料中碱含量的实际检测值比理论计算值低，而水泥中碱含量，实测值要比理论计算值高，所以不仅要对水泥、熟料中碱含量进行理论计算，还要通过生产统计进行测算和调整，生产出满足客户要求的低碱水泥中碱含量指标。详细情况可参阅冀中能源股份公司王燕春的"调整工艺配料方案实现生产低碱水泥"一文〔水泥工程，2011，（2）〕。

（1）熟料碱含量

① 理论计算值 $Na_2O_{eq,01}$

$$Na_2O_{eq,01} = K_s \sum_{i=1}^{n}(e_i \times Na_2O_{eq,i}) \tag{2-8}$$

② 生产要求值 $Na_2O_{eq,1}$

$$Na_2O_{eq,1} = K_{sh} \times Na_2O_{eq,01} \tag{2-9}$$

式中　$Na_2O_{eq,01}$，$Na_2O_{eq,1}$——熟料碱含量的理论计算值和生产要求值，%；

　　　　K_s——生料实际料耗，t_s/t_{sh}；

　　　　e_i——各种原材料（包括煤灰）配比，%。

　　　　$Na_2O_{eq,i}$——各原材料（包括煤灰）中 Na_2O_{eq} 含量（质量分数），%；

　　　　K_{sh}——熟料中碱含量调整系数。

考虑理论计算值与实测值有差异的调整系数，是一个大于 1 的统计值，用小数表示。各水泥企业先期统计本企业生产数据，找出由原料配比理论计算的熟料碱含量与实际检测值之间关系后使用。

$$K_{sh} = \frac{1 + (实际检测值 - 理论计算值)}{实际检测值}$$

（2）水泥碱含量

① 理论计算值 $Na_2O_{eq,02}$，按水泥组分的质量配比，计算水泥中碱含量。

$$Na_2O_{eq,02} = \sum_{j=1}^{n}(E_j \times Na_2O_{eq,j}) \tag{2-10}$$

② 含量预计值 $Na_2O_{eq,2}$

$$Na_2O_{eq,2} = K_{sn} \times Na_2O_{eq,02} \tag{2-11}$$

式中　$Na_2O_{eq,02}$，$Na_2O_{eq,2}$——水泥碱含量的理论计算值和含量预计值，%；

E_j——水泥组分配比，%（质量分数）；

$Na_2O_{eq,j}$——水泥用原材料的碱含量（Na_2O_{eq}），%；

K_{sn}——水泥中碱含量调整系数。

含量预计值在生产低碱水泥时，按国标要求≤0.6%。用企业实际生产和理论计算的水泥碱含量的小于1的统计数据，用小数表示。各水泥企业先期统计本企业生产数据，找出由理论计算的水泥碱含量与实际检测值之间的关系后使用。

第三节　燃　料　煤

水泥企业在煅烧和烘干生产工序中需要消耗热量，这些热量是由燃料燃烧提供。了解和掌握有关燃料基本特性的计算，便于生产操作者确定合理煅烧条件。

水泥企业生产大多采用煤作为燃料。本节着重介绍燃料煤的发热量和商品煤验收计算。

一、煤的发热量

煤的发热量（也称为热值）是指煤完全燃烧后所发出的热量。煤的发热量是评价煤的质量和使用价值的重要指标，也是预测燃烧后可能达到最高温度和计算燃料消耗量的依据及验收商品煤的指标之一。

1. 煤的弹筒发热量

水泥工业用煤的发热量可用氧弹量热法测定（标准值），也可利用煤的工业分析或元素分析的经验公式进行计算（为预计数据）。按煤的基准将发热量分为"收到基（ar）、空气干燥基（ad）、干燥基（d）和干燥无灰煤基（daf）"发热量。对同一煤样，又有弹筒、高位与低位发热量之分，弹筒发热量值＞高位发热量＞低位发热量。基准之间换算见表2-6。

根据表2-6，用弹筒法测得空气干燥基弹筒发热量，计算空气干燥基煤样的高低位发热量换算式以及利用煤的工业分析、元素分析计算的发热量经验公式。

表2-6　煤的发热量算式 单位：kJ/kg_r

项目	计算式	符号说明
弹筒法测量值	用弹筒发热量（空气干燥基）换算成其他基准算式 高发热量[①]$Q_{gr,ad}=Q_{b.ad}-(95S_{b,ad}+\alpha \cdot Q_{b,ad})$ 低发热量 $Q_{net,ad}=Q_{b,ad}-(95S_{b,ad}+\alpha \cdot Q_{b,ad})-225H_{ad}-25.1M_{ad}$ 收到基 $Q_{net,ar}=Q_{gr,ar}-25.1(M_{ar}+9H_{ar})$ 空气干燥基 $Q_{net,ad}=Q_{gr,ad}-25.1(M_{ad}+9H_{ad})$ 干燥基 $Q_{net,d}=Q_{gr,d}-225H_d$ 干燥无灰基 $Q_{net,daf}=Q_{gr,daf}-225H_{daf}$	$Q_{gr,ad}$——煤的高位发热量，kJ/kg_r $Q_{b,ad}$——氧弹仪测量空气干燥基发热量 $S_{b,ad}$——用弹筒法洗液测得煤的含硫量，%。当含硫量S_t低于4.00%或发热量高于14600kJ/kg时，可用全硫$S_{t,ad}$代替$S_{b,ad}$ α——硝酸生成热校正系数，见表2-7(1) 95——相当于1%的硫的硫酸校正热 其余符号见本书常用代码符号说明中表5所述

项目	计算式	符号说明
原经验公式	用煤工业分析和元素分析计算(空气干燥基)	K_0,K_1,K_2,K_3——煤的计算系数,见表2-7
	无烟煤 $Q_{net,ad}=K_0-360M_{ad}-385A_{ad}-100V_{ad}$	
	烟煤 $Q_{net,ad}=100K_1-(K_1+25.09)(M_{ad}+A_{ad})-12.54V_{ad}$ 当 $V_{adf}<35\%$ 且 $M_{ad}>3\%$ 时 $Q_{net,ad}=100K_1-(K_1+25.09)(M_{ad}+A_{ad})-4.18V_{ad}$	
	褐煤 $Q_{net,ad}=100K_2-(K_2+25.09)(M_{ad}+A_{ad})-4.18V_{ad}$	
	非炼焦煤(焦渣特征1~3号的各种烟煤)半经验公式 $Q_{net,ad}=326FC_{ad}+159V_{ad}-25.1A_{ad}-25.1M_{ad}$	
	高灰分炼焦烟煤(焦渣特征4~8号烟煤) $Q_{net,ad}=330FC_{ad}+197V_{ad}-12.5A_{ad}-25.1M_{ad}$	
	高灰分无烟煤和石煤半经验公式 $Q_{net,ad}=330FC_{ad}+79.5V_{ad}-25.1M_{ad}-6.3A_{ad}$	
	石煤半经验公式 $Q_{net,ad}=332FC_{ad}-167.3$	
新公式	(1)用工业分析	
	无烟煤 $Q_{net,ad}=34814-563.0M_{ad}-382.2A_{ad}-24.7V_{ad}$	
	烟煤 $Q_{net,ad}=35860-702.0M_{ad}-395.7A_{ad}-73.7V_{ad}+173.6CRC$	CRC——焦渣特征序号,见表2-7(3)
	褐煤 $Q_{net,ad}=31733-388.4M_{ad}-321.6A_{ad}-70.5V_{ad}$	
	(2)用元素分析	
	采用全硫计算 $Q_{net,ad}=6984+275.0C_{ad}+805.7H_{ad}+60.7S_{t,ad}-142.9O_{ad}-74.4A_{ad}-129.2M_{ad}$	
	不需要采用全硫计算或 $S_{t,ad}=3\%$ 时 $Q_{net,ad}=12807.6+216.6C_{ad}+734.2H_{ad}-199.7O_{ad}-132.8A_{ad}-188.3M_{ad}$	
其他	其他可燃废弃物发热量	
	(1)污泥 $Q_{Tnet,ad}=337.15C_{ad}+1418.86(H_{ad}-O_{ad}/8)+1341.21S_{ad}$	$Q_{Tnet,ad}$——污泥发热量,kJ/kg
	(2)固体废弃物 $Q_{Hnet,ad}=4.1868\times[81C_{ad}+246H_{ad}-26(O_{ad}-S_{ad})-6M_{ad}]$	$Q_{Hnet,ad}$——固体废弃物发热量,kJ/kg
	(3)生活垃圾 $Q_L=4.1868\times[81C_{ad}+300H_{ad}-26(O_{ad}-S_{ad})-6(M_{ad}+9H_{ad})]$ $Q_{LH}=Q_L+4.1868\times6(M_{ad}+9H_{ad})$	Q_L——生活垃圾低位发热量,kJ/kg Q_{LH}——生活垃圾高位发热量,kJ/kg
	(4)混合垃圾:混合垃圾测定其发热量很困难,但可按垃圾组成元素值用加权平均法来估算,权数为各自元素所占质量分数。计算式如下 $$Q_{Lp}=\frac{\sum_{i=1}^{n}(G_iQ_{Li})}{\sum_{i=1}^{n}G_i}$$	Q_{Lp}——混合垃圾平均低发热量,kJ/kg G_i——混合垃圾物理组成,% Q_{Li}——垃圾各组分的低发热量,kJ/kg

① 水泥行业少用的在煤中含有碳酸盐时高位发热量计算式见参考文献［11］,这里简介如下。

$$Q_{gr,ad}=Q_{b,ad}-(94.1S_{b,ad}+\alpha Q_{b,ad})+42\beta(CO_2)_{ad或ar}$$

式中,β 为碳酸盐的热分解率,当 $Q>11000J/g$,且碳酸盐 CO_2 含量不大于 4% 时,β 取 1.0;当 $5500J/g<Q\leqslant10000J/g$,且碳酸盐 CO_2 含量不大于 4% 时,β 取 0.88;$Q<5000J/g$,且碳酸盐 CO_2 含量为 $2\%\sim4\%$ 时,β 取 0.80;$(CO_2)_{ad或ar}$ 为煤中碳酸盐 CO_2 含量（%）。

计算煤发热量的新经验公式,摘自GB/T 26282—2010《水泥回转窑热平衡测定方法》。根据试验煤发热量用老公式和新公式计算,与氧弹法测量的热值都有差别,但用新公式差别小于老公式。

① 煤发热量分弹筒、高位和低位发热量。弹筒发热量是指单位质量燃料在充有过量氧气的弹筒内完全燃烧，其终态燃烧产物温度为25℃时所释放出的热量；高热值 Q_{gr} 是假定燃烧产品中所有水汽都变成0℃时液态水，水汽中热量得到回收时煤的发热量；低热值 Q_{net} 为实际燃料燃烧时发热量，从高热值中扣除由燃料水分以及氢燃烧生成的水汽所带走的热量。

② 煤基准："基"表示化验结果是以什么状态下的煤样为基础而得出。收到基 ar（原应用基）指工厂实际使用的煤组成，以收到状态的煤为基准；空气干燥基 ad（原分析基）指实验室所用的空气干燥煤样组成，以煤中水分与空气湿度达到平衡状态为基准；干燥基 d（原干燥基）指绝对干燥的煤组成，以假想无水状态的煤为基准；干燥无灰基 adf（原可燃基）指假想无灰无水状态的煤为基准。计算时不要将不同基的同一组成结果直接相加或相减。

【计算示例 2-1】

已知进厂混合垃圾100kg（其中可燃有机物85kg），垃圾物理组成和发热量如下表，求这批混合垃圾的平均发热量是多少？

垃圾物理组成	食品垃圾	废纸	废塑料	破布	废木材	无机物
发热量/(kJ/kg$_{物料}$)	4650	16750	32570	17450	18610	—
质量/kg	25	40	13	5	2	15

解：用加权平均法计算，这批混合垃圾的平均热值为13341.30kJ/kg。

$$Q_{Lp} = \frac{25 \times 4650 + 40 \times 16750 + 13 \times 32570 + 5 \times 17450 + 2 \times 18610}{100}$$
$$= 13341.30 \ (kJ/kg)$$

煤发热量计算中系数查算见表2-7。

表 2-7　煤发热量计算中系数查算

表 2-7（1）　硝酸生成热校正系数 α

$Q_{b,ad}$/(kJ/kg)	≤16700	16700～25100	>25100
α 值	0.0010	0.0012	0.0016

表 2-7（2）　煤的 K_0、K_2、K_3 系数值查算

系数	K_0				K_2					K_3		
V_{daf}/%	≤3.0	3～5.5	5.5～8	>8.0	38～45	45～49	49～56	56～62	>62	≤55	55～65	>65
数值	34300	34800	35200	35600	286.5	280.2	211.8	263.5	257.2	251	230	209

表 2-7（3）　烟煤的 V_{daf} 与 K_1 值查算

V_{daf}/%		10～13.5	13.5～17	17～20	20～23	23～29	29～32	32～35	35～38	38～42	>42
焦渣特征序号	1	352	337	335	329	320	320	306	306	306	304
	2	352	350	343	339	329	327	325	320	316	312
	3	354	354	350	345	339	335	331	329	327	320
	4	354	356	352	348	343	339	335	333	331	325
	5～6	354	356	356	352	350	345	341	339	335	333
	7	354	356	356	356	354	352	348	345	343	339
	8	354	356	356	356	356	354	350	348	345	343

注：焦渣特征序号——1—粉状；2—黏着；3—弱黏结；4—不熔融黏结；5—不膨胀熔融黏结；6—微膨胀熔融凝结；7—膨胀熔融凝结；8—强膨胀熔融凝结。

煤的各种基低位发热量算式见表2-8。煤组成关系表示式见表2-9。

表2-8 煤的各种基低位发热量算式（用煤的空气干燥基高位值） 单位：kJ/kg_r

算　　式	符号说明
基本式 $Q_{net,M} = (Q_{gr,ad} - 206H_{ad}) \times (100 - M) \div (100 - M_{ad}) - 23M$ $Q_{net,ad} = (Q_{gr,ad} - 206H_{ad}) \times 100 \div (100 - M_{ad})$ 收到基 $Q_{net,ar} = (Q_{gr,ad} - 206H_{ad}) \times (100 - M_t) \div (100 - M_{ad}) - 23M_t$ 干燥基 $Q_{net,d} = (Q_{gr,ad} - 206H_{ad}) \times 100 \div (100 - M_{ad})$ 空气干燥基 $Q_{net,ad} = (Q_{gr,ad} - 206H_{ad}) - 23M_t$	$Q_{net,M}$——某种基的低位发热量，kJ/kg M——要计算那个基的水分，% 　对于干燥基 $M=0$ 　空气干燥基 $M = H_{ad}$ 　收到基 $M = M_{ar} = M_t$

表2-9 煤组成关系表示式

	元素分析——可用来帮助判断煤的化学性质	符号说明
(1)	收到基 $C_{ar} + H_{ar} + Q_{ar} + N_{ar} + S_{C,ar} + A_{ar} + M_{ar} = 100$ 收到基 $ar = C + H + O + N + S_0 + S_P + S_S + A + M_{inh,ar} + M_{f,ar}$	代码含义见"常用代码符号说明" S_c——煤中可燃硫，% $S_0、S_S、S_P、S_{el}$——煤中有机硫、硫酸盐硫、硫铁矿硫和元素硫含量，%
(2)	空气干燥基 $C_{ad} + H_{ad} + O_{ad} + N_{ad} + S_{C,ad} + A_{ad} + M_{ad} = 100$ 空气干燥基 $ad = C + H + O + N + S_0 + S_P + S_S + A_{ad} + M_{inh,ad}$	
(3)	干燥基 $C_d + H_d + O_d + N_d + S_d + A_d = 100$ 干燥基 $d = C + H + O + N + S_0 + S_P + S_S + A_d$	
(4)	干燥无灰基 $C_{adf} + H_{adf} + O_{adf} + N_{adf} + S_{adf} = 100$ 干燥无灰基 $daf = C + H + O + N + S_0 + S_P$	
(5)	$S_t =$ 有机硫 + 无机硫 $= S_0 + S_S + S_P + S_{el}$	
	工业分析——可用来确定煤的用途，了解煤的使用性能，是企业常用的分析方法	
(1)	基本式 $V_{ar} + FC_{ar} + A_{ar} + M_t = 100；V_{ad} + FC_{ad} + A_{ad} + M_{ad} = 100；$ $V_d + FC_d + A_d = 100；V_{daf} + FC_{daf} = 100$	M_t——煤全水分 $M_{f,ar}$——收到基外在水分，% $M_{inh,ar}$——收到基内在水分，% $M_{inh,ad}$——空气干燥基内在水分，% 式(3)指煤的工业分析与元素分析之间关系
(2)	因测定条件不同计算煤的全水分时，外在水分与内在水分不能直接相加，需用下式计算 $M_t = M_{f,ar} + M_{inh,ar} = M_{f,ar} + (100 - M_{f,ar}) \times M_{inh,ad} \div 100$	
(3)	$V_{ad} + FC_{ad} = C_{ad} + H_{ad} + N_{ad} + O_{ad} + S_{ad}$	

2. 发热量的换算公式

煤的发热量有不同表示方式，对不同使用场合应采用不同基准发热量。如实验室分析试样测定时，其计算结果用空气干燥基；在研究煤的组成结构时，采用干燥无灰基；在计算熟料烧成标准煤耗时，要采用煤粉入窑、炉的空气干燥基低位发热量；而对进厂原煤采用收到基低位发热量；在商品煤验收时，采用干燥基发热量等。煤的发热量基准换算分别见表2-10～表2-12。

表2-10 煤组成基准换算系数 K（GB 483—1987）

已知基 X_0	收到基(ar)	空气干燥基(ad)	干燥基(d)	干燥无灰基(daf)
收到基(ar)	1	$\dfrac{100 - M_{ad}}{100 - M_{ar}}$	$\dfrac{100}{100 - M_{ar}}$	$\dfrac{100}{100 - M_{ar} - A_{ar}}$
空气干燥基(ad)	$\dfrac{100 - M_{ar}}{100 - M_{ad}}$	1	$\dfrac{100}{100 - M_{ad}}$	$\dfrac{100}{100 - M_{ad} - A_{ad}}$
干燥基(d)	$\dfrac{100 - M_{ar}}{100}$	$\dfrac{100 - M_{ad}}{100}$	1	$\dfrac{100}{100 - A_d}$

已知基 X_0	收到基(ar)	空气干燥基(ad)	干燥基(d)	干燥无灰基(daf)
干燥无灰基(daf)	$\dfrac{100-M_{ar}-A_{ar}}{100}$	$\dfrac{100-M_{ad}-A_{ad}}{100}$	$\dfrac{100-A_d}{100}$	1
燃煤含有组成	表面水分、空气干燥基水分、A、V、FC	空气干燥基水分、A、V、FC	A、V、FC	V、FC

注：1. 此表适用于高位发热量的基准换算，但不适用于低位发热量的换算。

2. 基准换算基本算式 $Y=KX_0$。式中，Y 是要求换算成的基组成含量，%；K 是基的换算系数；X_0 是按原基计算的组成含量，%。

表 2-11 煤各低位发热量基准换算系数

已知基准	要 换 算 到 的 基			
	收到基(ar)	空气干燥基(ad)	干燥基(d)	干燥无灰基(daf)
收到基	1	$Q_{net,ad}=(Q_{net,ar}+23M_{ar})\times$ $\dfrac{100-M_{ad}}{100-M_{ar}}-23M_{ad}$	$Q_{net,d}=(Q_{net,ar}+23M_{ar})$ $\times\dfrac{100}{100-M_{ar}}$	$Q_{net,daf}=(Q_{net,ar}+23M_{ar})\times$ $\dfrac{100}{100-M_{ar}-A_{ar}}$
空气干燥基	$Q_{net,ar}=(Q_{net,ad}+23M_{ad})\times$ $\dfrac{100-M_{ar}}{100-M_{ad}}-23M_{ar}$	1	$Q_{net,d}=(Q_{net,ad}+23M_{ad})$ $\times\dfrac{100}{100-M_{ad}}$	$Q_{net,daf}=(Q_{net,ad}+23M_{ad})\times$ $\dfrac{100}{100-M_{ar}-A_{ad}}$
干燥基	$Q_{net,ar}=Q_{net,d}\times\dfrac{100-M_{ar}}{100}-$ $23M_{ar}$	$Q_{net,ad}=Q_{net,d}\times\dfrac{100-M_{ad}}{100}-$ $23M_{ad}^{①}$	1	$Q_{net,daf}=Q_{net,d}\times\dfrac{100}{100-A_d}$
干燥无灰基	$Q_{net,ar}=Q_{net,daf}\times\dfrac{100-M_{ar}-A_{ar}}{100}$ $-23M_{ar}$	$Q_{net,ad}=Q_{net,daf}\times\dfrac{100-M_{ad}-A_{ad}}{100}$ $-23M_{ad}$	$Q_{net,d}=Q_{net,daf}\times\dfrac{100-A_d}{100}$	1

① 煤水分前系数，不同资料采用的数据有所差别，除23以外，有的采用25或25.1。

注：本表适用于各种基低位发热量换算。

表 2-12 煤高低发热量基准换算　　　　单位：kJ/kg_r

基准	已知热值	换 算 式
干燥无灰基	$Q_{gr,daf}$	$Q_{net,daf}=Q_{gr,daf}-226H_{daf}$
干燥基	$Q_{gr,d}$	$Q_{net,d}=Q_{gr,df}-226H_{daf}$
		$Q_{net,d}=Q_{gr,daf}\times(100-A_d)/100$
空气干燥基	$Q_{gr,ad}$	$Q_{net,ad}=Q_{gr,ad}-25.1(9H_{ad}+M_{ad})$
		$Q_{net,ad}=[Q_{gr,ad}\times(100-M_{ad})/100]-6M_{ad}$
收到基	$Q_{gr,ar}$	$Q_{net,ar}=Q_{gr,ar}-25.1(9H_{ar}+M_{ar})$
		$Q_{net,ar}=[Q_{gr,ad}(100-M_{ar})-2510(M_{ar}-M_{ad})]/(100-M_{ad})$
		$Q_{net,ar}=[Q_{gr\cdot d}\times(100-M_{ar})/100]-25.1M_{ar}$
		$Q_{net,ar}=[Q_{gr,daf}\times(100-M_{ar}-A_{ar})/100]-25.1M_{ar}$
从收到基换算成干燥基	$Q_{net,ar}$	$Q_{gr,d}=[(Q_{net,ar}+206H_{ar}+23M_{ar})\times100]/(100-M_{ar})$
商品煤发热量验收	$Q_{net,ar}$	$Q_{gr,d}=[(Q_{net,ar}+23M_{ar})\times100]/(100-M_{ar})+206H_d$

二、商品煤的验收

商品煤来源复杂，煤矿质量不一，为防止"亏卡"、"亏吨"和执行合同指标，水泥企业应按规定方法验收进厂煤的质量和数量。商品煤的质量，按发热量计价的要检验发热量和全硫指标；按灰分计价的要检验灰分和全硫指标；进厂煤的数量，要检测原煤水分，按平均水分计量。此外要考虑虽然买卖双方采样基样均源于同一批煤样，也都有检验报告，但由于检验存在误差，需要按 GB/T 18666—2002《商品煤质量抽查和验收方法》标准中"商品煤允许误差"（附表 2-3），对合同指标的符合性作出评价。对有合同约定值的商品煤、验收煤的单项质量指标的允许差要求按下式计算：

$$T=\frac{T_{\mathrm{o}}}{\sqrt{2}} \tag{2-12}$$

式中　T——实际允许差，%或 kJ/kg；

　　　T_{o}——按 GB/T 18666—2002 中规定的允许差界定值（附表 2-3）。

1. 水分

进厂原煤水分直接影响实物煤的质量，也影响后续生产工艺过程和消耗，所以企业质检部门，在收到进厂原煤时，应实测原煤水分，依此计算进厂煤量（附表 2-3）。对批次原煤，分批运进厂的综合平均水分的计算采用加权平均法，权重是吨位，见计算示例 2-2。

$$M_{\mathrm{arp}}=\frac{\sum\limits_{i=1}^{n}(M_{\mathrm{ar}}G_{i})}{\sum\limits_{i=1}^{n}G_{i}} \tag{2-13}$$

式中　M_{arp}——原煤平均水分，%；

　　　M_{ar}——分批原煤水分，%；

　　　G_{i}——分批原煤量，t。

【计算示例 2-2】

验收一批原煤，分三批次由火车运到水泥厂，第一次 20 节车皮（容量 50t，下同），测得 M_{ar1} 为 5.86%；第二批次 30 节车皮，测得 M_{ar2} 为 6.96%；第三批次 22 节车皮，测得 M_{ar3} 为 4.65%，那么这批原煤的平均水分是多少？

解：用加权平均法求这批原煤的平均水分 M_{arp}。

$$M_{\mathrm{arp}}=\frac{20\times50\times5.86+30\times50\times6.93+22\times50\times4.65}{20\times50+30\times50+22\times50}\times100\%=5.95\%$$

2. 发热量

发热量是评价商品煤质量的重要指标之一，也是煤炭贸易中计价方式之一。由于煤炭的变质程度不同，灰分含量的波动，引起煤的发热量变化。如何根据检测值来评价和验收进厂煤的发热量是否符合合同要求的计算方法见示例 2-3。

需注意：①在 GB/T 18666—2002 中规定煤质的发热量指标允许差是以 $\Delta Q_{\mathrm{gr,d}}$ 界定值为准，有必要将 $Q_{\mathrm{net,ar}}$ 换算成 $Q_{\mathrm{gr,d}}$。换算式见表 2-12；②用于煤炭计价的发热量应以氧弹热量仪的实测值为准。

【计算示例 2-3】

某水泥企业与煤炭销售公司签定合同中约定煤的发热量 $Q_{\mathrm{gr,d}}$ 值要大于 27500kJ/kg。今从该公司运来一批煤经水泥厂化验室验收分析结果为：$M_{\mathrm{ad}}=2.64\%$，$Q_{\mathrm{gr,ar}}=$

$26830kJ/kg_r$，$A_{ad}=18.32\%$。问该批煤的发热量符合合同要求吗？

解：约定值 $Q_{gr,d}=27500kJ/kg_r$

$$检验值\ A_d=\frac{A_{ad}\times100}{100-M_{ad}}$$

$$=\frac{18.32\times100}{100-2.64}$$

$$=18.81\%$$

$$Q_{gr,d}=\frac{Q_{gr,ar}\times100}{100-M_{ad}}$$

$$=\frac{26.83\times100}{100-2.64}$$

$$=27560kJ/kg_r$$

$\Delta Q_{gr,d}=$约定值$-$检验值$=27500-27560=-60\ (kJ/kg_r)$

查附表 2-3 商品煤的发热量允许差，当 $A_d=18.82\%$ 时，标准要求：

$$T_o=\pm0.056A_d\times1000=\pm0.056\times18.82\times1000=\pm105.39\ (kJ/kg_r)$$

$$|\Delta Q_{gr,d}|=60<\frac{T_o}{\sqrt{2}}=750\ (kJ/kg_r)$$

故评定该批煤的发热量符合合同要求，验收合格。

3. 灰分

入水泥窑、炉煤粉的灰分高低不仅影响煤的发热量，也影响生料配料，故采购时对煤的灰分有控制指标要求。进厂后除按合同要求 A_{ad} 验收外，还可按 GB/T 18666—2002 标准验收该批煤的质量是否合格，见计算示例 2-4。

【计算示例 2-4】

煤矿提供的煤质报告值：$M_{ad}=12.00\%$，$A_{ad}=13.50\%$，水泥企业采样化验结果为 $M_{ad}=11.50\%$，$A_{ad}=14.50\%$，供应合同 $A_{ad}\leqslant15.00\%$，问此煤的灰分指标是否符合合同要求？按 GB/T 18666 标准验收，该批煤的质量是否合格？

解：（1）从 A_{ad} 检验值看，A_{ad} 无论是 11.50% 或 14.50% 均小于 15.00%，煤矿销售方提供的煤灰分值符合合同要求。

（2）按标准验收时：

$$报告值\ \ A_d(\%)=\frac{A_{ad1}\times100}{100-M_{ad1}}=\frac{13.50\times100}{100-12.00}=15.34$$

$$检验值\ \ A_d(\%)=\frac{A_{ad2}\times100}{100-M_{ad2}}=\frac{14.50\times100}{100-11.50}=16.38$$

$$\Delta A_d=报告值-检验值=15.34\%-16.38\%=1.04\%$$

查附表 2-3，当 A_d 为 15.34% 时，可在灰分为 $10.00\%\sim20.00\%$ 一栏中查得，ΔA_d 允许差 T_o 为 $\pm0.141A_d$。

$$\frac{T_o}{\sqrt{2}}=\pm0.141\frac{A_d}{\sqrt{2}}=\pm0.141\times\frac{16.38}{\sqrt{2}}=\pm1.64\%$$

$\Delta A_d=-1.04\%$，在 $-1.64\%\sim1.64\%$ 之间，评定该批煤质量合格。

4. 全硫

煤中硫分影响熟料中硫碱比和SO_2排放量,对供煤单位要求煤中硫分$S_{t,d}$低于2.00%(GB 50295—2008《水泥工厂设计规范》),各企业根据生产情况在供货合同中提出要求指标。对进厂原煤按商品煤的全硫允许差来验收评定此煤的硫分指标是否符合合同要求。

【计算示例2-5】

为降低SO_2排放量,在购煤的合同上要求供方煤的硫分$S_{t,d}$低于1.50%。某批煤经使用企业验收检验,$M_{ad}=7.5\%$,$S_{t,ad}=1.60\%$,按商品煤质量验收标准评定该批煤的硫分指标是否符合规定值要求?

解:① 在GB/T 18666标准中煤基准采用干燥基,所以对检验值基准由空气干燥基换算成干燥基。验收检验$S_{t,d}(\%)=1.60\times100/(100-7.5)=1.73$。

② 从$S_{t,d}$检验值看,$S_{t,d}$检验值173%,合同值1.50%,煤矿销售方提供的煤硫分值不符合合同要求。

③ 按标准验收,查附表2-3硫指标允许差$T(\%)$。

$$T(\%)=\frac{T_o}{\sqrt{2}}=-0.17\times\frac{S_{t,d}}{\sqrt{2}}=-0.14\times\frac{1.73}{1.41}=-0.21$$

销售方报告值-厂方检验值$\Delta S_{t,d}(\%)=1.50-1.73=-0.23$

$\Delta S_{t,d}(\%)=-0.23\%<T(\%)=-0.21\%$,该值超过指标允许差,故评定该批煤的硫分指标不符合规定值要求。

5. 数量

进厂煤的数量是使用企业必须验收的内容之一,因水分与煤的干基供应量有关,当实测水分超过规定水分时,按合同规定的水分验收煤量(G_{gs})。

$$G_{gs}=G_{DS}\frac{100-M_{DS}}{100-M_{gs}} \tag{2-14}$$

式中 G_{gs}——折合成合同原煤量,t;

G_{DS}——进厂煤称量,t;

M_{DS},M_{gs}——实测原煤水分和合同规定计价原煤水分,%。

【计算示例2-6】

进厂煤经称量G_{DS}为950t,实测该批煤的含水分M_{DS}为7.50%。合同规定水分M_{gs}为5.00%。问按合同规定的水分计算煤量是多少?

解:含规定水分煤量为

$$G_{gs}=950\times\frac{100-7.50}{100-5.00}=925\ (t)$$

6. 稳定性

水泥生产要求在生产过程中,半成品、成品的质量均衡稳定,因此,必须要求进厂原燃材料品质稳定。只有从源头抓起,才能有效控制生产工艺过程质量的稳定。

新型干法水泥厂设置了原煤预均化堆场,可以弥补进厂原煤波动情况,若由于煤矿矿源过多,进厂原煤的质量稳定性差或由于厂内储存量少,或煤预均化堆场均化效果降低,导致入窑煤粉的稳定性差,合格率低,会对熟料率值稳定性产生不利影响。而目前在采购原煤的质量合同上，对煤质稳定性没提出要求是一个缺陷。张大康对汽车进厂原煤建议采用"移动平均值与相邻差值绝对值"来控制煤质稳定性办法，并经三个水泥厂实际验证，具有可操作性和良好的生产效果，并被煤炭供应商所接受，其移动平均值相邻差值绝对值的方法计算步骤详见水泥杂志［2009，(7)：13-17］。

第四节　混合材质量评价

可用作水泥混合材的有天然材料、人工材料和工业废渣等，基本质量要求是"所含组分应对水泥产品性能和环境无不良影响。"自采用"分别粉磨技术和细化技术"后，发挥了混合材的潜能，功能强化，使其掺量增加，使用范围扩大。为规范混合材的使用，防止滥掺、多掺，对混合材料可掺的种类、质量和掺量，制定了标准。本节介绍工业废渣作为混合材的一些质量技术指标的计算，其他各类混合材的质量要求，见相应标准。

一、质量系数

质量系数 K 是指工业废渣中活性组分与非活性组分的比值。根据有关用于水泥生产中工业废渣（矿渣、钢渣等）的国家标准，其质量系数的技术要求如下。

① 粒化高炉矿渣、钢渣、钛矿渣：

$$K = \frac{CaO + MgO + Al_2O_3}{SiO_2 + MnO + TiO_2} \tag{2-15}$$

② 磷渣：

$$K = \frac{CaO + MgO + Al_2O_3}{SiO_2 + P_2O_5} \tag{2-16}$$

③ 增钙液态渣：

$$K = \frac{CaO + MgO + Al_2O_3}{SiO_2} \tag{2-17}$$

二、碱度

碱度 M_o（又称碱性系数）为工业废渣中碱性组分与酸性组分的比值，是一种用化学分析方法评价工业废渣是否适用于作为水泥混合材料的一个性能指标。

① 粒化高炉矿渣：

$$M_o = \frac{CaO + MgO}{SiO_2} \tag{2-18}$$

② 钢渣：

$$M_o = \frac{CaO}{SiO_2 + P_2O_5} \tag{2-19}$$

三、强度活性指数

强度活性指数 A 是一种物理强度检验方式，用来判定粉煤灰、粒化矿渣粉、钢渣粉等工业废渣活性高低情况，分 7d 和 28d 两种，分别用 A_7、A_{28} 表示。

1. 通用硅酸盐水泥系列

采用比对样品（用强度不低于 42.5MPa 的硅酸盐水泥），与工业废渣粉以 7∶3 的质量比例混合，按 GB/T 17671—1999 所规定的方法测定比对水泥的强度（R_{07}、R_{028}）和混合样品（R_{t7}、R_{t28}）的 7d 及 28d 抗压强度，然后用公式计算其活性指数。

$$A_7(\%)=\frac{R_{t7}}{R_{07}}\times100\%\qquad(2\text{-}20)$$

$$A_{28}(\%)=\frac{R_{t28}}{R_{028}}\times100\%\qquad(2\text{-}21)$$

2. 硫铝酸盐水泥

根据张丕兴等提出"以龄期 7d 加入混合材的硫铝酸盐水泥与相同成型和养护条件的早强快硬硫铝酸盐耐压强度之比的百分数，称为该混合材对其硫铝酸盐水泥的活性指数"[《水泥工程》，2011，（1）：2]，用数学式表示为：

$$R=\frac{R_{t7}}{R_{07}}\times100\%\qquad(2\text{-}22)$$

式中　R——活性指数，%；

　　　R_{t7}——掺混合材水泥的 7d 抗压强度，MPa；

　　　R_{07}——硫铝酸盐水泥的 7d 抗压强度，MPa。

该试验时混合材采用外掺法，即 100 质量份快硬硫铝酸盐水泥，外掺 30 质量份混合材混磨成水泥进行的。

四、28d 抗压强度比

28d 抗压强度比指掺加 30％工业废渣或火山灰质混合材的硅酸盐水泥 28d 抗压强度与纯硅酸盐水泥 28d 抗压强度的比值，该值越高表示混合材的活性高，各类混合材在技术上都有抗压强比的要求。

$$R_{Y28}=\frac{R_{tY28}}{R_{0Y28}}\times100\%\qquad(2\text{-}23)$$

式中　R_{Y28}——28d 抗压强度比，%；

　　　R_{tY28}——掺 30％混合材的水泥 28d 抗压强度，MPa；

　　　R_{0Y28}——纯硅酸盐水泥的 28d 抗压强度，MPa。

第五节　石　　膏

一、天然石膏品位计算

石膏按其脱水相分为二水石膏、无水石膏和半水石膏；按其矿物组成含量可分为石膏 G、硬石膏 A 和混合石膏 M。各类石膏品位（指按矿物组分中二水石膏和无水石膏的质量分数,%)作为分级依据,其品位计算公式如下。

G 类:

$$CaSO_4 \cdot 2H_2O = 4.7785 \times H_2O^+ \tag{2-24}$$

A 类、M 类:

$$CaSO_4 + CaSO_4 \cdot 2H_2O = 1.7005 \times SO_3 + H_2O^+ \tag{2-25}$$

$$CaSO_4 = 1.7005SO_3 - 3.7785 \times H_2O^+$$

硬石膏中 $CaSO_4$ 与 $CaSO_4 + CaSO_4 \cdot 2H_2O$ 的质量比(K)的计算式为:

$$K = \frac{CaSO_4}{CaSO_4 + CaSO_4 \cdot 2H_2O} \tag{2-26}$$

二、工业副石膏中硬石膏成分计算

磷石膏、钛石膏、硼石膏、盐石膏和柠檬石膏中 $CaSO_4$ 含量 w(质量分数,%,下同):

$$w(CaSO_4 \cdot 2H_2O) = 4.7785w(H_2O^+)$$

氟石膏中 $CaSO_4$ 含量(质量分数):

$$w(CaSO_4 \cdot 2H_2O) = 1.7005w(SO_3) - 3.7785w(H_2O^+)$$

脱硫石膏中 $CaSO_4$ 含量(质量分数):

$$w(CaSO_4 \cdot 2H_2O + CaSO_4) = w(H_2O^+) + 1.7w(SO_3)$$

式中　$w(H_2O^+)$——结晶水质量分数,%;

$w(SO_3)$——SO_3 质量分数,%。

三、二水石膏等级计算

二水石膏按其所含 $CaSO_4 \cdot 2H_2O$ 量分五等,可用石膏成分计算其二水石膏含量,查表 2-13,评价二水石膏等级。

其方法是将石膏成分中 $CaO \times 3.07$ 或 $SO_3 \times 2.15$ 或结晶水 $H_2O^+ \times 4.78$ 分别得出三者二水石膏含量计算值,以其中最低值来确定石膏等级。

表 2-13　二水石膏等级分类

二水石膏类型	透明石膏	纤维石膏	雪花石膏	普通石膏	土石膏
二水石膏等级	I	II	III	IV	V
二水石膏含量/%	≥95	94~85	84~75	74~65	64~55

注:资料来源——王祁青.石膏基建材与应用 [M].北京:化学工业出版社,2009.

附表 2-1　水泥原料矿石化学成分和水泥组分材料一般要求

附表 2-1(1)　石灰质矿石成分一般要求　　　单位:%(质量分数)

成分	氧化钙(CaO)	氧化镁(MgO)	氧化钾+氧化钠(Na_2O+K_2O)	三氧化硫(SO_3)	游离二氧化硅 f-CaO	
					石灰石	燧石
I 级	≥48	≤3	≤0.6	≤1	≤6	≤4
II 级	≤45,<48	3>,≤2.5	>0.6,≤0.8	≤1	≤6	≤4

注:资料摘自 GB 50598—2010《水泥原料矿山工程设计规范》。

附表 2-1（2）　黏土质、硅质原料矿石成分一般要求　单位：%（质量分数）

类别	黏土质原料					硅质原料			
	SM	IM	MgO	K_2O+Na_2O	SO_3	SiO_2	MgO	K_2O+Na_2O	SO_3
一类	≥3,<4	1.5,≤3.5	≤3	≤4	≤2	≥80	≤3	≤2	≤2
二类	≥2,<3	不限							

注：资料摘自 GB 50598—2010《水泥原料矿山工程设计规范》。

附表 2-1（3）　石灰质原料质量标准要求　　　单位：%（质量分数）

成分	氧化钙（CaO）	氧化镁（MgO）	氧化钾＋氧化钠（Na_2O+K_2O）	三氧化硫（SO_3）	氯离子（Cl^-）	游离二氧化硅 f-CaO	
						石灰石	燧石
数值	≥48	≤3	≤0.6	≤1	≤0.03	≤8	≤4

注：资料摘自 GB 50295—2010《水泥工厂设计规范》。

附表 2-1（4）　硅铝质原料质量标准要求　　　单位：%（质量分数）

项目	SM	IM	MgO	K_2O+Na_2O	SO_3	Cl^-
规范要求值	3.00~4.00	1.50~3.00	<3.00	<4.00	<1.00	<0.03

注：资料摘自 GB 50295—2010《水泥工厂设计规范》。

附表 2-1（5）　校正原料一般要求　　　单位：%（质量分数）

校正料类别	硅　质				铁　质			铝　质		
项目	SiO_2	SM	MgO	R_2O	Fe_2O_3	MgO	R_2O	Al_2O_3	MgO	R_2O
规范要求值	≥80.00	≥4.00	≤3.00	≤2.00	≥40.00	≤3.00	≤2.00	≥25.00	≤3.00	≤2.00

注：资料摘自 GB 50295—2010《水泥工厂设计规范》。

附表 2-1（6）　水泥熟料煅烧用煤质量要求　　　单位：%（质量分数）

项目	A_{ad}	V_{ad}	$S_{t,ad}$	M_t	Cl^-	$Q_{net,ad}$/(kJ/kg$_r$)
规范要求值	≤28	≤35.0	≤2.0	≤15.00		≥23000
生产一般使用值	≤28	22~32	≤1.2	≤15.00		≥22000
替代燃料（最低标准要求）	<50			<20（入窑）	<1	>11000

注：规范数据摘自 GB 50295—2010《水泥工厂设计规范》。规范是一般煅烧用煤要求，企业使用劣质煤、低品位煤及替代燃料时，可参考 GB 50634—2010《水泥窑协同处置工业废物设计规范》替代燃料的数据。

附表 2-1（7）　通用硅酸盐水泥组分材料要求

序号	组分	内　容
1	硅酸盐水泥熟料	水泥熟料是一种以硅酸钙为主要矿物成分的水硬性胶凝材料，符合 GB/T 21372《硅酸盐水泥熟料》规定的化学、物理性能，其中要求硅酸盐矿物≥66%、f-CaO≤1.5%、CaO/SiO_2≥2.0%
2	石膏	(1)天然石膏:应符合规定的 G 类或 M 类二级（含）以上的石膏或混合石膏 (2)工业副产石膏:以硫酸钙为主要成分的工业副产品。采用前应试验证明对水泥性能无害
3	活性混合材料	所使用的活性混合材应符合相关标准：《用于水泥中粒化高炉矿渣》GB/T 203、《用于水泥中火山灰质混合材》GB/T 2847、《用于水泥和混凝土中粉煤灰》GB/T 18046
4	非活性混合材料	凡活性指标分别低于活性混合材标准中要求数值的材料属于非活性混合材。其中石灰石中三氧化硫含量应不大于 2.5%（质量分数）

序号	组分	内　　容
5	窑灰	应符合《掺入水泥中的回转窑窑灰》JC/T 742 的规定
6	助磨剂	水泥粉磨时允许加入限量的助磨剂,助磨剂品质应符合《水泥助磨剂》(GB/T 26748—2011)规定

　　注:对水泥组分材料的化学、物理性能要求应完全符合相应的标准规定,本表只列出材料的主要方向性要求,作提示性介绍,细节见各自标准。

附表 2-2　按工业分析划分煤的级别
附表 2-2（1）　按煤的灰分、硫分、发热量值分级

分类	灰分分级		硫分分级		发热量分级	
序号	级别名称	A_d 范围/%	级别名称	$S_{t,ad}$ 范围/%	级别名称	$Q_{net,ar}$ 范围/(MJ/kg)
1	特级灰煤	≤5.00	特级硫分煤	≤0.50	低热值煤	8.50～12.50
2	低灰分煤	5.01～10.00	低硫分煤	0.51～1.00	中低热值煤	12.51～17.00
3	低中灰煤	10.01～20.00	低中硫分煤	1.01～1.50	中热值煤	17.01～21.00
4	中灰煤	20.01～30.00	中低硫分煤	1.51～2.00	中高热值煤	21.01～24.00
5	中高灰煤	30.01～40.00	中高硫分煤	2.01～3.00	高热值煤	24.01～27.00
6	高灰分煤	40.01～50.00	高硫分煤	>3.00	特高热值煤	>27.00

附表 2-2（2）　按煤的固定碳分析分级

分类	特低固定碳煤	低固定碳煤	中等固定碳煤	中高固定碳煤	高固定碳煤	特高固定碳煤
代号	SLFC	LFC	MFC	MHFC	HFC	SHFC
FC_{ad}/%	<45.00	45.00～55.00	55.00～65.00	65.00～75.00	75.00～85.00	>85.00

附表 2-3　商品煤质量评定标准中的允许差

项目	灰分 A_d /%	以发热量表示的精密度 /(MJ/kg)	允许差($\Delta Q_{gr,d}$) (报告值-检验值)	界定值 /(MJ/kg)	说　　明
发热量	20.00～40.00	±2×0.396	$\sqrt{2}$×(±2×0.396)	+1.12	$\Delta Q_{gr,d}$ 为干基高位发热量允许差
	10.00～20.00	±0.1A_d×0.396	$\sqrt{2}$×(±0.1A_d×0.396)	+0.056A_d	$\Delta Q_{gr,d}$ 取正值是为限制出卖方以次充好
	<10.00	±1×0.396	$\sqrt{2}$×(±1×0.396)	+0.56	
项目	灰分 A_d/%	GB/T 475 规定的精密度/%	允许差 ΔA_d	界定值 /%	说　　明
灰分	20.00～40.00	±2	$\sqrt{2}$×(±2)	−2.82	ΔA_d 为干基灰分允许差;ΔA_d 取负值是为矿方自己监控出矿煤质量 GB/T 475—1996 推算的允许差
	10.00～20.00	±0.1A_d	$\sqrt{2}$×(±0.1A_d)	−0.141A_d	
	<10	±1	$\sqrt{2}$×(±1)	−1.41	
项目	煤品种	以检验值 $S_{t,d}$ 计/%	允许差(报告值-检验值)/%		说　　明
含硫	除冶炼用精煤外其他煤种	<1.00	−0.17		含硫的允许差和发热量允许差都是依据 GB/T 18666—2002 标准规定的
		1～2.00	−0.17$S_{t,d}$		
		2.00～3.00	−0.34		

　　注:必须以报告值为被减数,检验值为减数,两者不可颠倒。界定值取正(或负)是限制出卖方以次充好。"报告值"是指验收批煤质量时,出卖方随着运煤方递交给买受方的该批煤质报告上的测定值,也可以是贸易合同的约定值,产品标准或规格的规定等。"检验值"是指买受方对同批煤采样、制样和化验获得的测定值。

第三章

配料组分计算

企业配料是根据实际进厂原燃材料资源状况和生产水泥或熟料品种而开展的质量管理工作。生料配料需进行计算（用计算机或人工计算方式），要考虑满足熟料质量和煅烧工艺要求。水泥组分主要指熟料、石膏、混合材料之间的质量配比，为保证水泥产品品种和等级质量，通过水泥试验优化确定水泥各组分配比。

为做好配料工作，除要求磨机操作员按下达的物料配比和根据出磨物料日常质量控制检验值、波动情况进行运作外，还要求磨机喂料操作员应及时发现和处理"故障断料"，一旦出现某一种物料断料，不及时调整处理便会影响入磨物料组分配比，进而影响出磨物料成分。

第一节　生　料　配　料

生料配料的目的是根据所使用的各种原燃料成分，寻找原料之间的适当配比，作为提供给喂料操作员进行操作时的基础技术数据。计算方式有人工计算和计算机计算。如今新型干法水泥（熟料）生产线上配置配料计算机，用它计算既快速简便又准确。另根据水泥行业《国家职业标准》中对中控操作员和生产工，也要求掌握"配料方案的选择和配料计算"。因此本节对人工配料常用的计算法作介绍，供现场基层操作人员需要掌握配料计算时参考。

一、生料配料计算基本数学模式

配料计算是由确定的熟料矿物组成或率值，求得已知化学成分的各原料之间的配合比例。配料计算的方法很多，如滴定法、代数法、率值法、尝试拼凑法、递减试凑法、电算法等。鉴于在计算机普及年代，配料计算软件已由科研人员开发并在生产中应用，"电算法"在此不作介绍。下面简要介绍人工配料常用的"尝试拼凑法和递减试凑法"的计算方法，至于其他人工计算方法，读者可在水泥专业书籍中查找。

1. 人工配料计算

（1）配料计算基本步骤

① 获取原始数据　无论是用人工还是计算机配料，都需要质检部门向配料人员提供一些原始数据。

a. 各原料的化学成分，新型干法生产时的原料成分，除常规的烧失量、硅、铝、铁、钙、镁、三氧化硫外，还需列出 Na_2O、K_2O、Cl^- 等有害成分。在协同处置工业废渣时，对废渣中重金属成分含量也需列出，以便执行"水泥窑协同处置工业废物设计技术规范"。

b. 入窑、炉煤粉的工业分析，主要是灰分含量、发热量。

c. 煤灰分的化学成分。

d. 原燃料的含水率。

② 选择或确定指标　进行配料计算中需要的烧成热耗和熟料率值（或矿物组成）指标数据，可由质检部门提出或由配料人员拟定。当由配料操作员进行选择时，首先要了解各率值（或矿物组成）对煅烧和质量的影响，既考虑熟料质量，又要顾及入窑生料品质对煅烧操作的影响。一般可根据本企业生产的水泥熟料质量要求、原燃料品质、生料制备和煅烧工艺以及操作水平，并结合企业生产统计来选择熟料质量指标的目标值。

a. 熟料率值或矿物组成。因为预分解窑生产线具有工艺技术先进、设备优化配置和生料均匀性较好等有利条件，选择的熟料饱和比和硅酸率比传统高，以提高熟料强度。硅酸盐水泥熟料率值范围见表 3-1，部分生产企业硅酸盐水泥熟料矿物组成见表 3-2。

表 3-1　硅酸盐水泥熟料率值范围参考值

率值	KH	SM	IM	资料来源
范围	0.86~0.89	2.50~2.80	1.60~1.80	参考文献[4]
	0.88~0.93	2.40~2.80	1.40~1.90	GB 50295—2008《水泥工厂设计规范》
	0.88~0.91	2.40~2.70	1.40~1.80	参考文献[24]
	0.89±0.02	2.5±0.1	1.5±0.1	参考文献[25]
生产企业	SD厂为0.90 LG厂为0.89	2.46 2.32	1.69 1.62	参考文献[25]

表 3-2　部分生产企业硅酸盐水泥熟料矿物组成

统计类别	C_3S/%	C_2S/%	C_3A/%	C_4AF/%
回转窑	45~65	15~32	4~11	10~18
预分解窑国内20家平均	53	24	8	10
预分解窑国外23家平均	47	20	8	10

如果 KH 值高，熟料中 C_3S 含量多，对熟料质量有利。但需要较高的煅烧温度和一定的烧成时间，否则导致 f-CaO 增加，反而使质量下降。当 KH 值偏低时，C_3S 少，C_2S 多，熟料早期强度低，熟料易粉化。在煅烧条件允许情况下，适当地提高熟料的 KH 值。

如果 SM 值过高，液相量太少，煅烧困难；SM 值太低，液相量过多，容易结团、结大块，且熟料强度不高。选择 SM 值要与 KH 值相适应。

如果 IM 值过低，液相黏度较小，对 C_3S 形成有利，但烧结范围变窄，窑内易结大块，不利于窑的操作。IM 值要与 KH 值相适应，KH 值高，则降低 IM 值。

对生产特性水泥或专用水泥熟料时，通常采用矿物组成作为控制指标，其控制范围见表 1-1 和该熟料品种标准中矿物组成要求。

熟料矿物组成主要性能比较顺序如下：强度 $C_3S>C_4AF>C_3A>C_2S$；硬化速度 $C_3A>C_4AF>C_3S>C_2S$；水化热 $C_3A>C_3S>C_4AF>C_2S$。

中国建筑材料科学研究总院对水泥 ISO 试验法各龄期检验强度的贡献系数的统计见表 3-3。

表 3-3　各熟料矿物的检验强度贡献系数

矿物名称	贡献系数代码	抗折强度/MPa		抗压强度/MPa		各龄期检验强度估算值的估算式
		3d	28d	3d	28d	
C_3S	A	0.1353	0.1411	0.4613	0.7833	$R=A\times C_3S+B\times C_2S+C\times C_3A+D\times C_4AF$
C_2S	B	0.1255	0.1353	0.3302	0.9387	
C_3A	C	0.2053	0.0776	0.6822	0.4424	不同龄期强度和不同强度类别,用相应的强
C_4AF	D	0.0560	0.0842	−0.1152	−0.1535	度贡献系数

b.熟料烧成热耗。熟料烧成热耗是指烧成每千克熟料所消耗的热量。熟料烧成热耗与原燃料品质、熟料化学成分、矿物组成和窑型等有关。随着科技进步及生产大型化和新技术的采用，水泥熟料热耗有进一步下降趋势，目前熟料数据见表 3-4。

表 3-4　硅酸盐熟料烧成热耗（预分解窑）范围参考值　　　单位：kJ/kg$_{Sh}$

项目	硅酸盐熟料		规模/(t/d)			
	概值	概值	2000～2500	3000～3500	4000～5000	10000
熟料烧成热耗	2920～3750	2927～3345	3094～3900	3053～3073	2967～3053	2855～3053
参考文献	[4]	[6]	[29]			

建材工业"十二五"发展规划的技术研发与创新目标中提出"新一代新型干法水泥工业技术标志性指标"的相关数据：5000～6000t/d 熟料生产线的熟料热耗≤4.18×650kJ/kg$_{sh}$；熟料电耗≤50kW·h/t$_{sh}$；水泥电耗≤80kW·h/t$_{sn}$（P·O 42.5）；余热发电达 38kW·h/t$_{sh}$。

新世纪水泥导报杂志 [2012，（1）：60] 介绍了硫铝酸盐水泥熟料在各种窑型下的熟料标准煤耗值（表 3-5）。

表 3-5　硫铝酸盐水泥熟料在各种窑型下的熟料标准煤耗值

窑型	小型中空窑≤2.2m	大型中空窑	立筒窑	5级悬浮预热器窑	预分解窑
标准煤耗/(kg$_{ce}$/t$_{sh}$)	300～330	220～230	185～190	160～170	130～160

③ 计算基本步骤　人工生料配料的方法很多，在具体配料方法中，除某些计算程序上略有不同外，其余大体步骤基本相同。即在列出各原料、煤灰的化学组成和燃料煤的工业分析后，进行下述计算

a.计算煤灰掺入量（率）。

b.按设定的熟料率值或矿物组成，计算出要求熟料的氧化物成分。

c.用选定的配料方法进行配料计算，求出原料配合百分比。

d.验算配料指标，如率值、矿物组成、配热、有害成分等。

e.应用计算。在应用计算内容上，要复核有害成分，看是否超过水泥生产的安全控制限，以确定该原燃料是否可用或作为是否需要放风操作的依据；计算生料理论料耗，为生产计划部门制定全厂物料平衡、外购物数量提供依据；还要提出湿基物料配比，为生料磨生产运作提供服务等。

（2）递减试凑法和尝试拼凑法

① 用率值配料计算　人工配料方法——递减试凑法和尝试拼凑法计算步骤见表3-6。

表 3-6　人工配料方法——递减试凑法和尝试拼凑法计算步骤

递减试凑法——从要求的熟料成分,通过调整原料配比直至熟料氧化物成分余数很小为止	
步骤	计算式
①计算煤灰掺入量(率)$P(\mathrm{kg_r/kg_{sh}})$	$P=\dfrac{A_{\mathrm{ad}}qB}{Q_{\mathrm{net,ad}}}$
②将熟料目标控制值换算成熟料化学成分 a.由率值换算 b.由矿物组成换算 IM>0.64	a.由率值换算:已知 KH、SM、IM,设熟料成分中其他项为 2.5% $\mathrm{Fe_2O_3}=\dfrac{\sum}{(2.8\mathrm{KH}+1)(\mathrm{IM}+1)\mathrm{SM}+2.65\mathrm{IM}+1.35}$ $\sum=(100-2.5)\%=97.5\%$ $\mathrm{Al_2O_3}=\mathrm{IM}\times\mathrm{Fe_2O_3}$ $\mathrm{SiO_2}=\mathrm{SM}(\mathrm{Al_2O_3}+\mathrm{Fe_2O_3})$ $\mathrm{CaO}=\sum-(\mathrm{SiO_2}+\mathrm{Al_2O_3}+\mathrm{Fe_2O_3})$ b.由矿物组成换算:已知熟料 $\mathrm{C_3S、C_2S、C_3A、C_4AF}$ 时 $\mathrm{CaO}=0.7369\mathrm{C_3S}+0.6512\mathrm{C_2S}+0.6227\mathrm{C_3A}+0.4616\mathrm{C_4AF}+0.4119\mathrm{SO_3}$ $\mathrm{SiO_2}=0.2631\mathrm{C_3S}+0.3488\mathrm{C_2S}$ $\mathrm{Al_2O_3}=0.3713\mathrm{C_3A}+0.2098\mathrm{C_4AF}$ $\mathrm{Fe_2O_3}=0.3286\mathrm{C_4AF}$
③计算扣除煤灰掺入后要求生料成分	要求生料成分=熟料目标控制的化学成分值-煤灰掺入同一成分值
④若递减采用灼烧基时,需将干燥基原料成分换算成灼烧基原料成分;若递减采用当量法时,需将原燃料成分换算成"当量成分"	灼烧基原料成分=干基原料成分/(100-原料烧失量) 煤灰"当量成分"=当量系数 $K_1\times$煤灰成分 当量系数 $K_1=P(100-L_{\mathrm{sh}})\times100/(100-P)$ 原料"当量成分"=干基成分+煤灰带入该成分的"当量成分"
⑤用调整估算值进行递减运算,直至余数很小(≤0.1)为止	调整估算值 K_2 K_2 计算值=要求调整原料主要代表成分余数/该原料同一成分的含量 K_2 取值:凭经验核实。因考虑有其他原料带入 λ,K_2 取值要低于 K_2 的计算值 原料　　石灰质　　硅铝质　　　铁质 代表成分　　CaO　　$\mathrm{SiO_2}$ 或 $\mathrm{Al_2O_3}$　　$\mathrm{Fe_2O_3}$
⑥将原料用量换算成百分配比	原料百分配比=该原料用量/原料总用量
⑦按原料配比计算配合生料及熟料成分	按常规计算 表中物料带入成分值=物料配比×物料成分 当递减采用"当量法"时,其原燃料成分要用当量成分
⑧验算目标值 目标值为率值或矿物组成或熟料热耗等。若配比后超出目标值,还要进行配比调整或认为某一原料不适用	用熟料成分计算矿物组成,见本书第一章第一节,用熟料成分计算率值 $\mathrm{KH}=\mathrm{CaO}-(1.65\mathrm{Al_2O_3}+0.35\mathrm{Fe_2O_3})/2.80\mathrm{SiO_2}$ $\mathrm{SM}=\mathrm{SiO_2}/(\mathrm{Al_2O_3}+\mathrm{Fe_2O_3})$ $\mathrm{IM}=\mathrm{Al_2O_3}/\mathrm{Fe_2O_3}$
⑨有害组分评定 以确定原燃材料是否适用或更换;或是否需要放风处理	在熟料成分表中,按配比和有害组分的成分列出。与生熟料有害成分要求或与用户签订合同指标对比审评
⑩应用项目计算 a.湿基原料配比 b.生料理论料耗 c.熟料烧成煤耗	a.湿基原料配比 由干基原料配比→湿基原料用量→湿基原料配比 湿基原料用量=某干基原料配比/(1-该原料含水率) 湿基原料配比=某湿基原料用量/湿基原料总用量 b.生料理论料耗 生料理论料耗=配料时干基原料用量总和 或生料理论料耗=(1-煤灰掺入率)/(1-生料烧失量) c.熟料烧成煤耗 熟料烧成煤耗=熟料烧成热耗/煤粉干基发热量

尝试拼凑法——先按拟定的原料配比计算矿物组成,而后通过调整原料配比,直至符合配料指标要求为止	
①～③同递减试凑法 ④凭经验,假设干基原料配比,计算白生料成分 ⑤将干基生料成分换算成灼烧基生料成分 ⑥列出掺入煤灰后的熟料成分 ⑦计算熟料率值(或矿物组成与目标值对比) ⑧进行调整配比,重复从④～⑦直至符合目标要求 ⑨将干基原料配比换算成湿基原料配比 ⑩有害成分评定	干基生料成分→灼烧基原料成分 灼烧基原料成分=基原料干基生料成分/(1-生料烧失量) 熟料成分=煤灰掺入率 P ×煤灰掺入率+(1-P)×灼烧基生料成分

注:计算式中符号代表含义见式(3-5),参见计算示例3-1。

【计算示例3-1】

1.已知原燃料及煤灰化学成分、烧成热耗和要求熟料率值,用递减试凑法计算原料配比。

(1)原料、煤灰化学成分如下表: 　　　　　　　　　　　　　　　单位:%

物料	基准	烧失量	SiO_2	Al_2O_3	Fe_2O_3	CaO	MgO	SO_3	R_2O	Cl^-	合计
石灰石	干基	39.74	5.39	2.28	0.87	48.84	1.63	0.05	0.60	0.010	99.401
含水率1%	灼烧基		8.94	3.78	1.44	81.05	2.70	0.08	1.00	0.016	
砂岩	干基	3.20	88.14	4.86	0.24	0.25	0.42	1.09	0.80	0.006	99.006
含水率1%	灼烧基		91.05	5.02	0.25	0.26	0.43	1.13	0.83	0.006	
页岩	干基	5.45	60.95	16.97	6.88	1.60	2.12	2.93	3.05	0.003	99.953
含水率1.5%	灼烧基		64.46	17.95	7.28	1.69	2.24	3.10	3.23	0.003	
铁粉	干基	0.87	14.29	8.08	64.68	7.46	2.11	1.36	1.00	0.05	99.900
含水率8%	灼烧基		14.42	8.15	65.25	7.52	2.13	1.37	1.01	0.05	
煤灰			47.87	21.79	11.96	5.05	3.44	3.24	3.08	0.01	

(2)燃料煤质: $A_{ad}=19.17\%$, $S_{ad}=1.8\%$, $Q_{net,ad}=24000kJ/kg_r$ 。

(3)熟料烧成热耗: $q=3300kJ/kg_{sh}$ 。

(4)要求熟料率值:KH=0.90±0.02,SM=2.5±0.1,IM=1.5±0.1。

2.求解(计算公式见表3-6)。

(1)计算煤灰掺入量(率):

$$P=\frac{A_{ad}qS}{Q_{net,ad}}=\frac{19.16\times3300\times100}{24000}=2.64 \ (kg_r/kg_{sh})$$

(2)按选定的熟料率值计算熟料化学组成:

设熟料成分中,其他项为2.5%,即 $\sum=(100-2.5)\%=97.5\%$ 。

$$Fe_2O_3=\frac{\sum}{(2.8KH+1)(IM+1)SM+2.65IM+1.35}\times100\%$$

$$=\frac{0.975}{(2.8\times0.90+1)(1.5+1)\times2.5+2.65\times1.5+1.35}\times100\%$$

$$=\frac{0.975}{27.33}\times100\%=3.57\%$$

$$Al_2O_3=IM\times Fe_2O_3=1.5\times3.57\%=5.36\%$$

$$SiO_2=SM(Al_2O_3+Fe_2O_3)=2.5\times(1.36\%+3.57\%)=22.33\%$$

$$CaO=\sum-(SiO_2+Al_2O_3+Fe_2O_3)=97.5\%-(22.33\%+5.36\%+3.57\%)=66.24\%$$

（3）用递减试凑法配料。用递减试凑法进行配料计算有三种方案：按干燥基法（参考文献［25］）、灼烧基法（本书介绍）和当量法（参考文献［1］）。下面分别介绍其计算求解运算过程。

第一种方案：干燥基法。

A_1 干燥基法递减估算　　　　单位：%（质量分数）

序号	项目	调整估算及项目计算式	SiO_2	Al_2O_3	Fe_2O_3	CaO
1	要求熟料成分	见"2.求解（2）"	22.33	5.36	3.57	66.24
2	掺入煤灰成分	$P\times$煤灰中各氧化物成分（$P=2.64\%$）	1.26	0.58	0.32	0.13
3	要求灼烧生料成分	序号1-序号2	21.07	4.78	3.25	66.11
4	加1.348kg石灰石	66.11/48.84=1.3536，取1.348×干燥基氧化物成分	7.27	3.07	1.17	65.84
5	余数	序号3-序号4	13.80	1.71	2.08	0.27
6	加0.12kg砂岩	13.80/88.14=0.1566，取0.12×干基各氧化物成分	10.58	0.58	0.03	0.03
7	余数	序号5-序号6	3.22	1.13	2.05	0.24
8	加0.055kg页岩	1.13/16.97=0.0666，取0.055×干基各氧化物成分	3.35	0.93	0.38	0.09
9	余数	序号7-序号8	-0.13	0.20	1.67	0.15
10	加0.025kg铁粉	1.67/64.68=0.0258，取0.025×干基各氧化物成分	0.36	0.20	1.62	0.19
11	余数	序号9-序号10	-0.49	0	0.05	-0.04
12	扣0.005kg砂岩	-0.49/88.14=-0.0055，取-0.005×干基各氧化物成分	-0.44	-0.02	—	—
13	余数	序号11-序号12	-0.05	0.02	0.05	-0.04

递减运算后各氧化物余数较小，递减结束。

B_1 原料配比

项目	干燥基					计算示例
	石灰石	砂岩	页岩	铁粉	合计	干基原料用量→干基原料配比
原料用量/kg	1.348	0.12-0.005=0.115	0.055	0.025	1.543	用量/用量合计=配比，如石灰石1.348×100%
配比/%	87.36	7.46	3.56	1.62	100	1.348/1.543=87.36%

C_1 配合生料及熟料成分　　　　单位：%

物料名称	配比	烧失量	SiO_2	Al_2O_3	Fe_2O_3	CaO	MgO	SO_3	R_2O	Cl^-
石灰石	87.36	34.72	4.68	1.99	0.76	42.67	1.42	0.0437	0.5242	0.0089
砂岩	7.46	0.24	6.58	0.36	0.02	0.02	0.03	0.0813	0.0597	0.0004
页岩	3.56	0.19	2.17	0.60	0.24	0.06	0.08	0.1043	0.1086	0.0011

物料名称	配比	烧失量	SiO_2	Al_2O_3	Fe_2O_3	CaO	MgO	SO_3	R_2O	Cl^-
铁粉	1.62	0.01	0.23	0.13	1.05	0.12	0.03	0.0220	0.0162	0.0008
生料		35.16	13.66	3.08	2.07	42.87	1.56	0.2513	0.7087	0.0110
灼烧生料			21.07	4.75	3.19	66.12	2.41	0.3876		
0.9736 份灼烧生料	97.36		20.51	4.62	3.11	64.37	2.35	0.3774		
0.0264 份煤灰	2.64		1.26	0.58	0.32	0.13	0.09	0.0855		
熟料			21.77	5.20	3.43	64.50	2.44	0.4629		
熟料率值					KH=0.8976　SM=2.5226　IM=1.5160					

第二种方案：灼烧基法。

A_2 灼烧基法递减估算　　　　　　　　单位:% （质量分数）

序号	项目	调整估算及项目计算式	SiO_2	Al_2O_3	Fe_2O_3	CaO
1	要求熟料成分	见"2.求解(2)"	22.33	5.36	3.57	66.24
2	掺入煤灰成分	$P×$煤灰中各氧化物成分（$P=2.64\%$）	1.26	0.58	0.32	0.13
3	要求灼烧生料成分	序号1－序号2	21.07	4.78	3.25	66.11
4	加 0.812kg 石灰石	66.11/81.05＝0.8157,取 0.812×灼烧基成分	7.27	3.07	1.17	65.84
5	余数	序号3－序号4	13.80	1.71	2.08	0.30
6	加 0.13kg 砂岩	13.81/91.05＝0.1517,取 0.13×灼烧基成分	11.84	0.65	0.03	0.03
7	余数	序号5－序号6	1.97	1.06	2.05	0.27
8	加 0.05kg 页岩	1.06/17.59＝0.05905,取 0.05×灼烧基成分	3.22	0.90	0.36	0.08
9	余数	序号7－序号8	−1.25	0.16	1.69	0.19
10	加 0.025kg 铁粉	1.69/65.25＝0.0259,取 0.025×灼烧基成分	0.36	0.20	1.62	0.19
11	余数	序号9－序号10	−1.61	−0.04	0.07	0
12	扣 0.017kg 砂岩	−1.61/91.05＝−0.0177,取 −0.017×灼烧基成分	−1.55	−0.08	—	—
13	余数	序号11－序号12	−0.06	0.04	0.07	

递减运算后各氧化物余数较小，递减结束。

B_2 原料配比

项目	灼烧基					干燥基				
	石灰石	砂岩	页岩	铁粉	合计	石灰石	砂岩	页岩	铁粉	合计
原料用量/kg	0.812	0.13−0.017＝0.113	0.05	0.025	1.00	1.3475	0.1167	0.0529	0.0252	1.5423
配比/%	81.2	11.3	5	2.5	100	87.37	7.56	3.44	1.63	100

灼烧基配比→干燥基用量→干燥基配比算式示例如下。

$$石灰石用量=\frac{配比}{100-烧失量}=\frac{81.2}{100-39.74}=1.3475（kg）$$

$$石灰石配比=\frac{用量}{总用量}=\frac{1.3475}{1.5423}=87.37\%$$

C₂ 配合生料及熟料成分

物料名称	配比/%	烧失量/%	SiO₂/%	Al₂O₃/%	Fe₂O₃/%	CaO/%	MgO/%	熟料率值
石灰石	87.37	34.72	4.71	1.99	0.76	42.67	1.42	$KH=(CaO-1.65Al_2O_3-0.35Fe_2O_3)$
砂岩	7.56	0.24	6.66	0.37	0.02	0.02	0.03	$/2.8SiO_2$
页岩	3.44	0.19	2.10	0.58	0.24	0.06	0.07	$=(64.50-1.65\times5.19-0.35\times$
铁粉	1.63	0.01	0.23	0.13	1.05	0.12	0.03	$3.43)/2.8\times21.83$
生料		35.16	13.70	3.07	2.07	42.87	1.55	$=0.8956$
灼烧生料			21.13	4.73	3.19	66.12	2.39	$SM=SiO_2/(Al_2O_3+Fe_2O_3)$
0.9736 份灼烧生料			20.57	4.61	3.11	64.37	2.22	$=21.83/8.62=2.5325$
0.0264 份煤灰			1.26	0.58	0.32	0.13	0.09	$IM=Al_2O_3/Fe_2O_3$
熟料			21.83	5.19	3.43	64.50	2.31	$=5.19/3.43=1.5131$

第三种方案：当量法。

按当量法计算时，煤灰掺入所带入的成分调整值＝当量系数×煤灰各氧化物成分。

$$当量系数\ K=P(100-L_{s设})\times\frac{100}{100-P}$$

式中　$L_{s设}$——计算时设定的生料烧失量，%。

本计算中 $L_{s设}=35.0\%$。

$$K=2.64(100-35)\times\frac{100\%}{100-2.64}=1.76\%$$

A₃ 灼烧基法递减估算

物料名称	计　算　式	化学成分/%			
		SiO₂	Al₂O₃	Fe₂O₃	CaO
煤灰	当量系数 1.76%×煤灰各氧化物成分	0.84	0.38	0.21	0.10
石灰石	干基成分＋当量煤灰带入该成分值 以石灰石中 CaO 为例，其当量成分＝原成分值 48.84%＋由当量煤灰带入时的 0.10%＝48.94%	6.23	2.66	1.08	48.94
砂岩		88.98	5.24	0.45	0.35
页岩		61.79	17.35	7.09	1.70
铁粉		15.13	8.46	64.89	7.56

注：计入当量煤灰掺入后，原料成分的调整值。

B₃ 当量法递减估算

序号	项目	调整估算及项目计算式	化学成分/%			
			SiO₂	Al₂O₃	Fe₂O₃	CaO
1	要求熟料成分	见"2.求解(2)"	22.33	5.36	3.57	66.24
2	加 1.346kg 石灰石	66.24/48.94＝1.3535,取 1.346	8.39	3.58	1.45	65.87
3	余数	序号1－序号2	13.94	1.77	2.11	0.37
4	加 0.12kg 砂岩	13.94/88.98＝0.1517,取 0.12	10.68	0.63	0.05	0.14
5	余数	序号3－序号4	3.26	1.14	2.06	0.23
6	加 0.055kg 页岩	1.14/17.35＝0.06570,取 0.055	3.40	0.95	0.40	0.09
7	余数	序号5－序号6	−0.14	0.19	1.66	0.14

序号	项目	调整估算及项目计算式	化学成分/%			
			SiO₂	Al₂O₃	Fe₂O₃	CaO
8	加 0.025kg 铁粉	1.63/64.89＝0.0251,取 0.025	0.38	0.21	1.62	0.19
9	余数	序号 7－序号 8	－0.52	－0.02	0.04	－0.05
10	扣 0.006kg 砂岩	－0.52/88.98＝－0.0058,取－0.006	－0.53	－0.03	—	—
11	余数	序号 9－序号 10	－0.01	－0.01	0.04	－0.05

C₃ 干基原料配比

项目	干燥基					计算示例
	石灰石	砂岩	页岩	铁粉	合计	石灰石配比
原料用量/kg	1.346	0.12－0.006＝0.114	0.055	0.025	1.540	石灰石用量/总用量＝1.346/
配比/%	87.40	7.40	3.58	1.62	100	1.540＝87.40%

D₃ 配合生料及熟料成分

物料名称	配比/%	烧失量/%	SiO₂/%	Al₂O₃/%	Fe₂O₃/%	CaO/%	MgO/%	熟料率值
石灰石	87.40	34.73	4.71	1.99	0.76	42.69	1.42	
砂岩	7.40	0.24	6.52	0.36	0.02	0.02	0.03	
页岩	3.58	0.20	2.18	0.61	0.25	0.06	0.08	KH＝(64.55－1.65×5.22－0.35×
铁粉	1.62	0.01	0.23	0.13	1.05	0.12	0.03	3.45)/2.8×21.74＝0.8991
生料		35.18	13.64	3.09	2.08	42.89	1.56	SM＝SiO₂/(Al₂O₃＋Fe₂O₃)
灼烧生料			21.04	4.77	3.21	66.17	2.41	＝21.74/8.67＝2.5075
0.9736 份灼烧生料			20.48	4.64	3.13	64.42		IM＝Al₂O₃/Fe₂O₃
0.0264 份煤灰			1.26	0.58	0.32	0.13		＝5.22/3.45＝1.530
熟料			21.74	5.22	3.45	64.55		

E 不同递减试凑计算方案，原料配比计算结果汇总

递减计算方式	干燥基				灼烧基				当量法			
物料配比/%	石灰石	砂岩	页岩	铁粉	石灰石	砂岩	页岩	铁粉	石灰石	砂岩	页岩	铁粉
	87.36	7.46	3.56	1.62	87.37	7.56	3.44	1.63	87.40	7.40	3.58	1.62
熟料成分/%	SiO₂	Al₂O₃	Fe₂O₃	CaO	SiO₂	Al₂O₃	Fe₂O₃	CaO	SiO₂	Al₂O₃	Fe₂O₃	CaO
	21.77	5.20	3.43	64.50	21.83	5.19	3.43	64.50	21.74	5.22	3.45	64.55
熟料率值	KH	SM	IM		KH	SM	IM		KH	SM	IM	
	0.8976	2.5226	1.5160		0.8956	2.5325	1.5131		0.8991	2.5075	1.5130	
配料指标	KH＝0.88～0.92				SM＝2.40～2.60				IM＝1.40～1.60			

从表 E 中得知三种方案所配出的熟料率值，均在指标范围，配料计算结束，可以进行下一程序——有害组分的判定和湿基原料配比运算。从不同方案所进行的递减试凑配料过程看，以干燥基法最为简便，不需将原料成分进行技术处理，直接将分析结果作为原始数据进行运算。下面就用干燥基推算的原料配比计算结果进行分析评定。

（4）有害组分评定如下表：

有害组分计算结果

项目	生料				熟料（硅酸盐水泥熟料）		
成分	R_2O	SO_3	Cl^-	SO_3/R_2O	成分	MgO	SO_3
控制范围	≤1.0%	≤1.5%	≤0.015%	≤1.0	控制范围	≤5.0%	≤1.5%
本配料数值	0.7078%	0.2513%	0.0110%	0.3546	本配料数值	2.31%	0.46%
评价	本配料生料和熟料有害成分均在控制指标范围内，故原料和所配生料适用						

（5）提出湿基原料配比。生产作业需要用湿基原料配比，作为生料配料操作员，进行喂料量下达的指令。用计算的干灼基原料配比，考虑各原料的含水率，提出湿基原料配比，见下表：

项目	石灰石	砂岩	页岩	铁粉	合计	算式示例
干燥基原料配比/%	87.36	7.46	3.56	1.62	100	从干燥基配比→湿基配比
物料含水率/%	1.0	1.0	1.5	8.0		石灰石为例
湿基原料用量/kg	88.24	7.54	3.61	1.76	101.15	87.36/0.99＝88.24(kg)
湿基原料配比/%	87.24	7.45	3.57	1.74	100	88.24/101.15＝87.24%

（6）计算生料理论料耗：

$$生料理论料耗 = \frac{1-煤灰掺入率}{1-生料烧失量}$$

$$= \frac{1-0.264}{1-0.3516}$$

$$= 1.5015(kg_s/kg_{sh})$$

（7）计算熟料烧成煤耗（煤粉）：

$$熟料烧成煤耗 = \frac{熟料烧成热耗}{煤粉空气干燥基发热量}$$

$$= \frac{3300}{24000}$$

$$= 0.1375\ (kg_s/kg_{sh})$$

② 用矿物组成配料计算　选定熟料矿物组成后的配料计算步骤：a. 煤灰掺入量（率）；b. 计算灼烧基原燃料的矿物组成；c. 计算物料配比；d. 核算熟料矿物组成和率值；e. 评价有害成分，提出理论料耗、湿基原料配比等。步骤中 a、d、e 与递减试凑法相同，详见武洪明等发表在水泥杂志［2011，（12）：38-39］中的"熟料矿物组成配料设计计算方法"一文。这里着重介绍如何计算原燃料的"矿物组成"和采用矿物组成的配料计算方法，对评价有害部分省略，见计算示例 3-2。

【计算示例 3-2】

1.已知原燃料成分数据如下表：

原料、煤灰化学成分　　　　单位：%（质量分数）

物料名称		烧失量	SiO_2	Al_2O_3	Fe_2O_3	CaO	MgO
石灰石	干基	42.67	2.15	0.47	0.36	51.28	1.38
	灼烧基		3.76	0.82	0.63	89.80	2.41

物料名称		烧失量	SiO_2	Al_2O_3	Fe_2O_3	CaO	MgO
尾矿	干基	1.37	69.13	5.92	10.94	4.03	4.18
	灼烧基		70.09	6.00	11.09	4.69	4.24
灰渣	干基	3.06	57.94	24.54	5.71	1.86	1.41
	灼烧基		59.77	25.31	5.89	1.92	1.45
煤灰	灼烧基		45.51	33.75	8.20	3.13	0.80

煤工业分析及煤灰掺入率（P）

$M_{ar}/\%$	$V_{ar}/\%$	$A_{ar}/\%$	$FC_{ar}/\%$	$Q_{net,ar}/(kJ/kg)$	$P/\%$	说　明
0.86	14.96	25.99	58.19	20547	4.12	熟料烧成热耗 $3260kJ/kg_{sh}$

2. 求灼烧基原料煤灰中的矿物组成，见下表：

物料名称	石灰石	尾矿	灰渣	煤灰	矿物组成计算式
C_3S	330.65	−570.04	−625.10	−571.74	$C_3S=4.041CaO-7.604SiO_2-6.717Al_2O_3-1.429Fe_2O_3$
C_2S	−238.23	630.18	642.06	561.00	$C_2S=2.867SiO_2-0.75C_3S$
C_3A	1.10	−2.91	57.08	75.53	$C_3A=2.65Al_2O_3-1.696Fe_2O_3$
C_4AF	1.92	33.75	17.92	24.95	$C_4AF=3.043Fe_2O_3$

3. 要求灼烧生料 C_3S_S、C_3A_S 含量。

① 配料设计 $C_3S=54\%$、$C_3A=7\%$。

② 扣除煤灰的 C_3S，要求灼烧生料中 C_3S 含量 $=\{54-[4.12\%\times(-571.74)]\}/(100-4.12)=80.89\%$。

③ 扣除煤灰的 C_3A，要求灼烧生料中 C_3A 含量 $=[7-(4.12\%\times75.53)]/(100-4.12)=4.06\%$。

4. 计算原料配比。为满足灼烧 $C_3S=80.89\%$ 的要求，先进行石灰石分别与尾矿和灰渣配比计算，然后按石灰石与尾矿、石灰石与灰渣比例，分别计算 C_3A 被引入的数量。

① 两种混合料引入的 C_3S、C_3A 量汇总如下表：

项目	名称	物料配比		引入量(质量分数)/%	
		计算式	数值	C_3S	C_3A
石灰石+尾矿	石灰石	$C_3S_s=X_石\times C_3S_石+(1-X_石)\times C_3S_矿$ 式中 C_3S_s、$C_3S_石$、$C_3S_矿$、$C_3S_灰$——灼烧生料、石灰石、矿渣、灰渣中 C_3S 含量，%； $X_石$——计算中设定石灰石配比，%； $1-X_石$——尾矿含量，%	$X_石=0.7227$	238.96	0.79
	尾矿		$X_矿=0.2773$	−158.07	−0.81
	合计		1.0	80.89	−0.02
石灰石+灰渣	石灰石	$C_3S_s=Y_石\times C_3S_石+(1-Y_石)\times C_3S_灰$ 式中 $Y_石$——计算中设定石灰石配比，%； $(1-Y_石)$——灰渣含量，%	$Y_石=0.7386$	244.22	0.81
	灰渣		$Y_灰=0.2614$	−163.40	14.95
	合计		1.0	80.62	15.76

② 满足 $C_3A=4.06\%$ 要求时（石灰石+尾矿）和（石灰石+灰渣）的配比　设 $X_{石+矿}$ 为石灰石+尾矿的配比，$1-X_{石+矿}$ 为石灰石+灰渣的配比，则：

$$X_{\text{石+矿}} \times (-0.02) + (1-X_{\text{石+矿}}) \times 15.76 = 4.06\%$$

解得 $X_{\text{石+矿}} = 0.7414$，$X_{\text{石+灰}} = 1 - 0.7414 = 0.2586$。

③ 灼烧基石灰石、尾矿、灰渣配比　石灰石比例：

$$0.7414 \times 0.7227 \times 100\% = 53.58\%$$

$$0.2586 \times 0.7386 \times 100\% = 19.10\%$$

两者合计为 72.68%。

尾矿比例：$0.7414 \times 0.2773 \times 100\% = 20.56\%$。

灰渣比例：$0.2586 \times 0.2614 \times 100\% = 6.76\%$。

④ 干基石灰石、尾矿、灰渣配比见下表：

物料	石灰石	尾矿	灰渣	合计	算　式
用量/kg	1.268	0.208	0.070	1.546	灼烧基配比/(1-烧失量)
配比/%	82.02	13.45	4.53	100	用量/原料总用量

⑤ 配合生料及熟料成分见下表：

单位：%

物料名称	烧失量	SiO_2	Al_2O_3	Fe_2O_3	CaO	MgO	SO_3	R_2O	Cl^-
配合生料	35.31	13.68	2.30	2.03	42.92	1.75			
熟料		22.16	4.80	3.35	63.75	2.63			

⑥ 矿物组成和率值见下表：

矿物组成	C_3S	C_2S	C_3A	C_4AF	KH	SM	IM
(%)及率值	54.00		7.04		0.881	2.72	1.43

注：按表 1-1 计算式进行相应计算。

配料计算结果，核算的 $C_3S = 54\%$、$C_3A = 7.04\%$，与配料设计 $C_3S = 54\%$、$C_3A = 7\%$ 基本相同，原料配比适用。

（3）滴定法

早期生料配料常用滴定法调整，虽然快、简单，但准确性较差。用滴定法配料时控制人员可按要求生料滴定值和所用石灰质、硅铝质的碳酸钙（或氧化钙）的滴定值，用表 3-7 进行原料配比计算。

表 3-7　滴定法配料计算式

物料滴定值	干基原料配比	物料水分	湿基原料配比
石灰质滴定值 T_{SHS}	$e_1 = \dfrac{[T_S - (1-e_3)T_{TU}]}{T_{SHS} - T_{TU}}$	W_1	$e_1' = \dfrac{e_1}{(100-W_1)E}$
硅铝质滴定值 T_{TU}	$e_2 = 100 - e_1 - e_3$	W_2	$e_2' = \dfrac{e_2}{(100-W_2)E}$
铁质滴定值 T_{TIE}	e_3 按生产经验统计值确定	W_3	$e_3' = \dfrac{e_3}{(100-W_3)E}$
生料滴定值 T_S	石灰质：硅铝质：铁质 干基 $= e_1 : e_2 : e_3$ 湿基 $= e_1' : e_2' : e_3'$		$E = \dfrac{e_1}{100-W_1} + \dfrac{e_2}{100-W_2} + \dfrac{e_3}{100-W_3}$

【计算示例 3-3】

某生产企业，原料采用石灰石、黏土和铁粉（掺加量为 2.5%），已知所用石灰石碳酸钙滴定值 $T_石=96.5\%$，黏土碳酸钙滴定值 $T_土=7.25\%$。要求生料碳酸钙滴定值 $T_s=78.5\%$ 时，原料配比是多少？

解：石灰石掺量 $=\dfrac{T_石-(1-铁粉掺加量)T_土}{T_石-T_土}$

$$=\frac{78.5-(1-0.025)\times 7.25}{96.5-7.25}=80.03\%$$

黏土掺量 $=100\%-80.03\%-2.5\%=17.47\%$

原料配比为石灰石：黏土：铁粉＝80.03：17.4：2.5。

2. 用原料煤时配料计算

为执行节能利废、改善环境、降低生产成本，当企业采用含有一定热值的原料如煤矸石、石煤等作为替代原料时，因它既是原料又是燃料，改变了配合料的功能，故在配料指标上，既要考虑熟料率值，又要满足熟料烧成热耗要求，这时配料计算要采用配料与配热同时进行。在水泥杂志 2010 年第三期上，济南大学孙庆利教授撰写的"多煤质水泥生料配合计算法的研究"一文中所提供的配料思路和方法，值得参考。下面通过计算实例 3-4 介绍采用递减试凑法人工配料时的计算步骤。

① 根据率值换算出要求的熟料成分。

② 对原料煤（指含有一定热值的原料）和燃料煤（指通常使用的原煤）的各化学成分进行预处理，即煤质物料修正后的化学成分＝灰分百分比含量×灰分中各化学成分。

③ 进行递减试凑运算。

④ 验算率值和熟料热耗等。

【计算示例 3-4】

1. 已知原料、煤质的化学成分、烧成热耗和要求率值，求原料配比？

（1）原料、煤质料灰分的化学成分和发热量见下表：

物料	成分(质量分数)/%						发热量/(kJ/kg_r)
	烧失量	SiO_2	Al_2O_3	Fe_2O_3	CaO	灰分	
石灰石	42.58	2.50	0.13	0.19	52.60		
铁粉	5.19	15.90	5.00	62.83	4.82		
煤矸石		63.34	17.29	5.04	8.36	64.66	88856.9
燃料煤		62.97	21.31	6.54	5.26	25.06	19321.4

注：当所采用的煤矸石或石煤中 Al_2O_3 含量较高时，其他原料要采用 SiO_2 含量高的，或提高 IM 值。

（2）熟料烧成热耗 3300kJ/kg_{sh}。

（3）要求熟料率值 KH＝0.90±0.02　SM＝2.5±0.1　IM＝1.5±0.1。

2. 用递减试凑法求解。

（1）按要求的熟料率值，计算出熟料化学组成，其成分计算结果同计算示例 3-1。

成分	SiO_2	Al_2O_3	Fe_2O_3	CaO
含量/%	22.33	5.36	3.57	66.24

（2）煤质物料修正后的化学成分见下表：

物料	SiO_2/%	Al_2O_3/%	Fe_2O_3/%	CaO/%	修正系数 α	说　明
煤矸石	40.96	11.18	3.26	5.41	0.6466	修正后煤质物料化学成分计算式
燃料煤	15.78	5.34	1.64	1.33	0.2506	$=\alpha\times$灰分原化学成分

注：修正系数 α 为该煤质原料的灰分。

（3）递减法配料计算见下表：

序号	项目	调整估算式	SiO_2/%	Al_2O_3/%	Fe_2O_3/%	CaO/%	发热量/(kJ/kg$_r$)
1	要求熟料成分	见"2.求解(1)"	22.33	5.36	3.57	66.24	
2	加 1.21kg 石灰石	66.24/52.6＝1.2593，取 1.21kg	3.03	0.16	0.23	63.65	
3	余数(序号1－序号2)		19.30	5.20	3.34	2.59	
4	加 0.03kg 铁粉	3.34/62.83＝0.0532，取 0.03kg	0.48	0.15	1.88	0.14	
5	余数(序号3－序号4)		18.82	5.05	1.46	2.45	
6	加 0.42kg 煤矸石	18.82/40.96＝0.4595，取 0.42kg	17.20	4.70	1.37	2.27	3719.9
7	余数(序号5－序号6)		1.68	0.35	0.09	0.18	
8	加 0.1kg 燃料煤	1.68/15.78＝0.1065，取 0.1kg	1.58	0.53	0.16	0.13	1932.1
9	余数(序号7－序号8)		0.10	－0.18	－0.17	0.05	
8′	加 0.1kg 燃料煤	0.35/5.34＝0.0655，取 0.06kg	0.95	0.32	0.10	0.08	1159.3
9′	余数(序号7－序号8)		0.73	0.03	－0.01	0.10	

注：递减成分值＝调整估算式×原料干燥基水分（石灰石、铁粉）或递减成分值＝调整估算式×煤质修正后的成分（煤矸石、燃料煤）。

当配料计算到序号7后，在考虑掺加燃料煤上有两个方案：递减方案Ⅰ，加 0.01kg 燃料煤，Al_2O_3 的余值高，其余均在 0.1% 以下；方案Ⅱ，加 0.06kg 燃料煤，SiO_2 余值很高，其余均在 0.1% 以下。

（4）原料百分比见下表：

项目	方案Ⅰ					方案Ⅱ				
	石灰石	铁粉	煤矸石	燃料煤	合计	石灰石	铁粉	煤矸石	燃料煤	合计
用量/kg	1.21	0.03	0.42	0.1	1.76	1.21	0.03	0.42	0.06	1.72
配比/%	68.75	1.70	23.86	5.69	100	70.35	1.74	24.42	3.49	100
换算式	用量比→百分比，以石灰石为例 1.21/1.76＝68.75%									

（5）计算配合熟料成分并验算率值、熟料烧成热耗见下表：

	方案Ⅰ							
物料	配比/%	烧失量/%	SiO_2/%	Al_2O_3/%	Fe_2O_3/%	CaO/%	发热量/(kJ/kg$_r$)	率值验算
石灰石	68.75	29.27	1.72	0.09	0.13	36.16		$KH=37.61-1.65\times3.15-0.35\times$
铁粉	1.70	0.09	0.27	0.09	1.47	0.08		$2.07/2.8\times12.66$
煤矸石	23.86	8.43	9.77	2.67	0.78	1.29	2113.25	$=0.8939$
燃料煤	5.69	4.26	0.90	0.30	0.09	0.08	1099.38	$SM=12.66/5.22=2.4253$
熟料			12.66	3.15	2.07	37.61	3212.63	$IM=3.15/2.07=1.5217$

方案Ⅱ							
物料	配比 /%	烧失量 /%	SiO_2 /%	Al_2O_3 /%	Fe_2O_3 /%	CaO /%	发热量 /(kJ/kg$_r$)	率值验算
石灰石	70.35	29.96	1.76	0.09	0.13	37.00		
铁粉	1.74	0.09	0.28	0.09	1.09	0.08		KH＝0.9250
煤矸石	24.42	8.63	10.00	2.73	0.80	1.32	2162.58	SM＝2.4305
燃料煤	3.49	2.62	0.55	0.19	0.06	0.05	674.32	IM＝1.4903
熟料			12.59	3.10	2.08	38.45	2836.90	

注：1. 配合料成分值＝配比×原料化学成分（指石灰石、铁粉）

　　　　　　　　＝配比×煤质原料修正后成分（指煤矸石、燃料煤）

2. 从两个方案验算结果看，方案Ⅰ的熟料率值在指标范围内，煤质提供的热量较要求熟料烧成热耗指标低些。方案Ⅱ的熟料率值，SM、IM 在指标范围内，但 KH 过高，且提供熟料热量不足，宜采用方案Ⅰ的配料方案。本计算干基物料配比，采用方案Ⅰ。

（6）配比计算结果（干基配比）见下表：

物料	石灰石	煤矸石	铁粉	合计	耗煤量/(kg$_r$/kg$_{sh}$)	原燃料提供热量/(kJ/kg$_r$)
用量/kg	1.21	0.42	0.03	1.66	0.0569	约 3212
配比/%	76.25	21.87	1.88	100		

3. 三组分代数法配料算式

生料配料用代数法，计算结果准确，是计算机运算的基本数学模式。现用选择的 KH、SM，以代数式求解三组分各物料配比为例的基本数学式。

设定各物料配比：第一组分：第二组分：第三组分：煤灰＝$X:Y:Z:P$

$$X=\frac{d_1(b_2c_3-b_3c_2)-d_2(b_1c_3-b_3c_1)+d_3(b_1c_2-b_2c_1)}{a_1(b_2c_3-b_3c_2)-a_2(b_1c_3-b_3c_1)+a_3(b_1c_2-b_2c_1)} \tag{3-1}$$

$$Y=\frac{a_1(d_2c_3-d_3c_2)-a_2(d_1c_3-d_3c_1)+a_3(d_1c_2-d_2c_1)}{a_1(b_2c_3-b_3c_2)-a_2(b_1c_3-b_3c_1)+a_3(b_1c_2-b_2c_1)} \tag{3-2}$$

$$Z=\frac{a_1(b_2d_3-b_3d_2)-a_2(b_1d_3-b_3d_1)+a_3(b_1d_2-b_2d_1)}{a_1(b_2c_3-b_3c_2)-a_2(b_1c_3-b_3c_1)+a_3(b_1c_2-b_2c_1)} \tag{3-3}$$

其中：$a_1=2.8KH\times S_1+1.65A_1+0.35F_1-C_1$

$\qquad b_1=2.8KH\times S_2+1.65A_2+0.35F_2-C_2$

$\qquad c_1=2.8KH\times S_3+1.65A_3+0.35F_3-C_3$

$\qquad d_1=q(C_h-2.8KH\times S_h-1.65A_h-0.35F_h)$

$\qquad a_2=SM(A_1+F_1)-S_1$

$\qquad b_2=SM(A_2+F_2)-S_2$

$\qquad c_2=SM(A_3+F_3)-S_3$

$\qquad d_2=P[S_h-SM(A_h+F_h)]$

$\qquad a_3=b_3=c_3=1$

$\qquad d_3=100-P$

式中　S，A，F，C——物料中所含成分 SiO_2、Al_2O_3、Fe_2O_3、CaO；

注脚 1、2、3、h——第一组分、第二组分、第三组分和煤灰；

P——熟料中煤灰掺入量,%。

二、配料计算中通用算式

1. 熟料煅烧耗煤量

$$m_r = q/Q_{net,ad} \tag{3-4}$$

2. 煤灰掺入量

$$P = \frac{qA_{ad}B}{Q_{net.ad} \times 100} \times 100\% \tag{3-5}$$

式中　m_r——熟料空气干燥基煤耗,kg_r/kg_{sh};

　　　P——熟料中煤灰掺入量(率),kg_f/kg_{sh}(%);

　　　q——熟料单位热耗,kJ/kg_{sh};

　　　A_{ad}——煤粉空气干燥基灰分,%;

　　　B——煤灰掺入率,100%;

　　$Q_{net,ad}$——煤粉空气干燥基热值,kJ/kg_r。

3. 物料基准换算

物料基准有干燥基(由原始化学分析得到的)、灼烧基(扣除烧失量)和湿料基(含天然水分的),物料基准一致才能相加减。在物料配料计算中,如以熟料化学成分或率值作为配料依据时,需要把原料干燥基成分换算成灼烧基成分;在计算物料配比中,将计算出灼烧基配比要换算成干燥基配比;对入磨物料在配比或喂料时,要考虑实物水分,换算成湿料基配比。

(1) 物料的干、湿、灼烧基关系式

$$W_干 = \frac{W_湿(100-M)}{100} \tag{3-6}$$

$$W_灼 = \frac{W_干(100-L)}{100} \tag{3-7}$$

$$W_湿 = \frac{100W_干}{100-M} \tag{3-8}$$

式中　$W_干$,$W_湿$,$W_灼$——干物料、湿物料和灼烧物料量,%;

　　　M,L——物料的水分和烧失量,%。

(2) 成分换算　原料或生料化学成分的基准由干燥基换算成灼烧基:

$$灼烧基成分(\%) = \frac{100 \times 干燥基氧化物成分}{100-烧失量} \tag{3-9}$$

(3) 配比换算　先换算相应的用量后计算物料配比。

① 用量　由配比换算。

$$干料量 = \frac{100 \times 灼烧基配比}{100-烧失量} \quad kg_干/kg_料 \tag{3-10}$$

$$湿料量 = 100 \times 干燥基配比/(100-水分) \quad kg_湿/kg_料 \tag{3-11}$$

② 配比

$$干燥基(\%) = \frac{该物料干基用量 \times 100}{物料干基用量总和} \tag{3-12}$$

$$湿料基（\%）=\frac{该物料湿基用量\times100}{物料湿基用量总和}\tag{3-13}$$

【计算示例 3-5】

1. 已知入磨原燃料成分（见下表）、原料含水分（石灰石 1％、黏土 13％、铁矿粉 1％）和要求熟料率值（KH＝0.90±0.02、SM＝2.30±0.10、IM＝1.75±0.10），当熟料设计热耗为 3300kJ/kg$_{sh}$、煤的发热量为 17550kJ/kg$_r$ 时，计算在各基准下的原料配比。

原料成分　　　　　　　　　　　　　　　　　　　　　单位：％（质量分数）

物料	基准	烧失量	SiO$_2$	Al$_2$O$_3$	Fe$_2$O$_3$	CaO	MgO	其他	合计
石灰石	干基	43.00	0.50	0.25	0.50	52.00	1.50	2.25	100
	灼烧基	—	0.88	0.44	0.88	91.23			93.43
黏土	干基	8.00	63.00	15.00	6.00	0.30	2.00	5.70	100
	灼烧基	—	68.47	16.31	6.50	0.33			91.61
铁矿粉	干基	10.00	20.00	5.00	60.00	0.30	0.30	4.40	100
	灼烧基	—	22.22	5.56	66.67	0.33			94.78

解：基本步骤是按不同基准计算其质量比，然后再换算成物料配比。

① 将四组分（包括煤灰）配比换算成三组分（只包括原料）配比。

灼烧基四组分物料配比由配料计算（过程略）得到，其数值为石灰石：黏土：铁矿粉：煤灰＝68.58：26.21：0.51：4.7。

不包括煤灰的原料配比为石灰石：黏土：铁矿粉＝68.58：26.21：0.5。

$$石灰石灼烧基配比=\frac{68.58}{100-4.70}\times100\%=71.96\%$$

$$黏土灼烧基配比=\frac{26.21}{100-4.70}\times100\%=27.50\%$$

$$铁矿粉灼烧基配比=\frac{0.51}{100-4.70}\times100\%=0.54\%$$

② 由灼烧基配比转换成干基配比。

$$干基物料质量比=灼烧基物料配比\times\frac{100}{100-该物料烧失量}$$

$$干基物料配比（\%）=\frac{该物料干基质量比}{所有干基物料质量比总和}$$

$$石灰石干基质量比=\frac{71.96}{100-43.00}\times100\%=126.25\%$$

$$黏土干基质量比=\frac{27.50}{100-8.00}\times100\%=29.89\%$$

$$铁矿粉干基质量比=\frac{0.54}{100-10}\times100\%=0.60\%$$

干基原料质量比总和＝126.25％＋29.89％＋0.60％＝156.74％

$$石灰石干基配比（\%）=\frac{126.25}{156.74}=80.55$$

$$黏土干基配比（\%）=\frac{29.89}{156.74}=19.07$$

铁矿粉干基配比$(\%)=\dfrac{0.60}{156.74}=0.38$

③ 干基配比换算成湿基配比。

石灰石湿基质量比$=\dfrac{80.55}{100-1.00}\times100\%=81.36\%$

黏土湿基质量比$=\dfrac{19.07}{100-13.00}\times100\%=21.92\%$

铁矿粉湿基质量比$=\dfrac{0.38}{100-1.00}\times100\%=0.38\%$

湿基原料质量比总和$=81.36\%+21.92\%+0.38\%=103.66\%$

石灰石湿基配比$(\%)=\dfrac{81.36}{103.66}=78.49$

黏土湿基配比$(\%)=\dfrac{21.92}{103.66}=21.15$

铁矿粉湿基配比$(\%)=\dfrac{0.38}{103.66}=0.36$

2. 配比计算结果汇总见下表：

单位：%（质量分数）

基准	物料	配比	SiO_2	Al_2O_3	Fe_2O_3	CaO	烧失量	依据和作用
灼烧基	石灰石	68.58	0.60	0.30	0.60	62.57		按已知条件和要求熟料矿物组成进行配料计算（略）后,得到灼烧基物料配比。灼烧基是计算熟料率值、矿物组成和复查有害成分是否在允许范围内的成分
	黏土	26.21	17.95	4.27	1.71	0.09		
	铁矿粉	0.51	0.11	0.03	0.34	0.01		
	煤灰	4.70	2.25	1.02	0.56	0.24		
	熟料		20.91	5.62	3.21	62.91		
干基	石灰石	80.55	0.40	0.20	0.40	41.87	36.64	先将灼烧基物料配比换算成无煤灰的原料配比。它是计算生料率值的依据
	黏土	19.07	12.01	2.86	1.14	0.06	1.53	
	铁矿粉	0.38	0.08	0.02	0.23	0.01	0.04	
	生料		12.49	3.08	1.77	41.94	36.21	
湿基	石灰石	78.49						按干基原料配比和原料水分进行计算,作为生产中物料喂料量比例的操作依据
	黏土	21.15						
	铁矿粉	0.36						

4. 生料、熟料率值和矿物组成计算

见第一章所述。

5. 干生料理论料耗

在不考虑窑灰损失前提下，熟料的干生料理论消耗量为：

$$m_s=\dfrac{1-P}{1-L_s} \tag{3-14}$$

式中　　m_s——干生料理论消耗量（或称理论料耗），kg_s/kg_{sh}；

　　　　P——熟料中煤灰掺入量，kg_f/kg_{sh}；

　　　　L_s——生料烧失量，%。

第二节 入磨物料配比的调整

生产中，按基准生料配料计算结果控制原料配比，所制备的生料，有时会出现出磨生料率值偏离目标值，甚至生料三率值不完全符合要求的情况。因此，在生产中需要根据出磨生料分析和波动情况，在弄清楚需要调整之后，进入调整工序，以保证生料成分符合生产要求。在线自动配料系统，可以对各种原料配比根据原料成分变动情况进行快捷调整。对系统离线式和在无荧光分析条件下，原料配比可采用灰色模型法或用人工调整配比。本节介绍依据出磨生料率值和氧化钙差值，在生产现场进行人工调整配比的方法和计算。

一、人工调整配比的计算法

采用人工调整配料时，质量管理人员根据生产的水泥熟料品种和等级，结合具体生产条件（如原料、燃料品质、生料易烧性、窑型等），选择合理的熟料矿物组成或率值，并根据实际生产的率值与目标值，通过计算提供调整原料的配合比参数，供生产操作者使用。计算法一般适用于质量管理人员和现场配料人员。

1. 原料调整系数法

即通过增减原料量来调整配比，使生料率值符合目标值。

以三组分原料（石灰质、硅铝质和铁质）的调整值系数计算为例。符号设定见表3-8。

表3-8 符号设定

原料名称	石灰质	硅铝质	铁质
原配比值	X_0	Y_0	Z_0
调整后配比	$X_1 = X_0 + \Delta X$	$Y_1 = Y_0 - \Delta X \Delta Y$	$Z_1 = Z_0 - \Delta X(1 - \Delta Y)$

注：ΔX、ΔY 分别表示调整值系数，具体计算式见下所述。

① ΔY 值计算式有三种情况供选择。

a. 选取 KH 达到目标值前提下，使 SM、IM 均匀合理分布时：

$$\Delta Y = \frac{(N_1 + N_3) K_S - (K_1 + K_3) N_S}{(K_2 - K_3) N_S - (N_2 - N_3) K_S} \tag{3-15}$$

b. 选取 KH、SM 两率值达到目标值时：

$$\Delta Y = \frac{(SM_1 + SM_3) K_S - (K_1 + K_3) N_S}{(K_2 - K_3) N_S - (SM_2 - SM_3) K_S} \tag{3-16}$$

c. 选取 KH、IM 两率值达到目标值时：

$$\Delta Y = \frac{(IM_1 + IM_3) K_S - (K_1 + K_3) N_S}{(K_2 - K_3) N_S - (IM_2 - IM_3) K_S} \tag{3-17}$$

$$\Delta X = \frac{K_S \times 100}{K_1 + K_2 \Delta Y + K_3 (1 - \Delta Y)} \tag{3-18}$$

式中 K，N——计算式系数。

② 计算式系数计算公式见表3-9。

表 3-9　计算式系数计算公式

K 值	N 值
$K_1 = C_1 - 2.8KH_0 \times S_1 - 1.65A_1 - 0.35F_1$	$N_1 = S_1 - (IM_0 + 1)SM_0 \times F_1$
$K_2 = 2.8KH_0 \times S_2 + 1.65A_2 + 0.35F_2 - C_2$	$N_2 = (IM_0 + 1)SM_0 \times F_2 - S_2$
$K_2 = 2.8KH_0 \times S_3 + 1.65A_3 + 0.35F_3 - C_3$	$N_3 = (IM_0 + 1)SM_0 \times F_3 - S_3$
$K_S = 2.8KH_0 \times S_S + 1.65AS_2 + 0.35F_S - C_S$	$N_S = (IM_0 + 1)SM_0 \times F_S - S_S$

式中　KH_0，SM_0，IM_0——生料目标各控制率值；

　　　　S，A，F，C——化学成分 SiO_2、Al_2O_3、Fe_2O_3、CaO；

　　　下脚标 1、2、3、S——第一组分、第二组分、第三组分和生料

【计算示例 3-6】

1. 已知条件如下表。

原燃料化学成分　　　　　　　　　　单位：%（质量分数）

名称	烧失量	SiO_2	Al_2O_3	Fe_2O_3	CaO	MgO	SO_3	K_2O	Na_2O	Cl^-
石灰石	43.00	0.50	0.25	0.50	52.60	1.00	0.05		0.50	0.02
代码	L_1	S_1	A_1	F_1	C_1					
黏土	8.00	63.00	15.00	6.00	0.30	2.00	0.01		0.30	
代码	L_2	S_2	A_2	F_2	C_2					
铁粉	10.00	20.00	5.00	60.00	0.30	0.30	0.02			0.10
代码	L_3	S_3	A_3	F_3	C_3					
煤灰		47.87	21.79	11.96	5.05	3.44	3.24	2.76		0.01

注：煤的灰分为 25%，熟料热耗 3971kJ/kg$_{sh}$，折算煤灰掺入 5.65%。

2. 出磨生料率值如下表。

项目	KH		SM		IM		率值控制指标		
	数值	代码	数值	代码	数值	代码	KH_0	SM_0	IM_0
出磨生料	10.53	KH_s	2.575	SM_s	1.706	IM_s	1.03 ± 0.02	2.50 ± 0.1	1.70 ± 0.1

3. 计算式系数计算如下表。

计算式系数		计算公式	计算结果
K 值	K_1	$K_1 = C_1 - 2.8KH_0 \times S_1 - 1.65A_1 - 0.35F_1$	50.56
	K_2	$K_2 = 2.8KH_0 \times S_2 + 1.65A_2 + 0.35F_2 - C_2$	208.24
	K_3	$K_2 = 2.8KH_0 \times S_3 + 1.65A_3 + 0.35F_3 - C_3$	86.63
	K_S	$K_S = 2.8KH_0 \times S_S + 1.65A_S + 0.35F_S - C_S$	-0.24
N 值	N_1	$N_1 = S_1 - (IM_0 + 1)SM_0 \times F_1$	-2.88
	N_2	$N_2 = (IM_0 + 1)SM_0 \times F_2 - S_2$	-58.95
	N_3	$N_3 = (IM_0 + 1)SM_0 \times F_3 - S_3$	385
	N_S	$N_S = (IM_0 + 1)SM_0 \times F_S - S_S$	-0.54

注：计算过程简略，其中 $S_S = 12.49\%$、$A_S = 3.08\%$、$F_S = 1.77\%$、$C_S = 41.96\%$。

4. 配比调整值，在选用 KH 达到目标值的前提下，采用 SM、IM 均匀合理分布方式计算。

$$\Delta Y = \frac{(N_1+N_3)K_S-(K_1+K_3)N_S}{(K_2-K_3)N_S-(N_2-N_3)K_S}$$

$$= \frac{(-2.88+385)\times(-0.24)-(50.56+86.63)\times(-0.54)}{(208.24-86.63)\times(-0.54)-(-22.5-385)\times(-0.24)} = 0.10$$

$$\Delta X = \frac{K_S\times100}{K_1+K_2\Delta Y+K_3(1-\Delta Y)}$$

$$= \frac{-0.24\times100}{50.56+208.24\times0.10+86.63\times(1-0.10)} = -0.16$$

5. 配比调整后数值如下。

$$石灰石 = X_0+\Delta X = 80.55-0.16 = 80.39$$

$$黏土 = Y_0-\Delta X\Delta Y = 19.07-(-0.16)\times0.10 = 19.09$$

$$铁矿粉 = Z_0-\Delta X(1-\Delta Y) = 0.38-(-0.16)\times(1-0.10)$$

$$= 0.38+0.16\times0.9 = 0.52$$

调整后原料干基新配比为石灰石：黏土：铁矿粉 = 80.39 : 19.09 : 0.52。

6. 调整配比前后生料成分和率值汇总如下表。

单位:%（质量分数）

原料名称		配比	烧失量	SiO_2	Al_2O_3	Fe_2O_3	CaO	生料率值
调整前	石灰石	80.55	34.64	0.40	0.20	0.40	42.39	KH=1.053 SM=2.580 IM=1.706
	黏土	19.07	1.53	12.01	2.86	1.14	0.06	
	铁粉	0.38	0.04	0.08	0.02	0.23	0.01	
	生料		36.21	12.49	3.08	1.77	41.96	
调整后	石灰石	80.39	34.57	0.40	0.20	0.40	42.28	KH=1.043 SM=2.5354 IM=1.6613
	黏土	19.09	1.53	12.03	2.86	1.15	0.06	
	铁粉	0.52	0.05	0.10	0.03	0.31	0.02	
	生料		36.15	12.53	3.09	1.86	42.36	

配料设计控制 KH=1.03±0.02、SM=2.5±0.1、IM=1.7±0.1，配比调整后，生料率值在要求范围内，说明新配比合适。

2. "辅料配比"调整法

为简便、快速、尽量准确地根据出磨生料率值，计算出新的原料配比，推荐采用由张大康在工厂实践中运用的将调整各种原料配比改为只调整辅料配比的"辅料配比法"，见水泥杂志 2005 年 1 期。

二、人工调整配料经验法

因现场配料操作人员不知当时入磨原料成分变动，仍按原配比生产，致使出磨生料成分偏离控制范围，为了成分稳定和提高配料合格率，需要调整各原料配比值。面对生料成分、率值的偏离，先弄清楚：

① 是否需要进行配料调整，如遇到单点数据超出控制界限，或连续 5 个点数据位于目标值一侧，或连续 5 个点数据递增或递减时，属于异常值，应进行人工干预调整；

② 如何调整；

③ 调整量值。

如何调整和调整的量值，除计算外，还可凭经验调整。

计算法调整配料比较复杂，生产一线人员通常采用经验法调整，可操作性强。操作员首先要明白影响出磨生料的成分，除入磨物料配比是影响生料质量的因素外，如原料质量（供货的成分、易磨性、水分等）、磨机工况（台时产量、循环负荷、饱磨、空磨等）以及预均化堆场换堆取料时，都会影响出磨生料质量的道理。因此，配比调节中要灵活，当原料、磨机工况较稳定时，配比调节采用少调、微调方式；当石灰石预均化堆场换堆时，原料、磨机工况波动大时，配比调节可频繁、幅度适当大一些；另外，要考虑取样时间与调整时间的时间差，根据经验掌握在调整后需要多长时间才能反映到出磨生料成分中，该时间与取样方式（瞬时或连续）有关。此外，各厂都有自己便于现场运作的操作调整方法，并建立"查算表"供一线配料人员直接使用。下面通过生产例子，介绍配料调整实用方法。

1. 用 CaO 差值调整

所谓生料 CaO 差值（ΔCaO_s）是指实际出磨生料中 CaO 值与基准（按代表性原料配料）生料的 CaO 之差。

运作程序：①根据生料 CaO 差值（ΔCaO_s）查表，估算影响生料率值的变动量；②估算实际调整入磨石灰石中 CaO 含量；③列式计算调整配比；④验算新配比的率值。

【计算示例 3-7】

1. 某水泥企业化验室建立的生料 CaO 波动对率值影响关系见下表。

单位：%

ΔCaO_s 波动影响					
ΔCaO_s	ΔSiO_{2S}	ΔAl_2O_{3S}	ΔKH_S	ΔSM_S	ΔIM_S
−1.00	0.78	0.07	−0.085	0.11	0.09
−0.50	0.37	0.03	−0.037	0.06	0.01
0	0	0	0	0	0
0.50	0.25	0.09	0.025	−0.03	−0.01
1.00	0.52	0.07	0.058	−0.07	−0.03

石灰石中 CaO 含量					
CaO 含量	ΔSiO_{2S}	ΔAl_2O_{3S}	ΔKH_S	ΔSM_S	ΔIM_S
47.00	0.06	0.01	0.01	0.01	0
48.00	0.05	0.01	0.01	0.01	0
49.00	0.04	0.01	0.01	0	0
50.00	0.03	0.01	0.01	0	0
51.00	0.02	0.01	0.01	0	0
52.00	0.01	0.01	0.01	0	0
53.00	0.01	0.01	0.01	0	0
54.00	0.01	0.01	0.01	0	0
55.00	0.01	0.01	0.01	0	0
增加 1% 黏土	0.70	0.12	−0.07	0.09	0.04

2.已知基准原料、生料成分如下表。

单位：%（质量分数）

物料名称	配比	烧失量	SiO₂	Al₂O₃	Fe₂O₃	CaO	
			基 准 原 料				
石灰石		43.00	0.50	0.25	0.50	52.00	
黏土		8.00	63.00	15.00	6.00	0.30	
铁粉		10.00	20.00	5.00	60.00	0.30	
		用基准原料配制的生料					生料率值
石灰石	80.55	34.64	0.40	0.20	0.40	41.89	原基准生料：
黏土	19.07	1.53	12.01	2.86	1.14	0.06	KH=1.04
铁粉	0.38	0.04	0.08	0.02	0.23	0.01	SM=2.58
生料		36.21	12.49	3.08	1.77	41.96	IM=1.71

3.已知出磨生料CaO成分为42.44%。

用内插法查上列关系表，当 $\Delta CaO_S = 42.44\% - 41.96\% = 0.48\%$ 时，$\Delta KH_S = 0.024$，$\Delta SiO_{2S} = -0.029$，$\Delta IM_S = -0.010$。

4.实际入磨石灰石CaO含量。

$$\Delta CaO_{石灰石} = \frac{0.48}{80.55} \times 100\% = 0.60\%$$

入磨石灰石中 $CaO = 52.00\% + 0.60\% = 52.60\%$

5.计算石灰石中CaO含量增加0.60%时，用内插法查石灰石CaO含量波动对 KH_S 影响关系表，由于石灰石中CaO含量为52.60%，查表 $\Delta KH_S = 0.01$，SM_S、IM_S 几乎不变。增加黏土1%时 ΔKH_S 下降0.07%，ΔSM_S 增加0.09%。$\Delta KH_S = 0.01 \times 0.06 = 0.06\%$。

6.建立KH、SM联立方程，设石灰石为 Y，黏土为 X。

$$-0.07X + 0.01Y = -0.024$$
$$0.09X = 0.029$$

解：$X = \dfrac{0.029}{0.09} = 0.32$

$Y = \dfrac{-0.024 + 0.07 \times 0.32}{0.01} = -0.16$

调整配比结果如下表。

项 目	石灰石	黏土	铁粉	合计
原配比/%	80.55	19.07	0.38	100
用量计算/%	80.55−0.16=80.39	19.07+0.32=19.39	0.38	100.16
调整后配比/%	80.26	19.36	0.38	100

7.验算见下表。

单位：%（质量分数）

物料名称	配比	烧失量	SiO₂	Al₂O₃	Fe₂O₃	CaO	
石灰石	80.26	34.51	0.40	0.20	0.40	42.22	生料率值：$KH_S=1.044$，$SM_S=2.580$，
黏土	19.36	1.55	12.19	2.90	1.16	0.58	$IM_S=1.743$
铁粉	0.38	0.04	0.08	0.02	0.23	0.01	原基准生料：$KH_S=1.04$，$SM_S=2.58$，
生料		36.10	12.67	3.12	1.79	42.81	$IM_S=1.71$

2. 用率值差值调整

以陕西声威集团铜川建材有限分公司用率值差值（出磨生料检验的三个率值与下达的目标值之差）调控为例。

（1）调整要求

① 一般稳定硅质和铁质原料配比量，根据 KH 差值，调整石灰质和硅铝质的比例。

② 调整中要求尽量使率值在较小范围内波动，同时根据变动趋势，采用预先调整，而不是在不合格时才调整。

（2）调整原则

① 根据率值差值调整原料配比。以调整石灰石配比为增减 KH 差值主因素，兼顾 SiO_2 对 KH 值影响以及 SM、IM 差值情况。

② 当连续出现 2 次偏离 KH±0.01 时微调石灰石配比；当出现 1 次 KH 不合格，且确认无断料或其他异常情况发生时，进行大幅度调整，然后根据下一个检测情况适时回调。

③ 生料中 Fe_2O_3 连续 2 次超出目标值±0.10% 或 1 次超出目标值±0.20% 时，调整铁粉配比。

④ 在 KH、Fe_2O_3 无偏离情况下，生料中 SM 连续 3 次超出指标 0.05% 或连续 2 次超出±0.10% 时，调整砂岩配比。

⑤ 石灰石基本调整算式：增减 1% 石灰石＝0.025KH。

（3）现场运作

① 岗位在接班后，计算本班出磨生料的 KH_S 控制指标。其方法是：在煤质基本不变的情况下，本班出磨生料的 KH_S 控制指标＝上班入窑生料的 KH_S 平均值－（上班出窑熟料 KH_{sh} 平均值－原熟料 KH_{sh} 控制指标）；在煤质变化的情况下，先按煤质不变方式计算 KH_S 的控制指标，然后用煤灰分每增减 1%，熟料 KH_{sh} 减增 0.010% 的修正系数进行修正计算。

② 按制定的调整原则和根据出磨生料率值变化情况调整入磨物料（石灰石、黏土、铁质料、硅质料）配比，参见喂料调整记录。

③ 下达喂料量指标。

【计算示例 3-8】

陕西声威集团铜川分公司 2 号生料磨 2012 年 3 月 2 日生料配比调整实例如下表。

时间	检测值记录				物料配比调整记录				
	KH	SM	IM	Fe_2O_3/%	调整时间	石灰石/%	黏土/%	铁质料/%	硅质料/%
08:00	1.010	2.62	1.46	2.00	08:30	81.9	11.5	4.0	2.6
09:00	1.030	2.60	1.42	2.06	09:40	82.1	11.5	4.0	2.4
10:00	1.045	2.56	1.37	2.11	10:00	81.9	12.1	3.7	2.3
11:00	1.057	2.64	1.57	1.87	11:00	81.9	12.1	3.9	2.1
12:00	1.042	2.62	1.55	1.91	12:00	81.9	12.4	3.9	1.8
13:00	1.058	2.62	1.54	1.91	13:00	81.7	13.0	3.9	1.4
14:00	1.043	2.59	1.54	1.94					

时间	检测值记录				物料配比调整记录				
	KH	SM	IM	$Fe_2O_3/\%$	调整时间	石灰石/%	黏土/%	铁质料/%	硅质料/%
15:00	1.059	2.54	1.48	2.00					
16:00	1.043	2.51	1.45	2.07	16:00	81.7	13.2	3.7	1.4
17:00	1.032	2.54	1.46	2.06	17:00	82.0	13.2	3.7	1.4
18:00	1.057	2.56	1.51	1.97	18:40	82.0	12.9	3.7	1.4
19:00	1.049	2.58	1.56	1.93					
20:00	1.058	2.61	**1.62**	1.86	20:20	81.7	12.9	4.0	1.4
21:00	1.056	2.60	1.59	1.89					
22:00	**1.087**	2.55	1.53	1.92	22:00	81.4	13.6	4.0	1.4
23:00	1.066	2.55	1.48	2.00	23:00	81.4	13.4	3.8	1.4
0:00	1.050	2.55	1.52	1.97	0:00	81.1	13.4	3.8	1.7
01:00	1.065	2.56	1.55	1.93					
02:00	1.067	2.60	1.59	1.86	02:00	80.8	13.4	4.1	1.7
03:00	1.053	2.58	1.52	1.95	03:00	80.8	13.4	3.9	1.9
04:00	**1.024**	2.54	1.42	2.10	04:00	81.2	12.7	3.9	1.9
05:00	1.038	2.57	1.52	1.98	05:00	81.2	12.7	3.9	2.2
06:00	1.051	2.52	1.48	2.04	06:00	81.5	12.3	3.7	2.5
07:00	1.035	2.60	1.54	1.95	07:00	81.5	12.1	3.9	2.5
平均值	1.050	2.58	1.51	1.97					
合格率/%	91.67	100.00	95.83	100.00					

注：1.接班时质量指标为 KH＝1.050±0.02；SM＝2.60±0.10；IM＝1.50±0.10；Fe_2O_3＝2.00%±0.20%。

2.表中加粗体数字表示该值超出控制要求范围，属于不合格值。

第三节　物料组分配比表达式

表示物料组分配比有两种表达式：按物料掺入方式分为内掺和外掺；按物料状态基准分为干基、湿基和灼烧基的配比。内掺物料组分：如生料用三种原料，即石灰石 X_1、黏土 X_2、铁粉 X_3，其物料配比表达式用 $X_1:X_2:X_3$ 表示。外掺物料组分：采用外掺法，主要是当掺少量另一种物料时，如助磨剂、矿化剂或试验研究所外掺加的物料，文字表述为外掺物料占基准物料的百分数。

一、内掺物料组分表达式

水泥工厂的生料和水泥，均是多种物料的集合体。其组分构成用内掺式和外掺式表示。内掺是指各配合物料占总量的百分比例，如生料中原料配合，水泥中熟料、石膏、混合材料等；外掺是指外加的物料占主体物料的百分数。

$$组分1:组分2:\cdots:组分i＝X_1:X_2:\cdots:X_i \qquad (3-19)$$

$$X_1 + X_2 + \cdots + X_i = 100\%$$

二、外掺物料组分表达式

一般应用于科研和掺加量少的外加剂，如助磨剂标准中，"允许在水泥中掺加不超过水泥质量的 0.5% 指标"。采用外掺法的表达式：

$$主体物料：外加物料 = 100：Y \quad （\%） \tag{3-20}$$
$$物料总量 = 100 + Y \quad （\%）$$

如某试验配方：65.0% 熟料、5.0% 石膏、30.0% 混合材和 0.5% 助磨剂（外掺，以其含量占水泥的质量分数计）；用量（熟料＋石膏＋混合材＋助磨剂）＝58.0%＋5.0%＋30.0%＋水泥量×0.05%（助磨剂）。其配比表达式为 $X_1：X_2：X_3 + Y$ 时，熟料：石膏：混合材＋助磨剂＝65%：5%：30%＋0.5%；或 $X_1/(100+Y)：X_2/(100+Y)：X_3/(100+Y)：Y/(100+Y)$ 时，熟料：石膏：混合材：助磨剂＝61.91%：4.76%：28.57%：4.76%。

三、水泥中掺兑废渣比例

1. 按财政部［2009］163 号文件对水泥掺废渣比例提出计算式

《财政部、国家税务总局关于资源综合利用及其他产品增值税政策的补充通知》（［2009］163 号）（简称《补充通知》）提出的水泥掺废渣比例计算式如下：

$$掺兑比例（\%） = \frac{各种废渣掺加总量}{使用各种原料总量}$$

① 水泥厂

$$B_Z（\%） = \frac{F_{ZS} + F_{ZSN}}{G_S + F_{ZS} + F_{ZSN} + G_Q} \times 100 \tag{3-21}$$

② 粉磨站

$$B_Z（\%） = \frac{F_{ZSN}}{Y_{Sh} + F_{ZSN} + G_Q} \times 100 \tag{3-22}$$

式中　　B_Z——掺兑废渣比例，%；

　F_{ZS}、F_{ZSN}——生料阶段和水泥粉磨阶段掺兑废渣量，t；

G_S、G_Q、Y_{Sh}——生料量、其他材料量和粉磨站用的熟料量，t。

水泥厂用《补充通知》计算掺兑比例存在重复计算废渣量的问题，如分母中生料量中已包括了废渣，对算式中生料量取值有争议。

2. 按实际使用量计

按废渣实际使用量（指按企业在统计期间，用统计的废渣用量、原料用量和生产水泥量计算）计算的参数，分单位水泥废渣用量和掺兑废渣比例。其中所使用的各种原料总量（包括生料中各种原料和水泥制备中各种物料，内中也含有作为混合材和石膏中的废渣，但不包括熟料）。计算式如下：

$$W_{ZO} = W_p \div G_{sn} \tag{3-23}$$
$$B_Z = W_p \div G_{YL} \tag{3-24}$$

式中　W_{ZO}——单位水泥废渣用量，t/t_{sn}；

　W_p——统计期间所使用的废渣量统计值，t；

G_{sn}——在同一统计期间所生产水泥量统计值，t；

B_Z——掺兑废渣比例，%；

G_{YL}——统计期企业所使用各种原料总量（折合成水泥基），t，$G_{YL}=(X_F+X_p)\times$

$G_{sn}=[(L_s-1)\times X_{sh}\times10^{-2}+1]\times G_{sn}$；

X_F——折合成水泥计生料中原料组分含量，%（质量分数），$X_F=L_s\times X_{sh}\times10^{-2}$；

X_p——折合成水泥计水泥粉磨中除熟料外物料组分含量，%（质量分数），$X_p=$

$(100-X_{sh})\times10^{-2}$；

L_s——在同一统计期间生产料耗统计值，t_s/t_{sh}；

X_{sh}——在同一统计期间水泥中熟料组分含量，%（质量分数）。

四、入水泥磨物料组分配比

硅酸盐水泥主要组分由起决定水泥性能的熟料、改善水泥性能的混合材、起缓凝作用的石膏类物质以及提高粉磨效率又不影响水泥性能的外加剂组成。企业生产的水泥组分采用小磨试验来确定其配比，辅以计算作为参考。熟料用量与水泥强度等级、所使用熟料强度高低有关，石膏掺量按 SO_3 控制及混合材的品种、掺量受标准限制（表3-10）。

1. 石膏掺量

石膏在硅酸盐水泥中，主要起调节凝结时间的作用，对矿渣水泥还能起激发剂作用，此外也可改善水泥的一些使用性能，但过量时会产生负面作用，所以掺加量要适当。石膏的适宜掺加量（以 SO_3 计）通常考虑：

① 水泥中 C_3A 含量；

② 熟料中 SO_3 含量；

③ 水泥细度；

④ 混合材种类，如矿渣水泥可以多加些；

⑤ 水泥品种，如膨胀水泥、自应力水泥等，要利用 SO_3 形成钙矾石的膨胀性。

企业在生产中，根据具体生产条件和水泥性能，采用强度与 SO_3 含量的"石膏曲线"关系方式选择，以水泥中 SO_3 含量既不超标，且在正常凝结时间内，能达到最高强度的石膏掺入量为标准。采用估算方式计算时，可参阅参考文献 [4]。

国外学者经过数学分析提出硅酸盐水泥中适宜 SO_3 含量（%）公式。

浊度比表面积为 $190m^2/kg$ 时：

$$SO_{3sn}=0.0933C_3A_{sn}+1.7105Na_2O_{sn}+0.9406K_2O_{sn}+1.2288$$

浊度比表面积为 $280m^2/kg$ 时：

$$SO_{3sn}=0.0933C_3A_{sn}+1.7105Na_2O_{sn}+0.9406K_2O_{sn}+1.7788$$

式中字母下角 sn 表示 SO_3 在水泥中含量。

2. 混合材掺量

水泥企业使用混合材的掺量，应根据企业生产的熟料和水泥品种，以及实际使用的混合材品种和性能，通过小磨试验，既要符合相关水泥质量标准规定限量，又能达到强度指标和经济效益而定。材料标准见表3-11。

表 3-10 水泥组成

表 3-10（1） 通用水泥组成

水泥品种	代号	组分（质量分数）/%				
		熟料＋石膏	矿渣	火山灰质	粉煤灰	其他
硅酸盐水泥	P·Ⅰ	100	—	—	—	—
	P·Ⅱ	≥95	≤5	—	—	—
		≥95	—	—	—	石灰石≤5
普通硅酸盐水泥	P·O	<95	>5且≤20			非活性混合材≤8，或窑灰≤5
矿渣硅酸盐水泥	P·S·A	≥50且<80	≥20且≤50	≤8	≤8	非活性混合材，或窑灰≤8
	P·S·B	≥30且<50	>50且≤70	≤8	≤8	
火山灰质硅酸盐水泥	P·P	≥60且<80	—	>20且≤40	—	
粉煤灰硅酸盐水泥	P·F	≥60且<80	—	—	>20且≤40	
复合硅酸盐水泥	P·C	≥50且<80	>20且≤50（必须含两种及以上混合材）			窑灰≤8

注：1. 普通水泥中的混合材种类是指矿渣、火山灰质材料、粉煤灰、石灰石、砂岩和窑灰六种，除此之外，不得使用其他材料。

2. 火山灰质混合材包括天然和人工两类。其中天然火山灰质混合材有火山灰、凝灰岩、浮石、沸石、硅藻土、硅藻石、蛋白石。人工火山灰质混合材有烧页岩、烧黏土、灼烧煤矸石、煤渣、垃圾灰渣等。

表 3-10（2） 其他硅酸盐水泥的组成

水泥品种	代号	组分（质量分数）/%				
		熟料＋石膏	镁渣	磷渣	钢渣	石灰石
镁渣硅酸盐水泥	P·M	≥67且≤80	≥12且≤25，矿渣、火山灰质混合材、粉煤灰≤8			
磷渣硅酸盐水泥[①]	P·PS	80～50	—	20～50	—	
钢渣硅酸盐水泥	P·SS	—	—	—	≥35	
石灰石硅酸盐水泥	P·L	≥75且<90	—	>20且≤40		≥10且≤25

① 允许用粒化高炉矿渣、火山灰质混合材、粉煤灰、石灰石、窑灰中任一种来代替部分电炉磷渣。其中矿渣量<50%、石灰石<10%、窑灰<8%，且不得超过混合材总量的 1/3，水泥中粒化电炉磷渣混合量不得少于 20%。

表 3-11 水泥组分基本材料执行标准

序号	标准名称	标准号
1	《硅酸盐水泥熟料》	GB/T 21372—2008
2	《天然石膏》	GB/T 5483—2008
3	《用于水泥中的工业副产石膏》	GB/T 21371—2008
4	《用于水泥中的粒化高炉矿渣》	GB/T 203—2008
5	《用于水泥中的粒化增钙液态渣》	JC 454—2010
6	《用于水泥中的粒化电炉磷渣》	GB/T 6645—2008
7	《用于水泥中的火山灰质混合材料》	GB/T 2847—2005
8	《用于水泥和混凝土中的粒化高炉矿渣粉》	GB/T 18046—2008
9	《用于水泥和混凝土中的粉煤灰》	GB/T 1596—2005

续表

序号	标 准 名 称	标准号
10	《用于水泥中的钢渣》	YB/T 022—2008
11	《用于水泥和混凝土中的钢渣粉》	GB/T 20491—2006
12	《用于水泥中的粒化高炉钛矿渣》	JC/T 418—2009
13	《用于水泥中的石灰石混合材料》	GB/T 2843—2005
14	《掺入水泥中的回转窑窑灰》	JC/T 742—2009
15	《用于水泥和混凝土中的硅锰渣粉》	YB/T 4229—2011
16	《用于水泥和混凝土中的锂渣粉》	YB/T 4230—2010
17	《用于水泥生产中的固体废弃物》	DB37/T 1939—2011
18	《水泥助磨剂》	GB/T 26748—2011

第四章

检测数理计算

　　企业是基层生产单位，统计人员按要求归口上报生产、质量等统计报表（对"统计报表"各栏目的填写和计算，国家都有明确规定，在此不作介绍）。而企业内部管理人员、技术人员也需要有目的地收集数据和整理数据，来掌握生产、质量、消耗等方面业绩；通过建立的技术台账和技术测试，以寻求优化技术参数，为生产操作提供技术服务；还要进行某些实验研究，探索新技术、新材料的合理应用条件，为企业发展献计献策。在这些运作中，要从诸多的原始数据中获得可靠值，都会遇到来自检测数据的计算、判断、取舍和报出等相关处理事宜。为此，本章简要介绍生产工艺涉及数理统计方面基本参数的计算和检测数据处理。

第一节　数理统计参数

　　在科研实验、生产管理中，需要对同一对象多次检测，所得到数据，有波动和差别。人们必须将对同一量体多次检测、采集所得到的数据结果，进行科学整理和处理，去伪存真，使检测数据尽可能靠近真实值，提高检测结果的正确性、准确性。本节着重介绍在数据整理时，对数值运算规则和一些基本的数理统计运算式，从中学会判断和取舍方法。

一、平均值

　　平均值是数理统计中常用的整理手段，用它来代表总体的平均水平。平均值分算术平均、加权平均、平均值的平均偏差、平均值的标准偏差等，下面分别介绍它们的数学表达式。

1.算术平均值

　　算术平均指未经任何分组的一组数求平均。此计算方法简便，即将一组数据相加之和除以该组样本数据个数所得的商。广泛用于生产测试计算和生产、质量统计报表中，如原燃材料的化学成分等，其数学算式为：

$$\overline{X} = \frac{变量值总和}{变量值个数} = \frac{X_1 + X_2 + \cdots + X_n}{n} = \frac{\sum_{i=1}^{n} X_i}{n} \tag{4-1}$$

式中　　$\overline{X}$——算术平均值；

X_1，X_2，$\cdots$，X_n——组中各数的值；

$\qquad\qquad n$——组中数据个数。

【计算示例 4-1】

某厂按质量统计报表上每月的出磨生料 CaO 含量（对统计报表上的数据不能任意删改），用算术平均法，求年度该成分的平均值。

月出磨生料 CaO 平均含量统计报表数据如下表。

月份	1	2	3	4	5	6	7	8	9	10	11	12	年平均值
CaO/%	44.80	44.53	44.66	44.50	44.64	44.60	44.05	44.13	44.65	44.12	43.90	44.65	填入

$$CaO \text{年平均值} = \frac{44.80+44.53+44.66+44.64+44.50+44.64+44.60+44.05+44.15+44.12+43.90+44.65}{12}$$

$$= 0.4439 = 44.39\%$$

把 44.39% 填入表中。

【计算示例 4-2】

某介质的温度一组单独测量数据：20.43℃、20.39℃、20.39℃、20.40℃、20.39℃、20.30℃、20.40℃、20.41℃、20.42℃、20.40℃、20.42℃、20.43℃、20.43℃、20.43℃、20.42℃。计算此介质测量值经数据处理后的平均温度是多少？

解：为求该介质的平均温度，先检验在所取得测量数据中有无"异常值"。从【计算示例 4-9】中可知 20.30℃ 为异常值，剔除后，余下 14 个测量值计算平均温度 T_{cp}。

$$T_{cp} = \frac{20.39\times3+20.40\times3+20.41+20.42\times3+20.43\times4}{14} = 20.41(℃)$$

该介质的平均温度为 20.41℃。

2. 加权算术平均值

加权平均值指将检测量值乘以相应的权，然后再将各自的乘积相加后除以各相应权的总和。加权平均式用于计算水泥球磨机研磨体平均球径以及出厂水泥的月、年统计平均值指标等。其计算公式为：

$$\overline{X}_w = \frac{\text{各组变量值} \times \text{各变量值的权重之和}}{\text{变量数列的权重}}$$

$$= \frac{W_1X_1 + W_2X_2 + \cdots + W_nX_n}{W_1 + W_2 + \cdots + W_n} = \frac{\sum\limits_{i=1}^{n} W_iX_i}{\sum\limits_{i=1}^{n} W_i} \tag{4-2}$$

式中　　　　　$\overline{X}_w$——加权平均值；

X_1，X_2，$\cdots$，X_n——表示各数值的值；

W_1，W_2，$\cdots$，W_n——数值相应的权。

【计算示例 4-3】

磨机工艺管理中，已配好的混合研磨体求其平均球径时的应用。如某磨机一仓装球总量为 20.4t，其中 $\phi90mm$ 的球 3.06t，$\phi80mm$ 的球 3.57t，$\phi70mm$ 的球 7.14t，$\phi60mm$ 的球 6.63t。求混合钢球的平均球径 D_{cp}。

解：$D_{cp} = \dfrac{\sum(D_i G_i)}{\sum G_i} = \dfrac{90 \times 3.06 + 80 \times 3.57 + 70 \times 7.14 + 60 \times 6.63}{3.06 + 3.57 + 7.14 + 6.63} = 72.4(\text{mm})$

该仓钢球平均球径为 72.4mm。

3. 对数平均

当两端点数据比大于 2 时，采用对数平均，如在传热过程计算平均温差时，一般采用对数平均法，其计算公式为：

$$\overline{X}_c = \dfrac{X_2 - X_1}{\ln \dfrac{X_2}{X_1}} \qquad (X_2 > X_1) \tag{4-3}$$

式中　$\overline{X}_c$——对数平均值；

　X_1，X_2——两端点不同子样数据。

二、误差

误差表示检测结果的准确度，是检测值与真实值（标准值）之间的差值，误差大于真值为正误差，小于真值为负误差。由于检测具有不确定度，检验结果有波动、有误差的现象是客观存在的，但随着科技进步，人们操作水平的提高，误差可以越来越小。常用误差的表示方法有绝对误差、相对误差、对比误差和引用误差。下面分别介绍各类误差的计算式。

1. 绝对误差 E

绝对误差是指检验值 X 与真值（基准标准值）X_0 之差的值（注意绝对误差不是误差的绝对值），其单位与检测项目的单位相同，但有正负之分。绝对误差大小是衡量检测结果的准确度。

$$E = X - X_0 \tag{4-4}$$

2. 相对误差 R_E

相对误差表示绝对误差与真值的比值，无量纲，其值有正、有负。它不仅能反映误差大小，而且能反映检测结果的准确度。相对误差越小，表示检测的准确度越高。

$$R_E = \dfrac{E}{X_0} \times 100\% \tag{4-5}$$

3. 对比误差 N

对比误差是指检测值与质检机构检验结果对比的误差，属于相对误差范畴，用相对百分误差 N_1、绝对百分误差 N_2 和绝对误差 N_3 表示，误差值有正、有负，厂检值比质检机构值高者为正，低者为负。

（1）相对百分对比误差

对水泥（或熟料）强度、密度、比表面积及标准稠度用水量项目，按相对百分误差计算，其值有正、有负。

$$N_1 = \dfrac{厂检值 - 质检机构检验值}{质检机构检验值} \times 100\%$$

$$= \dfrac{N_C - N_0}{N_0} \times 100\% \tag{4-6}$$

（2）绝对百分对比误差

对筛余细度、水泥白度、生料水分、化学成分等项目，用绝对百分误差计算，其值有正、有负。

$$N_2 = 厂检值 - 质检机构检验值 = N_C - N_0 \qquad (4-7)$$

（3）绝对对比误差

对凝结时间、流动度、水化热项目用绝对误差，其值有正、有负。

$$N_3 = 厂方检验值 - 质检机构检验值 = N_C - N_0 \qquad (4-8)$$

式中　N_1，N_2，N_3——相对百分对比误差、绝对百分对比误差和绝对对比误差，%；

N_C，N_0——对同一试样厂方检验值和质检机构检验值。

4. 引用误差 γ

在试验研究、生产技术和质量管理所进行的检测中，需要采用连续刻度的仪器、仪表或量具。这类计量元件用可测范围的量程表示，具有当"绝对误差保持不变，相对误差随着被测量的量程增大而减少，即各个分度线上的相对误差不一致"的特性。因此引出"引用误差"概念（此误差概念详见参考文献［39］）。

"引用误差"是计量仪器、仪表和量具示值的绝对误差与仪器或量具的特定值（也称引用值——指计量器具的量程或标称范围的最高值或上限值）之比，属于相对误差，见式(4-9)。

从【计算示例 4-4】中看出，在选择检测仪器和量具时，不能单纯地认为准确度等级越高越好，而应根据被检测量的大小，兼顾仪器的级别，仪器、仪表、量具的量程（量值尽可能在仪器满刻度值 2/3 以上量程内），合理选择。要求最大"引用误差"不超过该仪器、量具所"允许误差"的限值。

$$\gamma = \frac{\Delta X}{X_N} \times 100\% \qquad (4-9)$$

式中　γ——引用误差，%；

ΔX——计量、检测仪器的示值的绝对误差，单位与仪器示值单位相同；

X_N——仪器特定值，计算其相对误差时规定取计量仪器量程中最大刻度值表示。

【计算示例 4-4】

某待测的电压约为 100V，现有 0.5 级 0～300V 和 1.0 级 0～100V 两个电压表，问选用哪一个电压表比较好？1.0 级 0～100V 电压表，刻度点的最大示值误差为 1V，该仪表的引用误差是多少？

解：（1）选择。

电压表的准确度等级表示仪表的引用误差不会超过的界限，即 0.5 级最大引用误差不超过 0.5%；1.0 级不超过 1.0%。

用 1.0 级 0～100V 电压表测量 100V 时的最大相对误差 R_{E1}：

$$R_{E1} = \frac{仪表满刻度值}{测量值} \times 引用误差 = \frac{100}{100} \times 1.0\% = 1.0\%$$

用 0.5 级 0～300V 电压表测量 100V 时的最大相对误差 R_{E2}：

$$R_{E2} = \frac{仪表满刻度值}{测量值} \times 引用误差 = \frac{300}{100} \times 0.5\% = 1.5\%$$

从最大相对误差值看，选择 1.0 级 0～100V 电压表为好。

（2）引用误差：

$$\gamma = \frac{\Delta X}{X_N} \times 100\% = \frac{1.0}{100} \times 100\% = 1.0\%$$

三、极差

极差 R 即一组测定数据中最大值（R_{max}）和最小值（R_{min}）之间的差值。极差较大，说明检测者的操作水平不高。虽然极差便于计算，但由于易受异常值的影响和不能充分利用已测的数据，因而它的应用受到限制。

$$R = R_{max} - R_{min} \qquad (4\text{-}10)$$

四、偏差

偏差 d 表示一组检测数据中，各检测数值与该组平均值的差值，是一种用来衡量该组数据分散程度的方法，表示检测结果的精密度。偏差大，质量的稳定性差。通常用偏差 d、平均绝对偏差 $\overline{d}$ 和标准偏差 S 表示。偏差是有单位的特征参数，常用的偏差计算式如下。

1. 偏差

$$d = X_i - \overline{X} \qquad (4\text{-}11)$$

2. 标准偏差

表示数据离散程度的特征数，是生产和质量管理中常用的数理统计主要指标。数学式如下。

$n<50$
$$S = \sqrt{\frac{\sum\limits_{i=1}^{n}(X_i - \overline{X})^2}{n-1}} \qquad (4\text{-}12)$$

$n>50$
$$S = \sqrt{\frac{\sum\limits_{i=1}^{n}(X_i - \overline{X})^2}{n}} \qquad (4\text{-}13)$$

式中 X_i——一组检测项目中的各个检测数据；

      $\overline{X}$——一组检测数据的平均值；

      n——一组检测数据的项目数。

3. 平均偏差

$$\overline{d} = \frac{\sum d_i}{n} \qquad (4\text{-}14)$$

五、变异系数

变异系数 C_v 是衡量一组检测数据相对分散程度的一个特征数，用来评价物料质量均匀稳定性，用百分数表示。变异系数越小，表示物料质量的均匀性越好。变异系数为标准偏差 S 与检测值的算术平均值 $\overline{X}$ 的比值。

$$C_v = \frac{S}{X} \times 100\% \tag{4-15}$$

生产上可应用变异系数判断进厂原料是否采用预均化，如当 $C_v < 5\%$ 时，原料的均匀性良好，不需要进行预均化。当 $C_v = 5\% \sim 10\%$ 时，说明原料成分有一定的波动。如果其他原燃料的质量稳定，生料均化效果好，可不考虑原料的预均化；反之，则应考虑原料的预均化。当 $C_v > 10\%$ 时，原料的均匀性很差，成分波动大，必须进行预均化。变异系数还可评价产品质量均匀性，但不如用标准偏差好，见【计算示例 4-5】。

【计算示例 4-5】

某 A 厂生产 P·O 52.5 级水泥，其 $C_v = 3.0\%$，$R_{Y28} = 60.0$MPa。某 B 厂生产 P·O 42.5 级水泥，其 $C_v = 3.2\%$，$R_{Y28} = 50.0$MPa。试比较 A、B 两厂的水泥的均匀稳定性。

解：比较产品的均匀稳定性，可从变异系数、标准偏差和产品波动范围进行对比观察。若单纯从 C_v 直观比较，A 厂的 $C_v <$ B 厂的 C_v，而认为 A 厂的均匀稳定性比 B 厂好。若从产品的标准偏差 S 和强度波动范围来看（见下表），A 厂均较 B 厂大。总体归纳认为 A 厂水泥产品的均匀稳定性较 B 厂差。同时也说明判断水泥的 R_{Y28} 强度的均匀稳定性，用标准偏差 S 比 C_v 更科学。

项 目		标准偏差	强度波动范围	波动值	变异系数
计算式		$S = C_v R_{Y28}$	$D = R_{Y28} \pm 3S$	$2 \times 3S$	
厂别	A	$= 3.0 \times 60.0 = 1.8$(MPa)	$= 60 \pm 3 \times 1.8 = 54.6 \sim 65.4$(MPa)	$R_A = 10.8$MPa	3.0%
	B	$= 3.2 \times 50.0 = 1.6$(MPa)	$= 50 \pm 3 \times 1.6 = 45.2 \sim 54.8$(MPa)	$R_B = 9.6$MPa	3.2%
判别		$S_A > S_B$		$D_A > D_B$	$C_{vA} < C_{vB}$

六、中位数

中位数 M_e 是一个属于中间位置的量值。对离散型中位数是 n 项系列中比它大的数和比它小的数各占一半的数项。应用时，先将检测值按大小顺序排列，然后根据统计量数据的奇、偶情况，按下面公式取值。

当统计量 n 为奇数时，在 M_e 值统计量顺序中，最中间的那一项数；当统计量 n 为偶数时，M_e 值为统计量顺序中，最中间两个项数据的平均值。用数学式表示为：

统计量 n 为奇数时 $\qquad M_e = \frac{n+1}{2} \tag{4-16}$

统计量 n 为偶数时 $\qquad M_e = \frac{n}{2} + \left(\frac{n}{2}+1\right)/2 \tag{4-17}$

式中 $\qquad M_e$——中位数；

$\qquad n$——排列次序量；

$\qquad (n+1)/2$——统计排列次序量为奇数时的最中间数值；

$\qquad [n/2+(n/2+1)]/2$——统计排列次序量为偶数时，相邻两个最中间的平均数值。

【计算示例 4-6】

用滴定法测量生料中碳酸钙数值，其五个滴定值（单位为%）为 75.26、75.24、75.38、75.48、75.44。计算其中位数是多少？当滴定值为 75.24、75.26、75.38、75.44

时，其中位数又是多少？

解：将五个数据从小到大顺序排列：75.24、75.26、75.38、75.44、75.48。

滴定值/%	75.24	75.26	75.38	75.44	75.48	平均值 75.36
偏差绝对值/%	0.12	0.10	0	0.08	0.12	合计 0.42

中位数 M_e 为第 $(5+1)/2=3$ 的统计量顺序数，$M_e=75.38\%$

四个滴定值（75.24、75.26、75.38、75.44）时，其中位数 $M_e=(75.26\%+75.38\%)/2=75.32\%$。

第二节　数　据　处　理

一、有效数字

统计测量中的"有效数字"与数学上的有效数字的含义和处理方法不同。数学上的有效数字是指能够表示物体多少的数字。而数理统计上的有效数字是指在检验、测量中，实际能测量到的有实际意义的数字。受测量仪器精密度所限，在检测所显示的数据中，最后一位数字是估计出来的，不够准确，但它不是主观臆造出来的，所以记录时应保留。有效数字是由可靠数字和可疑数字两部分组成的，但可疑数字至多只能保留一位，否则会造成虚构的精密度。

1. 有效数字的位数

（1）定义及位数表示形式

在一个表示量值的数值中，用于表示量值大小有效数字的位数称为有效数字的位数。而有效数字位数是根据测定方法和选用仪器的精密度决定的，有效数字位数越多，测量准确度越高，当超过测量准确度范围时，过多的位数是毫无意义的。

表示有效数字的位数，通常采用 10 的幂指数系数的形式。

$$有效数字的近似表示式 = K \times 10^m \tag{4-18}$$

式中　m——具有任意符号的任意自然数；

K——指数系数，由大于或等于 1 的任意自然数组成。

K 的位数即为该数据的有效位数，如 3123，写作 3.123×10^3 或写作 31.23×10^2，其有效位数为四位。

有效数认定的有效数位的数目：从左边第一个不是零的数字起到有效数末一位为止。1～9 都是有效数字，而"0"则要区别对待，因"0"在数字前仅起定位作用，本身不是有效数字，如 0.0018，有效数字位数为两位。"0"在数字后和中间，均列为有效数字，如 2.07 和 3.00 均为三位有效数字。"0"结尾的正整数，按书写方式判断，3600 为四位，3.6×10^3 为两位。有效数字位数与小数点位置和选用单位无关。

（2）有效数值的修约

由于检测一般要经过多个步骤才能得到结果，各个检测数据的有效位数不一，为避免出现不合理结果，必须按照一定规则——先修约后运算。一旦有效数字的位数确定后，其后面的数字要执行 GB/T 8170—2008《数值修约规则与极限数值的表示和判定》进行修约。有效数字舍弃修约口诀："四舍六入五考虑，五后非零则进一，五后为零看五前，偶数或零应舍去，奇数则进一或双"（与数学上四舍五入不同）。数字修约还规定不允许对数据连续修约。

标准中规定的运算规则很多，本节只介绍水泥行业常用的几种运算规则。

（3）有效数字的运算

在有效数字式中，进行单一加减乘除或开方或乘方的运算方法如下所示。对"复合计算"（指在数字式中，进行含有多步加减乘除联合有效数字运算），其运算方法基本上与"单一计算"相同，只是在中间步骤的计算结果所保留位数要比"一步运算"规定的多保留一位。

① 加减法　几组有效数字相加或相减时，以小数位数最小的一数为准，其余各数均凑成比该数多一位进行运算。运算后有效数字的位数以该组数中小数位数最少的为准。

如一组数字：$32.4+2.02+0.215+0.0453 \rightarrow 32.4+2.02+0.22+0.05=34.69 \rightarrow 34.7$。

该组数中 32.4 的小数位数最少，进行有效数字加减运算后，只能保留小数点后一位，即为 34.7。

② 乘除法　参加运算的各数先凑成比有效数字位数最少的数多一位，运算后有效数字位数以有效数字位数最少的为准，与小数点位数无关，几个数相乘除时，如有效位数最少的数，其首位是 8 或 9，则可多算一位。

如运算 $0.001247 \times 0.013 = 0.0016211 \rightarrow 1.6 \times 10^{-3}$，因该组数字中 0.013 有效数字位数最少，仅为两位，进行数字乘除运算后，结果保留两位有效数值为 1.6×10^{-3}。

如 $0.9 \times 1.2 \times 36.1 = 38.988 \rightarrow 39$，虽然 0.9 位数最少只有一位，但它首位是 9，可多算一位为两位有效数字。

③ 乘方或开方　原近似数有几位有效数字，计算结果就可以保留几位，若还要参加运算，则乘方或开方的结果可以多保留一位。如 $4.5^2 = 20.25 \rightarrow 20$。若还要进行计算，该值数据 $\rightarrow 20.2$。

④ 对数计算　对数计算中所取对数的有效数字位数，应与真数有效数字位数相同。即只算小数部分的位数，使计算后的有效数字位数与原位数相等。如 $pH = 11.02$，则 $[H^+] = 9.6 \times 10^{-12}$，有效数字是两位。

2. 数值修约和记录时注意点

（1）修约

数值修约的注意点：①有效数字参加运算，要先修约后运算；②有产品技术标准规定的允许质量界限中，对日常分析检验值，超出标准规定的偏差范围时，不允许对检验值进行修约。如《水泥企业质量管理规程》中，规定出窑熟料 f-CaO 应 $\leqslant 1.5\%$，若生产实测值为 1.54%，此时不允许将 1.54% 修约为 1.5%，变成符合质量要求的合格数据；③数值修约不能套用数学"四舍五入"模式。

（2）记录

有效数字其位数具有既表示数值的大小，又能反映检测数值准确度和测量仪器相对误差的特点。因此应注意以下几点。

① 有效数字位数不能少写或多写，绝不要因最后位数的数字为零而随意舍去。如某试样称得的质量为 0.3270g，表示该试样质量为 $(0.3270 \pm 0.0001)g$，其相对误差 E_1

（％）＝（±0.0001）/（0.3270×100）＝±0.003，也表明它是用分析天平称量的。如果把它记录成 0.327g，则其相对误差 E_2（％）＝（±0.001）/（0.327×100）＝±0.03，测量准确度比值 E_2/E_1＝10，表明因记录上差别，测量准确度，后者比前者低 10 倍。

② 在记录检测数据和运算结果时，要按规定填写记录数据和计算结果，需保留几位有效数字，应根据检验方法和使用测量仪器的精度来决定。

③ 因有效数字位数与量的使用单位无关，某物质的质量为 12g，两位有效数字，若以 mg 为单位时，应记录为 $1.2×10^4$ mg，不应记成 12000mg。

二、数据处理

在检验或测量过程中，受到各种因素影响，所得到的数据出现误差，如系统误差，可以通过对比校准，在检测过程中加以纠正，随机误差可以用增加检测次数减少误差值；对过失误差产生"离群值"，因明显操作差错产生的错误数据，可以立即舍弃，而对夹杂在检测数据中"异常值"不易判断、保留有"异常值"的数据，会影响检测结果的准确性。此外，在制作线性回归方程时，所采集、录用的生产统计数据若有误差超出允许范围，必须采用数理统计处理进行判断剔除，否则会影响回归方程的可靠性。下面就如何用统计手段检验检测数据中"可疑数据"是否属于"异常值"及如何验收检测数据的统计计算作简要介绍。

1. 剔除可疑数据的使用步骤和注意点

（1）步骤

人们在归纳整理那些从试验、检验或生产测试得到的数据时，首先要检查有无"异常值"混入。因"异常值"从直观上不易看出，要借助数理统计原则，对数据进行必要的数据整理、运算检验、分析、判定、舍弃处理。一般应用步骤：①先整理数据，对明显过失的数据剔除；②选择检验准则；③按一定法则进行检验运算判断。判定该"可疑数据"的属性，属于"异常值"，才舍弃剔除。

（2）剔除"异常值"数据时注意点

在剔除"异常值"时，只能依据程序逐次逐个地剔除。一次只能剔除一个数据，如果数据值相同，也只能剔除其中的任一个。若发现有两个以上"异常值"，也只能首先剔除最大误差的那个"异常值"，然后再对余下数据进行判断，逐步剔除，直到所有数据不含有"异常值"为止。

2. 使用判定检验准则的运算

（1）选用判定检验准则的原则

判定检验"可疑数据"的准则很多，使用原则如下。

① 根据检测次数选择判别"异常值"的检验准则。一般检测次数多的采用 $4d$ 准则和肖维勒准则；次数≤25 时，采用格拉布斯准则或狄克逊准则；次数＜20 时，采用 Q 检验准则；对检测次数少于 10 次的，不能用 $3S$ 准则。

② 根据该检验准则要求步骤进行相应数理统计参数数据计算。

③ 选择显著性水平。显著性水平可视为"舍去该可疑值而犯错误的概率"，故选取值要适当。水泥行业显著性水平一般取 0.01 或 0.05，对数据结果要求较高时选用 0.10。

④ 根据选定的检验准则、次数和显著性水平，查相应的"检验临界值"表，确定该"可疑值"是否保留或剔除。

（2）使用判定检验准则的运算

通过表 4-1 和计算示例介绍几种水泥企业常用来检验是否属于"异常值"的运算方法，相关参数见表 4-2。

表 4-1　不同判定准则判别"异常值"的检验运算步骤

检验准则	项目	内　　　容
4d	方式	用与算术平均的差值对比为尺度，以四倍的平均偏差作为依据进行判断
	步骤	①将测得一组数据，按大小顺序排列，$X_1,X_2,\cdots,X_n$，其中 X_1 可能出现偏小数据，X_n 可能出现偏大数据；②除去认为可疑的一个数据后，将余数相加，求出算术平均值；③计算检测数（用扣去可疑检测数后的个数 n'）的平均偏差；④计算可疑值与算术平均的绝对差值 $\mid \Delta D \mid$；⑤将 $\mid \Delta D \mid$ 与平均偏差对比
	判别	将 $\mid \Delta D \mid = \mid X - X_{cp} \mid$ 与平均偏差 $\overline{d}$ 相比，$\geqslant 4d$ 值时，应舍弃，否则要保留
Q 检验法	方式	以极差为尺度，以 Q 临界检验值进行判断。此法简单，适用于数据较少（$n \leqslant 10$）情况
	步骤	①将数据按大小顺序排列；②计算数据极差 R；③先提出可疑数据 X_1，求可疑数据与其邻近数据 X_2 的总值 Δ，$\Delta = \mid X_1 - X_2 \mid$；④计算判别值 Q，$Q = \Delta / R$
	判别	将计算得到的 Q 值与从表 4-2(1)（按 $Q(n,\alpha)$ 查；n 为数据个数，α 为显著性水平）中查得 Q 检验临界值相对照；若 $Q > Q(n,\alpha)$ 时，则应舍去可疑值；反之表示该数据不是异常值，应保留
3S（又称莱依特）	方式	以标准偏差为尺度，考察检测值是否落在 ±3S 区间内进行判断
	步骤	①将数据按大小顺序排列；②计算数据中极端值 X_1 或 X_n 与平均值 X_{cp}（不包括可疑值）的差值；③检查其他数据中数据的偏差值有无 $\geqslant 3S$，有则继续检验，无则停止
	判别	计算得出偏差值等于或大于标准偏差三倍时，表示该可疑值属于异常值，应予以舍弃；反之则保留。此检验法对数据个数小于 10 时不适用
格拉布斯	方式	以统计量为尺度，用检验临界值判断，且每次只能剔除一个可疑值
	步骤	①将数据按大小顺序排列；②计算全部检测值的平均值 $\overline{X}$ 和标准偏差 S；③计算端值的统计量 g_n 或 g_1 值；④重复检验。在第一个异常值舍去后，重新计算平均值和标准偏差，求得新的 g 值后，再次进行检验。以此类推，直到不能检出异常值为止
	判别	将计算得到的 g 值，与表 4-2(2a)、表 4-2(2b)中 $g_0(n,\alpha)$ 值相对照，若 $g \geqslant g_0(n,\alpha)$，则此可疑数据为异常值，应予剔除；反之应保留
狄克逊	方式	用极差法计算，用狄克逊检验临界值判断。对不同检测次数，应用相应的统计量算式
	步骤	①将数据按大小顺序排列；②根据检验数据次数，查"狄克逊检验临界表"规定的算式；③按统计号的统计量 $D(r)$ 算式，分别对高端或低端的可疑值进行计算
	判别	根据统计量的分布，将计算值 $D(r)$ 与检验临界值［表 4-2(3)］对照来判断该值是否属于"异常值"。要求 $D < D_L(r_0)$，若 $r \geqslant r_0(n,\alpha)$ 属于"异常值"，要剔除
肖维勒准则	方式	以绝对偏差值为尺度，用标准偏差的倍数来衡量，以 $Z_C \times S$ 的积作为判断依据
	步骤	①求出该组数据的平均值 X_{cp}；②计算组中各数据的绝对偏差值 $\mid d \mid$；③计算该组数据的标准偏差 S；④根据检测数据个数查该"肖维勒准则"，得到 Z_C 值，进行判断；⑤重复检验。在第一个异常值舍去后，重新计算平均值和标准偏差，求得新的 Z_C 值后，再次进行检验。以此类推，直到不能检出异常值为止
	判别	根据准则要求，当某统计检测数据 $\mid d \mid > Z_C \times S$ 时为"异常值"，应剔除；当 $\mid d \mid \leqslant Z_C \times S$ 时应保留。肖维勒准则 Z_C 数值见表 4-2(4)

注：上述判定准则用法见示例。

【计算示例 4-7】

检测某物品尺寸 10 次，测量结果数据为：50.0，50.3，47.7，51.1，49.3，51.8，50.5，51.2，50.7，50.4，单位为 cm。用 4d 法判断其中有无异常值。

解：（1）先将此组 10 个数据按大小次序排列，即 47.7，49.7，50.0，50.3，50.4，50.5，50.7，51.1，51.2，51.8。

（2）将两端数据（47.7 和 51.8）列为"可疑数据"进行检验判别。

（3）判别计算见下表。

设可疑数据为 47.7									
数据 $X_i (i=2\sim10)$	49.7	50.0	50.3	50.4	50.5	50.7	51.1	51.2	51.8
算术平均 $\overline{X}=\sum X_i/n (n=9)$	50.633→50.6								
偏差 $d=\|X_i-\overline{X}\|$	0.9	0.6	0.3	0.2	0.1	0.1	0.5	0.6	1.4
平均偏差 $\overline{d}=\sum\|X_i-\overline{X}\|/n$	0.522→0.52								
判别式 $\|X_i-\overline{X}\|$ 与 $4\overline{d}$ 相比	$\|47.7-50.6\|=2.9>4\overline{d}=4\times0.52=2.08$，判断 47.7 是异常值								
设可疑数据为 51.8									
数据 $X_i (i=1\sim9)$	47.7	49.7	50.0	50.3	50.4	50.5	50.7	51.1	51.2
算术平均 $\overline{X}$	50.178→50.2								
偏差	2.5	0.5	0.2	0.7	0.2	0.3	0.5	0.9	1.0
平均偏差 $\overline{d}$	0.689→0.69								
判别式	$\|51.8-50.2\|=1.6<4\overline{d}=4\times0.69=2.76$，判断 51.8 不是异常值								
设可疑数据为 49.7 时（第三次检验）									
数据 $X_i (i=3\sim10)$	50.0	50.3	50.4	50.5	50.7	51.1	51.2	51.8	
算术平均 $\overline{X}$	50.75→50.8								
偏差 d	0.8	0.5	0.4	0.3	0.1	0.3	0.6	1.2	
平均偏差 $\overline{d}$	0.525→0.52								
判别式	$\|49.7-50.8\|=1.1<4\overline{d}=4\times0.52=2.08$，判断 49.7 不是异常值								

从以上计算得出此组数据中 47.7 为异常数据，应舍弃，51.8 和 49.7 不属于异常值应保留。此组数据舍弃后为：49.7，50.0，50.3，50.4，50.5，50.7，51.1，51.2，51.8。

【计算示例 4-8】

数据同【计算示例 4-7】，采用 Q 检验法，检查其中最小、最大的可疑数据是舍弃还是保留。

解：

（1）Q 值计算见下表。

数据号	X_1	X_2	X_3	X_4	X_5	X_6	X_7	X_8	X_9	X_{10}
数据值	47.7	49.7	50.0	50.3	50.4	50.5	50.7	51.1	51.2	51.8
极差 $R=X_{10}-X_1$	$51.8-47.7=4.1$									
检查可疑值	最小值 47.7，最大值 51.8									
可疑数据与邻近值差 Δ	$\Delta_1=\|47.7-49.7\|=2.0$					$\Delta_2=\|51.8-51.2\|=0.6$				
$Q=\Delta/R$	$Q_1=2.0/4.1=0.4878=0.488$					$Q_2=0.6/4.1=0.1463\to0.146$				

（2）判别与判定。当数据个数为 10，显著性水平取 0.1 时，查 Q 值检验临界表，其临界值为 0.409，$Q_1=0.488>0.409$，表示 47.7 为异常值，舍弃；$Q_2=0.146<0.409$，

表示 51.8 不属于异常值，应保留。

【计算示例 4-9】

某测量介质温度数据如下：20.43℃，20.39℃，20.39℃，20.40℃，20.39℃，20.30℃，20.40℃，20.41℃，20.42℃，20.40℃，20.42℃，20.43℃，20.43℃，20.43℃，20.42℃。用不同检验准则检验该 15 个测量数据中有无异常值？

解：先将测得数据值按大小顺序排列，然后计算出差值、算术平均值、标准偏差和级差。

（1）基本计算数值的汇总见下表：

序号	测得值 X_i/℃	偏差 d	d^2	测得值 X_i/℃	偏差 d	d^2	测得值 X_i/℃
1	20.30	−0.104	0.010816				
2	20.39	−0.014	0.000196	20.39	−0.021	0.000441	
3	20.39	−0.014	0.000196	20.39	−0.021	0.000441	20.39
4	20.39	−0.014	0.000196	20.39	−0.021	0.000441	20.39
5	20.40	−0.004	0.000016	20.40	−0.011	0.000121	20.40
6	20.40	−0.004	0.000016	20.40	−0.011	0.000121	20.40
7	20.40	−0.004	0.000016	20.40	−0.011	0.000121	20.40
8	20.41	0.006	0.000036	20.41	−0.001	0.000001	20.41
9	20.42	0.016	0.000256	20.42	0.009	0.000081	20.42
10	20.42	0.016	0.000256	20.42	0.009	0.000081	20.42
11	20.42	0.016	0.000256	20.42	0.009	0.000081	20.42
12	20.43	0.026	0.000676	20.43	0.019	0.000361	20.43
13	20.43	0.026	0.000676	20.43	0.019	0.000361	20.43
14	20.43	0.026	0.000676	20.43	0.019	0.000361	20.43
15	20.43	0.026	0.000676	20.43	0.019	0.000361	20.43
Σ	306.06	0	0.014960	285.76	0	0.003374	265.37
$\overline{X}$	20.404			20.411			20.413
S	0.033			0.0161			0.0155

（2）基本准则判定算式汇总见下表：

检验准则	$3S$	格拉布斯	狄克逊	肖维勒
基本数理参数	标准偏差	统计量 g_0	统计量 r	统计量 Z_C
对比判断条件	全数 $\overline{X}$,S	全数	全数	全数
异常值	$\|d\|>3S$	$\|d\|/S>g_0$	$r>r_0(n,a)$	$\|d\|>Z_C \times S$
临界数值来源		表 4-2(2a)、表 4-2(2b)	表 4-2(3a)、表 4-2(3b)	表 4-2(4)
检验数据			20.30 $n=15$	
比值	$\|d\|=0.104$ $0.104>0.0483$ $3S=3 \times 0.033$	$\|d\|/S=3.15$ $3.15>2.41$ $g_0(15,0.05)=2.41$	$r_{22}=0.692$ $0.692>0.525$ $r_0=0.525$	$\|d\|=0.104$ $0.104>0.07$ $Z_C \times S=2.13 \times 0.033$
结论	异常值,剔除	异常值,剔除	异常值,剔除	异常值,剔除

检验数据	20.43 $n=14$			
比值	$\|d\|=0.026$ $0.026<0.0483$ $3S=3\times0.033$	$\|d\|/S=0.79$ $0.79<2.37$ $g_0(14,0.05)=2.37$	用 $n=15$,见注 $r_{22}=0$ $0<0.525$ $r_0=0.525$	$\|d\|=0.019$ $0.019<0.034$ $Z_C\times S=2.10\times0.0161$
结论	不属于异常值	不属于异常值	不属于异常值	不属于异常值
检验数据	20.39 $n=14$			
比值		$\|d\|/S=1.31$ $1.31<2.37$ $g_0(14,0.05)=2.37$	用 $n=14$,见注 $r_{22}=0$ $0<0.525$ $r_0=0.525$	$\|d\|=0.021$ $0.021<0.034$ $Z_C\times S=2.10\times0.0161$
结论		不属于异常值	不属于异常值	不属于异常值

注：1. $3S$ 判断中，因剩下 13 个数据的偏差 $\|d\|$ 均小于 0.099，不需再进行判断。

2. 按"狄克逊准则"判断时，在 $n=15$ 下，可判别最小值 20.30 和最大值 20.43，其统计量 r_{22} 则按表 4-1-3 中规定的公式计算。剔除 20.43 后，对剩下的 14 个数据，按 $n=14$，计算统计量 r_{22} 判断 20.93。

3. 临界值查表：格拉布斯——$g_0(n,\alpha)$；狄克逊——$r_0(n,\alpha)$；t 检验——$K(n,\alpha)$；肖维勒——n、Z_C。

4. 剔除"异常值"，对剩余数据继续检验，当两端测得值均不属于异常值后，可结束检验。

表 4-2 异常值检验临界值
表 4-2(1) Q 检验临界值

数据个数 n		3	4	5	6	7	8	9	10		
显著性水平 α	0.10	0.94	0.76	0.64	0.56	0.51	0.47	0.44	0.41		
	0.05	1.57	1.05	0.86	0.76	0.69	0.64	0.60	0.58		

注：数据来源——李华森.产品质量检验监督统计技术 [M]. 北京：中国标准出版社，2008.

表 4-2(2a) 格拉布斯检验临界值

数据个数 n		3	4	5	6	7	8	9	10	11	12
显著性水平 α	0.10	1.148	1.425	1.602	1.729	1.828	1.909	1.977	2.036	2.088	2.134
	0.05	1.153	1.463	1.672	1.822	1.938	2.032	2.110	2.176	2.234	2.285
数据个数 n		13	14	15	16	17	18	19	20	21	22
显著性水平 α	0.10	2.175	2.213	2.247	2.279	2.309	2.355	2.361	2.385	2.408	2.429
	0.05	2.331	2.371	2.409	2.443	2.475	2.504	2.532	2.557	2.580	2.603
数据个数 n		23	24	25	26	27	28	29	30		
显著性水平 α	0.10	2.448	2.467	2.486	2.502	2.519	2.534	2.549	2.563		
	0.05	2.624	2.644	2.663	2.681	2.698	2.714	2.730	2.745		

注：数据来源——王毓芳，肖诗唐.质量检验教程 [M]. 北京：中国计量出版社，2003.

表 4-2(2b) 格罗布斯（Grubbs）准则 $g_0(n、\alpha)$ 数值

数据个数 n		3	4	5	6	7	8	9	10	11	12
显著性水平 α	0.01	1.16	1.49	1.75	1.94	2.10	2.22	2.32	2.41	2.48	2.55
	0.05	1.15	1.46	1.67	1.82	1.94	2.03	2.11	2.18	2.23	2.28
数据个数 n		13	14	15	16	17	18	19	20	21	22
显著性水平 α	0.01	2.61	2.66	2.70	2.75	2.78	2.82	2.85	2.88	2.91	2.94
	0.05	2.33	2.37	2.41	2.44	2.48	2.50	2.53	2.56	2.58	2.60
数据个数 n		23	24	25	30	35	40	45	50	100	
显著性水平 α	0.01	2.96	2.99	3.01	3.10	3.18	3.24	3.18	3.29	3.59	
	0.05	2.62	2.64	2.66	2.74	2.81	2.87	2.91	2.96	3.17	

表 4-2(3a)　狄克逊检验临界值及统计量算式

数据个数 n		3	4	5	6	7	8	9	10	11	12
显著性水平 α	0.10	0.886	0.679	0.557	0.482	0.434	0.479	0.441	0.409	0.517	0.490
	0.05	0.941	0.765	0.642	0.560	0.507	0.554	0.512	0.477	0.576	0.546
数据个数 n		13	14	15	16	17	18	19	20	21	22
显著性水平 α	0.10	0.467	0.492	0.472	0.454	0.438	0.424	0.412	0.401	0.391	0.382
	0.05	0.521	0.546	0.525	0.507	0.490	0.475	0.462	0.450	0.440	0.430
数据个数 n		23	24	25	26	27	28	29	30		
显著性水平 α	0.10	0.374	0.367	0.360	0.354	0.348	0.342	0.337	0.332		
	0.05	0.421	0.413	0.406	0.399	0.393	0.387	0.381	0.376		

注：1. 数据来源——王毓芳、肖诗唐. 质量检验教程［M］. 北京：中国计量出版社，2003.

2. 不同数据个数的统计量检验计算公式见下表。

统计号	3～7	8～10	11～13	14～30
检验高端异常值	$D=\dfrac{X_n-X_{n-1}}{X_n-X_1}$	$D=\dfrac{X_n-X_{n-1}}{X_n-X_2}$	$D=\dfrac{X_n-X_{n-2}}{X_n-X_2}$	$D=\dfrac{X_n-X_{n-2}}{X_n-X_3}$
检验低端异常值	$D'=\dfrac{X_2-X_1}{X_n-X_1}$	$D'=\dfrac{X_2-X_1}{X_{n-1}-X_1}$	$D'=\dfrac{X_3-X_1}{X_{n-1}-X_1}$	$D'=\dfrac{X_3-X_1}{X_{n-2}-X_1}$

表 4-2(3b)　狄克逊（Dixon）检验临界值

数据个数 n		3	4	5	6	7	8	9	10	11	12	13
显著性水平 α	0.01	0.988	0.889	0.780	0.698	0.637	0.683	0.635	0.596	0.679	0.642	0.615
	0.05	0.941	0.765	0.642	0.560	0.507	0.554	0.512	0.477	0.576	0.546	0.521
检验值	低端	$r_{10}=\dfrac{X_2-X_1}{X_n-X_1}$					$r_{11}=\dfrac{X_2-X_1}{X_{n-1}-X_1}$			$r_{21}=\dfrac{X_3-X_1}{X_{n-1}-X_1}$		
	高端	$r_{10}=\dfrac{X_n-X_{n-1}}{X_n-X_1}$					$r_{11}=\dfrac{X_n-X_{n-1}}{X_n-X_2}$			$r_{21}=\dfrac{X_n-X_{n-2}}{X_n-X_2}$		
数据个数 n		14	15	16	17	18	19	20	21	22	23	24
显著性水平 α	0.01	0.641	0.616	0.595	0.577	0.561	0.547	0.535	0.524	0.514	0.514	0.497
	0.05	0.546	0.525	0.507	0.490	0.475	0.462	0.450	0.440	0.430	0.430	0.413
数据个数 n		25	26	27	28	29	30					
显著性水平 α	0.01	0.489	0.486	0.475	0.469	0.463	0.457					
	0.05	0.406	0.399	0.393	0.387	0.381	0.376					
检验值	低端	$r_{22}=\dfrac{X_3-X_1}{X_{n-2}-X_1}$　此检验值适用于 $n=14\sim30$										
	高端	$r_{22}=\dfrac{X_n-X_{n-2}}{X_n-X_3}$　此检验值适用于 $n=14\sim30$										

注：数据来源——周渭，于建国，刘海霞. 测试与计量技术基础. 西安：西安电子科技大学出版社，2004.

表 4-2(4)　肖维勒准则 Z_C 数值

n	Z_C	n	Z_C	n	Z_C	n	Z_C	n	Z_C	n	Z_C	n	Z_C	n	Z_C
3	1.38	9	1.92	15	2.13	21	2.26	27	2.35	50	2.58	100	2.81	1000	3.48
4	1.53	10	1.96	16	2.15	22	2.28	28	2.37	60	2.64	150	2.93	2000	3.66
5	1.65	11	2.00	17	2.17	23	2.30	29	2.38	70	2.69	185	3.00	5000	3.89
6	1.73	12	2.03	18	2.20	24	2.31	30	2.39	75	2.71	200	3.02		
7	1.80	13	2.07	19	2.22	25	2.33	35	2.45	80	2.73	250	3.11		
8	1.86	14	2.10	20	2.24	26	2.34	40	2.49	90	2.78	500	3.20		

三、质量检验数据验收

质量检验部门——化验室，按照有关标准和规定，要提供准确可靠的检验数据。由于种种因素的影响，同一样品的两次测定值，在较小范围内差别是不可避免的，但如果差别较大，则是不正常的，需要对异常值剔除或重新检测。为评价检测数据的准确性，在《水泥企业质量管理规程》和质检操作规程中规定了一些检验项目允许误差、重复性限和再现性限范围，质检人员对照规范要求，经数理统计方法处理取舍后，验收检验结果。水泥质量检验数据包括分析数据、物理检测数据及整理数据计算方法，分别介绍如下。

1. 化学分析

化学分析首先确定分析结果是否有效，在有效的前提下，判断分析结果的精密度是否符合要求。

① 验证分析结果是否有效，用"标准允许误差"来衡量。在分析试样的同时，平行测定与试样同类型的标准样品。如果标准样品的分析值 X 与标准样品证书所列标准值 μ 之差不大于"标准允许差"时，说明试样分析有效。数学模式：$X-\mu \leqslant$ 标准允许差。

② 判断分析结果的精确性，用"误差"（所得两次结果之差）或"绝对偏差"（测试结果与平均值之差）的绝对值，分别对照"允许差"（表 4-2）和"重复性限、再现性限"范围。在允许范围内，则取其平均值作为此项的检验结果，否则要进行处理。

③ 用"允许误差"规定时的处理计算。从检测来源看，允许误差分为同一试验室和不同试验室，或同一分析人员和两个分析人员等情况，应分别对待处理。

a. 同一分析人员对同一样品进行两次分析，所得结果之差超出允许范围，须进行第三次分析测定，所得分析结果与前两次中任一次分析结果之差都符合规定时，则取其平均值，否则，应查找原因，重新按上述规定分析。

b. 同一试验室的两个分析人员，对同一试样各自进行分析时，所得结果的平均值之差如超出允许范围，经第三者验证后，与前两者或其中之一分析结果符合规定时，取其平均值。

c. 两个试验室对同一试样各自进行分析时，所分析结果的平均值应符合规定，如有争议，应商定由另一单位按标准进行仲裁分析，以仲裁单位报出结果为准。与原分析结果比较，若这两个分析结果之差符合规定，则认为此原分析结果无误，若超差，则认为原分析结果不准确。

【计算示例 4-10】

某分析员对生料试样进行 CaO 含量测定，两次分析结果分别是 $X_1=42.05\%$，$X_2=41.99\%$，如何验收该分析人员对试样的分析结果？

两次分析结果的绝对差 $X=|X_1-X_2|=|42.05\%-41.99\%|=0.06\%$。查试验允许误差表（表 4-2），同一试验室 CaO 允许误差为 $\pm 0.25\%$。因此该分析结果的误差符合规定，可取其平均值作为检验结果，即该试样 CaO 值为 $(42.05\%+41.99\%)/2=42.02\%$。

【计算示例 4-11】

某分析工对水泥试样中 SO_3 含量检测其两次结果分别是 $Y_1=3.48\%$、$Y_2=3.26\%$，如何验收该分析人员对试样的分析数据？

两次分析结果的绝对差 $|Y_1-Y_2|=|3.48\%-3.26\%|=0.22\%$，超过表 4-2 中 SO_3 试验允许误差 $\pm0.15\%$ 的规定，须进行第三次分析。第三次分析结果 $Y_3=3.30\%$，与第二次测定的绝对差 $|3.26\%-3.30\%|=0.04\%<\pm0.15\%$，符合规定要求，此水泥试样的 SO_3 含量为 $(3.30\%+3.26\%)/2=3.28\%$。

④ 用"重复性限、再现性限"规定时的处理计算。分析人员在重复性条件或再现性条件下，按相同的测试方法，对同一被测对象相互独立进行两个测试结果数值的绝对偏差 $|X-\overline{X}|$，用重复性限 γ 或再现性限 R 来判断分析数据的精密度是否合格。如果两个测试结果的绝对差小于或等于重复性限或再现性限，则取两个测试结果的算术平均值报出。如果两个测试结果的绝对差大于重复性限或再现性限，需再进行一次或两次测定。

【计算示例 4-12】

对硅酸盐水泥试样中 SiO_2 含量用硅酸钾容量法测定，两次分析结果分别是 $X_1=20.00\%$、$X_2=20.22\%$，如何验收该分析人员对试样的分析结果？

两次分析结果的绝对误差 $X=|X_1-X_2|=|20.00\%-20.22\%|=0.22\%$，大于标准给出的重复性限 $\gamma=0.20\%$，因此须进行第三次分析测定。如第三测定结果 $X_3=20.24\%$，极差 $R=20.24\%-20.00\%=0.24\%$ 与 $1.2\gamma=1.2\times0.20\%=0.24\%$ 相比，符合要求，则取三次测定结果的平均值报出，即 $\overline{X}=(X_1+X_2+X_3)/3=(20.00\%+20.22\%+20.24\%)/3=20.15\%$。如第三次分析结果为 $X_3=20.35\%$，极差 $R=20.35\%-20.00\%=0.35\%>0.24\%=1.2\gamma$，则取三次分析结果的中位数（将测定结果从小到大的顺序排列，奇数个取中间的那一个数据；偶数个则取中间两个数据的平均值）作为最终结果，以 20.22% 报出。

2. 强度检验结果计算

水泥物理检验数据处理，同样可用允许差或重复性限、再现性限规定。以下介绍如何处理破型时检测的数据来计算抗折强度和抗压强度。

（1）抗折强度

先计算三条试体的抗折强度的平均值并精确到 0.1MPa，对后面的数字用修约法则取舍。当三个强度值中有一个超过平均值的 $\pm10\%$ 时，应予剔除，以其余两个数值平均为抗折强度结果。如其中有两个超过平均值的 $\pm10\%$ 时，则以剩下的未超过平均值的一个数据作为抗折强度结果。

（2）抗压强度

首先检查三条试体做过抗折试验后，六个断块的尺寸，受压面长度方向小于 40.0mm 的断块不能做抗压试验，应剔除。以六个抗压强度测定值的算术平均值为测定结果。如六个测定值中有一个超过六个平均值的 $\pm10\%$，就应剔除这个结果。而以剩下的五个平均数结果为测定结果。如五个测定值中再有超出平均数 $\pm10\%$ 的，则此组结果作废。计算结果精确至 0.1MPa，后面数字按修约法则取舍。

试验允许误差见表 4-3，硅酸盐水泥化学分析方法测定结果的重复性限和再现性限见

表 4-4。

表 4-3　试验允许误差

试　验　项　目		单位	同一实验室不大于	不同实验室不大于	误差类别
水泥密度		g/cm³	±0.02	±0.02	绝对误差
水泥比表面积		%	±3.0	±5.0	相对误差
水泥 45μm 筛余细度	≤20%	%	±1	±1.5	绝对误差
	>20.0%	%	±2	±2.5	
水泥 80μm 筛余细度	≤5.0%	%	±0.5	±1.0	
	>5.0%	%	±1.0	±1.5	
标准稠度用水量		%	±3.0	±5.0	相对误差
凝结时间	初凝	min	±15	±20	绝对误差
	终凝	min	±30	±45	
强度	抗折	%	±7.0	±9.0	相对误差
	抗折	%	±5.0	±7.0	
水化热		J/g	±12	±18	绝对误差
细度		%	±0.5	±1.5	
不溶物		%	±1.0	±0.10	
水泥烧失量		%	±1.5	±0.30	
水泥氯离子		%	±0.003	±0.005	
水泥三氧化硫		%	±0.15	±0.20	
水泥(熟料)氧化镁		%	±0.20	±0.30	
油井水泥稠化时间		min	±5	±8	
胶砂流动度		min	±5	±8	
生料细度	80μm	%	±1.0	—	绝对误差
	200μm	%	±0.5	—	
生料碳酸钙(氧化钙)		%	±0.30(±0.25)	—	
生料氧化铁		%	±0.15	—	

注：其他试验项目允许误差按有关标准要求执行，数据来源：链接与质检机构的对比误差、相对误差。（厂检值－质检机构检验值）/质检机构检验值×100%；绝对误差、厂检值——质检机构检验值。

表 4-4　硅酸盐水泥化学分析方法测定结果的重复性限和再现性限　　　　单位：%

分析方法(基准法)				分析方法(代用法)			
成　　分	含量范围	重复性限	再现性限	成　　分	含量范围	重复性限	再现性限
烧失量		0.15	0.25	二氧化硅	氟硅酸钾	0.20	0.30
不溶物	≤3	0.10	0.10	三氧化二铁	分光光度法	0.15	0.20
	>3	0.15	0.20	三氧化二铁	吸收光谱法	0.15	0.20
三氧化硫		0.15	0.20	三氧化铝	硫酸铜边滴	0.20	0.30
二氧化硅		0.15	0.20	氧化钙	EDrA13	0.25	0.40
三氧化二铁		0.15	0.20	氧化钙	高锰酸钾 B	0.25	0.40

分析方法(基准法)				分析方法(代用法)			
成　　分	含量范围	重复性限	再现性限	成　　分	含量范围	重复性限	再现性限
三氧化二铝		0.20	0.30	氧化镁	≤2	0.15	0.25
氧化钙		0.25	0.40		>2	0.20	0.30
氧化铁		0.15	0.25	三氧化硫	碳量法	0.15	0.20
二氧化钛		0.05	0.10		离子交换法	0.15	0.20
氧化钾		0.10	0.15		分光光度法	0.15	0.20
氯化钠		0.05	0.10		库仑滴定法	0.15	0.20
氯离子	≤0.10	0.003	0.005	氧化钾	原子吸收	0.10	0.15
	>0.10	0.010	0.015	氧化钠	光谱法	0.05	0.10
硫化物		0.03	0.05	氯离子	≤0.10	0.003	0.005
一氧化锰		0.05	0.10		>0.10	0.010	0.015
五氧化二磷		0.05	0.10	氧化锰	原子吸收光谱	0.05	0.10
二氧化碳	≤5	0.20	0.35	氟离子	离子选择电报法	0.05	0.10
				游离氧化钙	≤2	0.10	0.20
					>2	0.20	0.30
	>5	0.30	0.45	游离氟化钙(乙二醇法)	≤2	0.10	0.20
					>2	0.20	0.30

注：重复性限和再现性限为绝对偏差$|X-\overline{X}|$。

　　"重复性限"是指：一个数值在重复性条件（在同一实验室，由同一操作员使用相同的设备、按相同的测试方法，在短时间内对同一被测对象相互独立进行的测试条件）下，两个测试结果的绝对差小于或等于此数的概率为95％，用符号 γ 表示。

　　"再现性限"是指：一个数值在再现性条件（在不同的实验室，由不同的操作员使用不同的设备、按相同的测试方法，对同一被测对象相互独立进行的测试条件）下，两个测试结果的绝对差小于或等于此数的概率为95％，用符号 R 表示。

四、插值法

　　在生产和科研中，经常采用表格形式来反映实际生产数据和实测数据。这种用数据表格形式给出的自变量与因变量之间的函数关系，称作"列表函数"。在应用列表函数时，当自变量与列表函数不相吻合时，需求其因变量时，可采用插值法。插值就是通过"列表函数"中若干点数据进行数据取值的方法。当原函数近似为直线或插值区间比较小时，可应用"线性插值法"，否则误差较大。

　　线性插值法是企业生产技术经常使用的一种求值方法，把在"函数表格"中两点间的函数关系视为直线关系。具体操作时，把相邻两个自变量 X、因变量 Y，与要求的插值 X，用数学式计算。

$$Y=Y_1+\frac{Y_2-Y_1}{X_2-X_1}\times(X-X_1)\qquad X_1<X<X_2\qquad(4-19)$$

【计算示例 4-13】

　　已知某列表函数，利用线性插值法，用提供的数据表格，求自变量 0.3367 时因变量值。

自变量 X	0.32	0.34	0.36	求 0.3367	解 0.3367
因变量 Y	0.3146	0.3335	0.3523	?	0.3304

解：自变量 0.3367 符合该列表函数，在 0.32 与 0.34 之间，可采用线性插值法。

$$Y = 0.3146 + \frac{0.3335 - 0.3149}{0.34 - 0.32} \times (0.3367 - 0.3200) = 0.3304$$

当自变量为 0.3367 时，因变量为 0.3304。

第三节　回　归　方　程

回归分析法是寻求两个或两个以上变量间关系的一种数理统计常用方法。在已有试验数据或生产数据基础上所建立的方程，具有指导生产或试验作用，帮助人们判断各种因素的影响程度和如何根据一个因素变化来预调整另一个因素，实现技术上预控。取本企业有代表性的数据，先绘制变量间散布图，观察它们之间相关图形，初步判断是线性或非线性。对线性关系，则用数理统计分析方法建立变量之间的线性关系，并列出一元或多元线性回归方程。

一、一元线性回归方程

1. 因变量 Y 与自变量 X 之间的一元线性回归方程算式

$$Y = a + bX \tag{4-20}$$

$$b = \frac{L(XY)}{L(XX)}$$

$$a = \overline{Y} - b\overline{X}$$

$$L(XY) = \sum_{i=1}^{n} X_i Y_i - \frac{1}{n} \left(\sum_{i=1}^{n} X_i \right) \left(\sum_{i=1}^{n} Y_i \right)$$

$$L(XX) = \sum_{i=1}^{n} X_i^2 - \frac{1}{n} \left(\sum_{i=1}^{n} X_i \right)^2$$

式中　Y，X——因变量和自变量；

　　　a，b——回归系数；

　　　$\overline{Y}$，$\overline{X}$——变量 Y 和变量 X 的平均值；

　　　　i——序数；

　　　　n——数值组数。

计算常用格式见表 4-5。

表 4-5　计算常用格式

序数	X_i	Y_i	X_iY_i	X_i^2	Y_i^2	$(\sum X_i)^2$	$\sum X_i\sum Y_i$	$(\sum Y_i)^2$
1								
⋮								
n								
合计								

2. 相关系数的计算公式

相关系数 r 用以判断两个变量是否相关。r 的绝对值越接近 1，表明 X 与 Y 的线性关系越好。当求出的 r 值高于相关系数检验表中的数据（表 4-6）时，才能考虑用直线方程来表示 X 与 Y 之间关系，其计算公式为：

$$r = \frac{L(XY)}{\sqrt{L(XX)L(YY)}} \tag{4-21}$$

【计算示例 4-14】

某水泥厂 P·O 425R 水泥的 3d 和 28d 抗压强度测定 23 组数据，如下表所示，试建立根据 R_3 预测 R_{28} 的回归统计式。

设：$R_{28} = a + bR_3$ 为回归统计式。

预测 28d 抗压强度回归计算表　　　　单位：MPa

子样	R_3	R_{28}	R_3R_{28}	R_3^2	R_{28}^2	$(\sum R_3)^2$	$\sum R_3\sum R_{28}$	$(\sum R_{28})^2$	$R_{28计}$	Δ	误差 $H\%$
1	36	59	2124.00	1296.00	3481.00				56.9	−2.1	−3.69
2	35.7	59.8	2134.86	1274.59	3576.04				56.6	−3.2	−5.65
3	37.1	61.5	2281.65	1376.41	3782.25				58.2	−3.3	−5.67
4	36.9	59.2	2184.48	1361.61	3504.64				58.0	−1.2	−2.07
5	35.2	56.4	1985.20	1239.04	3180.96				56.0	−0.4	−0.71
6	37.9	60.6	2296.74	1436.41	3762.36				59.2	−1.4	−2.5
7	37.6	59.3	2229.68	1413.76	3516.49				58.8	−0.5	−0.85
8	42.1	64.3	2707.03	1772.41	4134.49				64.2	0.1	−0.16
9	39.9	60.9	2429.91	1592.01	3708.81				61.6	0.7	1.14
10	37.5	57.9	2171.25	1406.25	3352.41				58.7	0.8	1.36
11	39.4	57.5	2265.50	1552.36	3306.25				61.0	3.5	5.74
12	35.0	56.3	1970.50	1225.00	3169.69				55.7	−0.6	1.08
13	34.9	53.5	1867.15	1218.01	2862.25				55.6	2.1	3.78
14	33.7	51.5	1735.55	1135.69	2652.25				54.2	2.7	4.90
15	36.3	55.9	2029.17	1317.69	3124.81				57.3	1.4	2.44
16	34.3	55.2	1893.36	1176.49	3047.04				55.0	−0.2	−0.36
17	38.4	59.5	2284.80	1474.56	3540.25				59.8	0.3	0.50
18	37.2	59.3	2205.96	1383.84	3516.49				58.4	−0.9	−1.54
19	40.0	60.8	2432.00	1600.00	3696.64				61.7	0.9	1.46
20	34.6	56.1	1941.06	1192.16	3147.21				55.3	−0.8	−1.45

子样	R_3	R_{28}	R_3R_{28}	R_3^2	R_{28}^2	$(\sum R_3)^2$	$\sum R_3 \sum R_{28}$	$(\sum R_{28})^2$	$R_{28计}$	Δ	误差 $H\%$
21	33.4	53.5	1786.90	1115.56	2862.25				53.8	0.3	0.56
22	33.7	52.4	1765.88	1135.69	2745.76				54.2	1.8	3.32
23	33.2	53.2	1766.24	1102.24	2830.24				53.6	0.4	0.75
Σ	840.00	1323.6	48488.87	30802.78	76500.58	705600	1111824	1751917			

$$L_{R_3R_{28}} = \sum R_3R_{28} - \frac{1}{n}\sum R_3 \sum R_{28} = 48488.86 - \frac{1}{23} \times 840 \times 1323.6 = 148.6961$$

$$L_{R_3R_3} = \sum R_3^2 - \frac{1}{n}(\sum R_3)^2 = 30802.78 - \frac{1}{23} \times 840^2 = 124.5191$$

$$L_{R_{28}R_{28}} = \sum R_{28}^2 - \frac{1}{n}(\sum R_{28})^2 = 76500.58 - \frac{1}{23} \times 1323.6^2 = 330.2774$$

所以 $\quad b = \dfrac{L_{R_3R_{28}}}{L_{R_3R_3}} = \dfrac{148.6961}{124.5191} = 1.1942 \qquad a = \dfrac{\sum R_{28}}{n} - b \times \dfrac{\sum R_3}{n} = 13.9336$

$$r = \frac{L_{R_3R_{28}}}{\sqrt{L_{R_3R_3} \times L_{R_{28}R_{28}}}} = \frac{148.6961}{\sqrt{124.5191 \times 330.2774}} = 0.7332$$

回归统计式 $\qquad R_{28} = 13.9336 + 1.1942R_3 \qquad r = 0.7332$

当显著性水平取 1%，子样数 n 为 23 时，按 $n-2$ 查表 4-6，求出相关系数临界值 $r_{0.01,23} = 0.52562$。而回归统计式求得 $r = 0.7332 > r_{0.01,23}$，表明 R_3 与 R_{28} 之间的相关关系是显著的。回归式 $R_{28} = 13.9336 + 1.1942R_3$ 能较好反映该时间区段水泥 3d 和 28d 抗压强度关系的规律性。

表 4-6　临界相关系数检验

$n-2$	10%[1]	5%	1%	$n-2$	10%[1]	5%	1%	$n-2$	10%[1]	5%	1%
1	0.98760	0.99692	0.99988	18	0.3783	0.44376	0.56143	35	0.2746	0.32457	0.41821
2	0.90000	0.95000	0.99000	19	0.3687	0.43286	0.54871	36		0.32022	0.41282
3	0.8054	0.87834	0.95873	20	0.3596	0.42271	0.53680	37		0.31603	0.40764
4	0.7293	0.81140	0.91720	21		0.41325	0.52562	38		0.31201	0.39782
5	0.6694	0.75449	0.87453	22		0.40438	0.51510	39		0.30813	0.39324
6	0.6214	0.70674	0.83434	23		0.39607	0.50518	40	0.2573	0.30439	0.39317
7	0.4973	0.66638	0.79768	24		0.38824	0.49581	41		0.30079	0.38868
8	0.4762	0.63190	0.76460	25	0.3233	0.38086	0.48693	42		0.29732	0.38434
9	0.5214	0.60207	0.73478	26		0.37389	0.47851	43		0.29395	0.38014
10	0.4973	0.57598	0.70789	27		0.36728	0.47051	44		0.29071	0.37608
11	0.4762	0.55294	0.68353	28		0.36101	0.46289	45	0.2428	0.28756	0.37214
12	0.4573	0.53241	0.66138	29		0.35505	0.45563	46		0.28452	0.36832
13	0.4409	0.51398	0.64114	30	0.2960	0.34937	0.44870	47		0.28157	0.36462
14	0.4259	0.49731	0.62259	31		0.34396	0.44207	48		0.27871	0.36103
15	0.4124	0.48215	0.60551	32		0.33579	0.43573	49		0.27594	0.35754
16	0.4000	0.46828	0.58972	33		0.33385	0.42965	50	0.2306	0.27324	0.35415
17	0.3887	0.45553	0.57507	34		0.32911	0.42381				

[1] 数据来源——韩於羹.应用数理统计 [M].北京：北京航空航天大学出版社，1989.

注：数据来源——赵颖.应用数理统计 [M].北京：北京理工大学出版社，2008.

二、二元线性回归方程

生产中影响因素往往不止一个，要找出这些因素之间关系的规律性，属于多元回归分析。以下介绍有两个自变量的数理统计回归方程。

1. 二元线性回归方程算式

$$Y = a + b_1 X_1 + b_2 X_2 \tag{4-22}$$

$$b_1 = \frac{L_{10} L_{22} - L_{12} L_{20}}{L_{11} L_{22} - L_{12} L_{21}}$$

$$b_2 = \frac{L_{10} L_{21} - L_{11} L_{20}}{L_{12} L_{21} - L_{11} L_{22}}$$

$$a = \overline{Y} - b_1 \overline{X}_1 - b_2 \overline{X}_2$$

$$L_{11} = \sum_{i=1}^{n} (X_{1i} - \overline{X}_1)^2 = \sum_{i=1}^{n} (X_{1i})^2 - \frac{1}{n} \left(\sum_{i=1}^{1} X_{1i} \right)^2$$

$$L_{22} = \sum_{i=1}^{n} (X_{2i} - \overline{X}_2)^2 = \sum_{i=1}^{n} (X_{2i})^2 - \frac{1}{n} \left(\sum_{i=1}^{1} X_{2i} \right)^2$$

$$L_{12} = L_{21} = \sum_{i=1}^{n} (X_{1i} - \overline{X}_1)(X_{2i} - \overline{X}_2) = \sum_{i=1}^{n} X_{1i} X_{2i} - \frac{1}{n} \left(\sum_{i=1}^{n} X_{1i} \right) \left(\sum_{i=1}^{n} X_{2i} \right)$$

$$L_{10} = \sum_{i=1}^{n} (X_{1i} - \overline{X}_1)(Y_i - \overline{Y}) = \sum_{i=1}^{n} X_{1i} Y_i - \frac{1}{n} \left(\sum_{i=1}^{n} X_{1i} \right) \left(\sum_{i=1}^{n} Y_i \right)$$

$$L_{20} = \sum_{i=1}^{n} (X_{2i} - \overline{X}_2)(Y_i - \overline{Y}) = \sum_{i=1}^{n} X_{2i} Y_i - \frac{1}{n} \left(\sum_{i=1}^{n} X_{2i} \right) \left(\sum_{i=1}^{n} Y_i \right)$$

2. 相关系数的计算公式

$$r = \sqrt{\frac{S_h}{L_{00}}} = \sqrt{\frac{b_1 L_{10} - b_2 L_{20}}{\sum_{i=1}^{n} (Y_i)^2 - \frac{1}{n} \left(\sum_{i=1}^{n} Y_i \right)^2}} \tag{4-23}$$

$$L_{00} = \sum_{i=1}^{n} (Y_i - \overline{Y})^2 = \sum_{i=1}^{n} (Y_i)^2 - \frac{1}{n} \left(\sum_{i=1}^{n} Y_i \right)^2$$

式中 a，b_1，b_2——常数项；

$\quad X_1$，X_2，Y——第一自变量、第二自变量和因变量；

$\qquad\qquad n$——样本数；

$\quad S_h (S_{回})$——回归平方和；

$\qquad\qquad r$——相关系数，用于检验回归方程因素的相关程度，越接近 1 越好。

【计算示例 4-15】

某厂水泥质量一组生产数据列于下表，用二元回归法，找出细度、混合材掺加量与水泥强度之间的线性方程。

设回归方程：$Y = a + b_1 X_1 + b_2 X_2$。

按计算格式，算出回归系数 b_1、b_2 和常数 a。

生产实测及二元回归计算表

序号	细度 X_1 /%	混合材 X_2 /%	水泥 28d 抗压强度 Y/MPa	X_1^2	X_2^2	Y^2	$X_1 X_2$	$X_1 Y$	$X_2 Y$
1	5.6	29.79	49.7	31.36	887.44	2470.09	166.82	278.32	1480.56
2	5.0	32.16	50.1	25.00	1034.27	2510.01	160.80	250.50	1611.22
3	6.0	31.68	50.0	36.00	1003.62	2500.00	190.08	300.00	1584.00
4	6.0	28.84	50.1	36.00	831.75	2510.01	173.04	300.60	1444.88
5	5.2	32.15	49.7	27.04	1033.62	2470.09	167.18	258.44	1597.86
6	6.0	31.22	49.8	36.00	974.69	2480.04	187.32	298.80	1554.76
7	6.4	32.15	49.8	40.96	1033.62	2480.04	205.76	318.72	1601.07
8	6.4	34.52	49.1	40.96	1191.63	2410.81	220.93	314.24	1964.93
9	6.2	32.15	49.3	38.44	1033.62	2430.49	199.33	305.66	1585.00
10	6.0	32.15	49.1	36.00	1033.62	2410.81	192.90	294.60	1578.57
Σ	58.8	316.81	496.7	347.76	10087.88	24672.39	1864.16	2919.88	15741.85

$$L_{11} = \sum X_1^2 - \frac{1}{n}\left(\sum X_1\right)^2 = 347.76 - \frac{58.8^2}{10} = 2.02$$

$$L_{22} = \sum X_2^2 - \frac{1}{n}\left(\sum X_2\right)^2 = 10087.88 - \frac{316.81^2}{10} = 51.02$$

$$L_{12} = L_{21} = \sum X_1 X_2 - \frac{1}{2}\left(\sum X_1\right)\left(\sum X_2\right) = 1864.16 - \frac{1}{10} \times 58.8 \times 316.81 = 1.32$$

$$L_{10} = \sum X_1 Y - \frac{1}{n}\left(\sum X_1\right)\left(\sum Y\right) = 2919.88 - \frac{1}{10} \times 58.8 \times 496.7 = -0.716$$

$$L_{20} = \sum X_2 Y - \frac{1}{n}\left(\sum X_2\right)\left(\sum Y\right) = 15741.85 - \frac{1}{10} \times 316.81 \times 496.7 = -5.90$$

$$b_2 = \frac{L_{10} \times L_{21} - L_{11} \times L_{20}}{L_{12} \times L_{21} - L_{11} \times L_{22}} = \frac{(-0.716) \times 1.32 - 2.02 \times (-5.90)}{1.32 \times 1.32 - 2.02 \times 51.02} = -0.1083$$

$$b_1 = \frac{L_{10} \times L_{22} - L_{12} \times L_{20}}{L_{11} \times L_{22} - L_{12} \times L_{21}} = \frac{(-0.716) \times 51.02 - 1.32 \times (-5.90)}{2.02 \times 51.02 - 1.32 \times 1.32} = -0.2837$$

$$a = \overline{Y} - b_1 \overline{X} - b_2 \overline{X_2}$$

$$= 49.67 + 0.2837 \times 5.88 + 0.1083 \times 31.68 = 54.77$$

（1）回归方程

$$Y = a + b_1 X_1 + b_2 X_2 = 54.77 - 0.2837 X_1 - 0.1083 X_2$$

（2）相关系数

$$r = \sqrt{\frac{S_{回}}{L_{00}}} = \sqrt{\frac{0.8421}{1.301}} = 0.8045$$

$$L_{00} = \sum Y^2 - \frac{1}{n}\left(\sum Y\right)^2 = 24672.39 - \frac{(496.7)^2}{10} = 1.301$$

$$S_{回} = b_1 L_{10} + b_2 L_{20} = (-0.2837) \times (-0.716) + (-0.1083) \times (-5.9) = 0.8421$$

R_{28} 强度预测值与实测值比较

序　号	1	2	3	4	5	6	7	8	9	10
细度 x_2/%	5.6	5.0	6.0	6.0	5.2	6.0	6.4	6.4	6.2	6.0
混合材 x_1/%	29.79	32.16	31.68	28.84	32.15	31.22	32.15	34.52	32.15	32.15
$R_{28}y_{预}$/MPa	49.96	49.87	49.64	49.94	49.81	49.67	49.47	49.22	49.53	49.59
$R_{28}y_{实}$/MPa	49.7	50.1	50.0	50.1	49.7	49.8	49.8	49.1	49.3	49.1
绝对误差/MPa	0.26	−0.23	−0.36	−0.16	0.11	−0.13	−0.33	0.12	0.23	0.49
相对误差/%	0.52	0.46	0.72	0.32	0.22	0.26	0.66	0.24	0.47	1.00

（3）找出主要因素

$$P_1 = b_1^2 \left(L_{11} - \frac{L_{12}^2}{L_{22}} \right) = 0.2837^2 \times \left(2.02 - \frac{1.32^2}{51.02} \right) = 0.1598$$

$$P_2 = b_2^2 \left(L_{12} - \frac{L_{12}^2}{L_{11}} \right) = 0.1083^2 \times \left(1.32 - \frac{1.32^2}{2.02} \right) = 5.3651$$

$P_2 > P_1$，说明细度与混合材相比，混合材是主要因素。

分析：该回归方程的相关系数 $r = 0.8045$。当显著性水平为 1% 时，查表 4-6，$r_{0.01,10} = 0.76460 < 0.8045$。另外从比较表看出，相对误差 $\geqslant 1\%$ 只占 1/10，表明回归式 $Y = 54.77 - 0.2837X_1 - 0.1083X_2$ 能反映该生产区段水泥细度、混合材掺加量与强度之间关系的规律性。

$$Y = Y_1 + \frac{Y_2 - Y_1}{X_2 - X_1} \times (X - X_1) = 0.3146 + \frac{0.3335 - 0.3146}{0.3400 - 0.3200} \times (0.3367 - 0.3200) = 0.3304$$

第四节　班　组　核　算

班组经济核算是按照全面经济核算的要求，以班组为基础，用算账的方法，对班组生产活动的各个环节采用货币、实物、劳动工时等量度，通过核算来考核班组的生产经营经济效果。生产班组的技术经济指标很多，本着"干什么、管什么、就算什么"的原则。一般情况下，主要核算产品产量、质量、劳动消耗量和物质消耗量等，能够促使生产一线工人群众更加了解和关心自己的劳动成果及经济效益，使奖惩具有可依性和可操作性。

一、产品产量指标

$$超产（或欠产）数 = 实际完成数 - 计划定额数 \tag{4-24}$$

正值为超产，负值为欠产。

$$产量计划完成率 = \frac{实际完成数}{计划定额数} \times 100\% \tag{4-25}$$

二、质量指标

产品合格率属于计数值，是检测产品质量指标之一，不仅关系到企业产品的质量，而且影响生产消耗和成本高低。对班组和个人而言，不仅是生产操作控制质量指标和衡量操作水平的指标，也是与经济效益挂钩密切的参数，对此操作者要掌握合格率的基本计算法。

合格率基本公式：

$$合格率\ \eta = \frac{合格个数或数量}{同期检测总数} \times 100\% \qquad (4\text{-}26)$$

在统计合格个数时，注意若确定的控制指标发生变动时，则应分段计算。此统计的简易合格率广泛用于生产工序过程物料控制指标中，如三率值合格率、细度合格率、袋重合格率等质量控制指标。

$$合格品完成情况升（降）率 = 实际合格率 - 计划合格率 \qquad (4\text{-}27)$$

三、劳动指标

$$人员出勤率 = \frac{实际出勤人数}{本班组人数} \times 100\% \qquad (4\text{-}28)$$

$$劳动生产率（t/人） = \frac{统计报告期内生产产品数量}{本期内班组平均工人人数} \qquad (4\text{-}29)$$

四、材料、能源消耗指标

$$材料、能源实际单耗 = \frac{实际总消耗量}{合格产品产量} \qquad (4\text{-}30)$$

$$材料能源单耗节约（或超支）数 = 实际单耗 - 定额单耗 \qquad (4\text{-}31)$$

$$材料能源总耗节约（或超支）数 = 材料实际总耗 - 材料计划总耗$$

$$= 实际产量（实际单耗 - 定额单耗） \qquad (4\text{-}32)$$

材料需用量 ＝（计划产量＋技术上不可避免的废品数量）×单位该产品材料消耗定额－

$$计划回用的该材料废品数量 \qquad (4\text{-}33)$$

正值为节约，负值为超支。

五、节约价值

超产节约价值 ＝（计划产量＋技术上不可避免的废品数量）×单位产品负担的固定费用

$$(4\text{-}34)$$

减少废品（或提高质量）节约价值 ＝（总产量×计划废品率－

实际废品总量）×（工序价 - 回收价）

某种能耗节约价值 ＝（实际产量×单位产品能耗定额－

$$实际总能耗）×该种能源单价 \qquad (4\text{-}35)$$

$$某种原材料节约价值 ＝（原材料消耗 - 原材料总数量）×原材料 \qquad (4\text{-}36)$$

$$辅助材料、工具等费用节约价值 ＝ 月度领用限额 - 月实际领用金额 \qquad (4\text{-}37)$$

第五章

热工技术测定

为实现生产过程的"优质、高产、低消耗"目标，工艺技术管理人员除建立台账掌握生产动态外，还必须经常对窑、磨等设备进行热工或技术测定，摸清设备生产工况和能源使用状况，从中找出企业技术管理中薄弱环节和差距，有的放矢地提出符合本企业生产条件下的工艺操作参数和进行的技改措施。工艺设备单机或生产线技术测定，按目的分验收测定和生产测定。本章着重介绍企业在生产测定中的通用项目和相关技术指标的计算。

第一节　热平衡计算

一、状态参数

1. 温度

温度是物体冷热程度的标志，作为表示物体冷热的一个物理量，是工业生产和科学实验中最普通、最重要的热工参数之一。温标是温度量值的表示法，只有在确定温标之后，温度计量才有实际意义。国际温标采用热力学温度为基本温度，其符号为 T，单位为开尔文（K），人们习惯使用摄氏和华氏温标表示，它们之间的温标换算见表 5-1。

表 5-1　温标换算

温　标	符　号	换　算　式		
		t	t_F	T
摄氏温度/℃	t	t	$(t_F-32)\times\dfrac{5}{9}$	$T-273.15$ 也可简化为 $T-273$
华氏温度/℉	t_F	$\dfrac{9}{5}t+32$	t_F	
热力学温度/K	T	$273.15+t$		T

注：在表示温差的场合，℃和K可以互换。

热工技术测定中测量温度项目，在处理方法上，有的将测量值中"异常值"剔除后，直接求平均，如出机、入机气体温度；或由多种物质组成时，要用混合温度，如入磨物料平均温度，则采用加权平均法。算术平均温度和加权平均温度的计算式见第四章。

2. 压力

压力是指"垂直并均匀作用在物体或流体单位面积上的力",它是水泥生产和热工测量中重要的参数。压力单位国际规定为帕斯卡(Pa),表示压力单位还有工程大气压等,它们之间的换算见表 5-2。压力称谓定义及计算式见表 5-3。

表 5-2　常用压力单位换算

压力单位	帕 $Pa(N/m^2)$	工程大气压 $at(kgf/cm^2)$	标准大气压 atm	毫米汞柱 mmHg	毫米水柱 mmH_2O	巴 bar
1Pa	1	1.0197×10^{-5}	0.9869×10^{-5}	0.007501	0.10197	10^{-5}
1at	98066.5	1	0.9678	735.6	10000	0.980665
1 atm	101325	1.0332	1	760	10332	1.01325
1mmHg	133.32	0.00136	0.0013158	1	13.6	0.0013332
$1mmH_2O$	9.80665	10^{-4}	9.68×10^{-5}	0.07356	1	0.980665×10^{-4}
1bar	100000	1.0197	0.9869	750.1	10197	1

表 5-3　压力称谓定义及计算式

项　目		内　容
绝对压力	绝对压力 $p_绝$	以绝对真空为起点计算的压力
	表压力 $p_表$	以外界大气压力为起点计算的压力。表压力为负值时,称为负压或真空,为正值时,简称压力
	大气压 $p_{大气压}$	所在地的大气压力
	关系表达式	$p_绝 = p_{大气压} + p_表$
真空度	真空度 H	用真空计测量时的读数
	表压力 $p_表$	用压力计测量时的读数
	测量关系式	$H = p_{大气压} - p_绝$
热工测量式	静压力 $p_静$	流体分子不规则运动的结果而垂直作用于单位面积上的力
	动压力 $p_动$	流体在流动时,在该速度下所具有的动能,以压力单位表示。此种压力作用于流体的流动方向上,所测得动压力,可用于求出该流体的工作状态下的流速和流量
	全压力 $p_全$	为静压和动压的总和
	全压关系式	$p_全 = p_静 + p_动$

注:表示热工测量压力方式如图 5-1 所示。

3. 气体的流速和流量

因水泥生产在粉磨、煅烧和冷却过程中,需要流体介入进行携带、传热和输送。因此,系统内气体的流速和流量是热工测量中常有的测定项目,也是水泥生产中重要的热工参数,成为生产人员了解本系统的操作运行状况和生产技术管理不可缺少的数据。气体流速值虽可用风速计量仪直接获取,但误差大,有的部位无法实施,生产现场广泛采用测定法。

（1）平均风速

风速是计算风量的原始数据,也是用来评价实际操作是否合理的一个重要数据。生产企业用"动压测速管"测出动压值,再进行平均风速计算,见表 5-4。

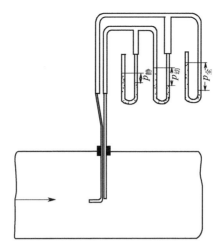

图 5-1　静压、动压和全压的测量方式示意

表 5-4　常用流体平均流速计算式

测速仪器	计　算　式	符号说明
动压式流量计(测速管——毕托管)	$\omega_{CP}=k_d\sqrt{\dfrac{2}{\rho_t}}\times\sqrt{\Delta p}$ $\omega'_{CP}=k_d\sqrt{\dfrac{2}{\rho_t+k_尘}}\times\sqrt{\Delta p}$ $\sqrt{\Delta p}=\dfrac{1}{n}(\sqrt{\Delta p_1}+\sqrt{\Delta p_2}+\cdots+\sqrt{\Delta p_n})$	ω_{CP}——管道中流体的平均流速，m/s k_d——毕托管校正系数，其数值由制造厂提供 C_0——孔板流量系数，其数值由实验测定 $\Delta p_1\sim\Delta p_n$——各测定点的动压，Pa，$n=1,2,3\cdots$ p'_1,p'_2——孔板前后流体的动压，Pa ρ_t——工作状态下被测气体的密度，kg/m³ ω'_{CP}——含尘风管内修正后风速，m/s $k_尘$——气体中含尘浓度，kg/m³
节流式流量计(孔板)	$\omega_{CP}=C_0\sqrt{\dfrac{2}{\rho_t}}\times\sqrt{\Delta p}$ $\Delta p=p'_1-p'_2$	

用测速管测量动压，其准确程度与测孔位置有很大关系。测孔开设位置应距上游有局部阻力处 4～7 倍管径长度，特殊情况也应≥3 倍管径；距下游长度应＞3 倍管径。

管道测点位置见表 5-5。

表 5-5　管道测点位置

表 5-5(1)　圆点测点位置计算

测点编号	圆环数 N/个											
	1	2	3	4	5	6	7	8	9	10	11	12
0	1.000	1.000	1.000	1.000	1.000	1.000	1.000	1.000	1.000	1.000	1.000	1.000
1	0.293	0.134	0.086	0.064	0.051	0.043	0.036	0.032	0.028	0.025	0.023	0.021
2	1.707	0.500	0.293	0.210	0.164	0.134	0.114	0.099	0.087	0.078	0.071	0.065
3	—	1.500	0.591	0.388	0.293	0.236	0.198	0.171	0.150	0.134	0.121	0.110
4		1.866	1.409	0.646	0.457	0.354	0.293	0.250	0.218	0.194	0.174	0.158
5		—	1.707	1.354	0.684	0.500	0.402	0.339	0.293	0.258	0.231	0.209
6			1.914	1.612	1.316	0.710	0.537	0.441	0.376	0.329	0.293	0.264
7			—	1.790	1.543	1.290	0.733	0.567	0.473	0.408	0.360	0.323

测点编号	圆环数 N/个											
	1	2	3	4	5	6	7	8	9	10	11	12
8				1.936	1.707	1.500	1.267	0.750	0.592	0.500	0.436	0.388
9				—	1.836	1.646	1.463	1.250	0.764	0.613	0.523	0.460
10				1.949	1.764	1.598	1.433	1.236	0.776	0.631	0.544	
11				—	1.866	1.707	1.559	1.408	1.224	0.787	0.646	
12				1.957	1.802	1.661	1.527	1.387	1.213	0.796		

表 5-5(2)　管道直径与等面积圆环数

管道直径 D/mm	300	400	600	800	1000	1200	1400	1600	1800	2000
等面积圆环数 N/个	3	4	5	6	7	8	9	10	11	12
管道直径数/个	1	1	2	2	2	2	2	2	2	2
测点总数	6	8	20	24	28	32	36	40	44	48

表 5-5(3)　矩形截面管道测点数的确定

管道截面边长/mm	≤500	500～1000	1000～1500	1500～2000	2000～2500	>2500
测点排数/个	3	4	5	5	7	8

　　测点的计算是很麻烦的，为使用方便，将已计算好的测点离管壁距离列于表 5-5(1)，使用时，在确定圆环数后查表并将表中数乘以管道半径，即为管壁至测点的距离。举例如下：

　　例：某内径 D 为 300mm 的风管，求管壁至各测点距离 L。首先确定同心圆环数。查表 5-5(2)，直径 300mm，$N=3$，然后用表 5-5(1) 进行计算，见下表。

测　　　点	1	2	3	4	5	6
系数 K	0.086	0.293	0.591	1.409	1.707	1.914
距离 L/mm	13	44	88.6	211.4	256	287
计算式	$L=RK$，$R=D/2$					

（2）管道内风量

用流量计或微压计分别测出管道内流量或动压值，按表 5-6 进行风量计算。

表 5-6　不同测量仪器的风量算式

测量仪器		流　量　计	微　压　计
测量项目		流量计读数 $V_{计}$（m^3）	测点动压 Δp，按表计算出 ω_{CP}
计算式	湿流（风）量	$V_{计}$（m^3）	$Q=3600F\omega_{CP}$　（m^3/h）
	标况湿流量	$V_N=V_{计}\dfrac{273}{273+t_{计}}\times\dfrac{p_d+p}{101325}$（$m^3$）	$Q_N=Q\times\dfrac{273}{273+t}\times\dfrac{p_d+p}{101325}$　（m^3/h）
	标况干流量	$V_{Nd}=\dfrac{V_N-V_w}{1+\phi_1}=\dfrac{V_N(1-X_{sw})}{1+\phi_1}$　（$m^3_干$）	$Q_{Nd}(1-X_{sw})$　（$m^3_干/h$）
符号说明		ϕ_1——漏风系数；X_{sw}——烟气含湿量（体积比），用小数表示；p，p_d——当地大气压和测点静压，Pa；t——测点温度，℃；ω_{CP}——平均流速，m/s	

【计算示例 5-1】

某厂为了解生产系统的风量情况，对通风管道进行测定，其测定记录数据如下表。

测 点		1	2	3	4	5	6	7	8	中心	平均
动压	/mmH₂O	80	79	78	72	79	78	75	72		
	/Pa	785	775	765	706	775	765	736	706		
静压	/mmH₂O	218	221	222	220	220	223	223	220	222	221
	/Pa	2139	2168	2178	2158	2158	2188	2188	2158	2178	2168

注：若测点所用的测定仪器读数单位是 mmH₂O 需要换算成 Pa，$1mmH_2O = 9.81Pa$；此外，在测定时要注意所测的值，如果发现有差值过大的可疑值时，应当即重测。

其他数据：气流温度 61℃；管道直径 400mm；气体标况密度 1.293kg/m³；当地大气压 99325Pa。求此风管通过的风量是多少？

解：$\sqrt{\Delta p_{CP}} = \dfrac{1}{n}(\sqrt{\Delta p_1} + \sqrt{\Delta p_2} + \cdots + \sqrt{\Delta p_n})$

$\quad = \dfrac{1}{8}(\sqrt{785} + \sqrt{775} + \sqrt{765} + \sqrt{706} + \sqrt{775} + \sqrt{765} + \sqrt{736} + \sqrt{706})$

$\quad = 27.41$

气体工况密度 $\rho_t = 1.293 \times (99325 + 2168) \div 101325 \times 273 \div (273 + 61)$

$\quad\quad\quad = 1.0586 (kg/m^3)$

工况风速 $\omega_t = \sqrt{\dfrac{2}{\rho_t}} \times \sqrt{\Delta p_{CP}} = \sqrt{\dfrac{2}{1.058}} \times 27.41 = 37.69$ （m/s）

标况风速 $\omega_0 = 37.69 \times 273 \div (273 + 61) \times (99325 + 2168) \div 101325 = 30.86$(m/s)

工况风量 $V_t = 37.69 \times 0.785 \times 0.40^2 \times 3600 = 17042$（m³/h）

标况风量 $V_0 = 30.86 \times 0.785 \times 0.40^2 \times 3600 = 13954$（m³/h）

（3）漏风

从设备不严密处漏入的风量，无法直接测定，但可通过测定进出系统的气体成分或气体量，推导出漏风量。

① 计算通式　漏风量计算式见表 5-7。

表 5-7　漏风量算式

方　　法	算　　式	说　　明
风量平衡法	$V_{LOK} = V_2 - V_1 - V$ （m³/h）	V_1, V_2——进出系统风量测定值，m³/h
过剩空气系数法	$V_{LOK} = V_k^l(\alpha_2 - \alpha_1) G_煤$ （m³/h）	V——系统中物料发生物理化学变化产生气体量 V_k^l——燃料燃烧理论空气量，m³/kg煤
O₂、CO₂ 平衡法	$V_{LOK} = \dfrac{1}{2}(\varphi_{CO_2} + \varphi_{O_2})V$ （m³/h）	α_1, α_2——进出系统的过剩空气系数(用测定的气体成分) $G_煤$——燃料用量，kg_r/h
	$\varphi_{CO_2} = \dfrac{CO_2' - CO_2''}{CO_2'} \quad \varphi_{O_2} = \dfrac{O_2' - O_2''}{21 - O_2''}$	V_g——进系统干烟气体积，m³干/h φ_1——漏风系数，φ 值可用 O₂、CO₂ 成分计算(进出系统
漏风系数法	$V_{LOK} = \phi_1 V_g$ （m³/h）	烟气成分 O₂'、CO₂' 和 O₂''、CO₂'')或取经验统计值

注：计算漏风量一般采用"过剩空气法"和"气体分析法"，窑系统漏风用风量平衡法。

② 窑头漏风　用风量平衡法，即窑头漏风量为窑用燃料燃烧实际空气需要量，扣去进窑的一次风和二次风量。

$$V_{LOK} = V_K^S - (V_{Y1K} + V_{Y2K})$$

式中 V_{LOK}——窑头漏风量，m^3/h；

　　　　V_K^S——窑用燃料燃烧实际需要空气量（按燃料元素成分分析测定值计算），m^3/h；

V_{Y1K}，V_{Y2K}——窑一次风和二次风量（测定量），m^3/h。

③ 磨机系统漏风　除用风量平衡外，也可用 O_2、CO_2 平衡法，计算各进出口点的漏风系数，在测得出磨气体量后，便可求出各处漏风量。

【计算示例 5-2】

已知出磨气体量 $Q_m = 5000 m^3/h$ 和气体成分分析如下表，求：粉磨系统漏风系数及漏风量。

气体成分	磨进口	磨出口	出收尘器
$O_2/\%$	8.2	10.0	12.8
$CO_2/\%$	19.7	17.2	12.3

解：

系　　统	漏风系数/%	漏风量/(m^3/h)
磨头——磨尾（磨本体）	$\phi_m(O_2) = \dfrac{10.0-8.2}{21.0-10.0} \times 100\% = 16.4$ $\phi_m(CO_2) = \dfrac{19.7-17.2}{17.2} \times 100\% = 14.5$ $\phi_m = \dfrac{1}{2}(16.4+14.5) = 15.4$ 因已知出磨风量为出该系统的风量，故漏风系数为 $\phi = \dfrac{\phi_m}{1+\phi_m} = \dfrac{0.154}{1.154} \times 100\% = 13.34$	$V'_{LOK} = \phi Q_m$ $= 0.1334 \times 5000$ $= 667$
磨尾——出收尘器	$\phi_c(O_2) = \dfrac{12.8-10.0}{12.0-12.8} \times 100\% = 34.5$ $\phi_c(CO_2) = \dfrac{17.2-12.3}{12.3} \times 100\% = 39.84$ $\phi_c = \dfrac{1}{2}(34.5+39.84) = 37.00$	$V''_{LOK} = \phi_c Q_m$ $= 0.37 \times 5000$ $= 1850$
磨头——出收尘器	$\phi_d(O_2) = \dfrac{12.8-8.2}{21.0-12.8} \times 100\% = 56.9$ $\phi_d(CO_2) = \dfrac{19.2-12.3}{12.3} \times 100\% = 60.16$ $\phi_d = \dfrac{1}{2}(56.06+60.16) = 58.13$	$V_{LOK} = V'_{LOK} + V''_{LOK}$ $= 667 + 1850 = 2517$

计算结果：磨头至磨尾（磨本体）的漏风系数为 13.34%，漏风量为 $667 m^3/h$；

　　　　　磨尾至出收尘罩的漏风系数为 34.5%，漏风量为 $1850 m^3/h$；

　　　　　磨头至出收尘罩的漏风系数为 58.13%，漏风量为 $2517 m^3/h$。

4. 比热容

比热容是指在无相变和化学变化过程中，单位质量或体积的某种物质在温度升高 1K（或 1℃）时吸收的热量，或温度降低 1K（或 1℃）时，所放出的热量。根据物质的不同形态，其计算单位为 kJ/（kg·K）或 kJ/（kg·℃）或 kJ/(m^3·K）或 kJ/(m^3·℃）。

物质的比热容在热平衡计算中列为引用的计算参数之一。生产上使用的空气、烟气或物料，均为混合气体或混合料。而资料提供单质成分或物料的比热容，所以需要采用加权平均法进行综合平均处理，权重为物质质量分数或体积分数。

$$c_f = \frac{\sum\limits_{i=1}^{n} c_i G_i}{\sum\limits_{i=1}^{n} G_i} \tag{5-1}$$

式中　c_f——综合平均物质比热容，$kJ/(kg \cdot K)$ [或 $kJ/(m^3 \cdot ℃)$] 或 $kJ/kg \cdot K$ [或 $kJ/(m^3 \cdot ℃)$]；

c_i——各单一物质的比热容，$kJ/(kg \cdot K)$ [或 $kJ/(kg \cdot ℃)$] 或 $kJ/m^3 \cdot ℃$ [或 $kJ/(m^3 \cdot ℃)$]；

G_i——各单一物质的量，% （质量分数或体积分数）。

二、气体技术参数

1. 气体密度

气体密度是指每立方米气体的质量，是气体的基本物理参数。气体密度与气体组分、温度、湿度和压力有关。按所处状态分为工况、标况；按计算基准分为干气体和湿气体；按组分分为单一成分密度和混合气体（包括烟气）密度。

部分气体标况密度和相对分子量见表 5-8 或见附录四，气体密度见表 5-9。

表 5-8　部分气体标况密度和相对分子质量

名　　称	空气	氧	氢	氮	一氧化碳	二氧化碳	二氧化硫	一氧化氮	氧化二氮	水蒸气
分子式		O_2	H_2	N_2	CO	CO_2	SO_2	NO	N_2O	H_2O
相对分子质量	29	32	2	28	28	44	64	30	44	18
标况密度/(kg/m^3)	1.2922	1.4276	0.08994	1.2499	1.2495	1.9634	2.8581	1.3388	1.9637	0.804

注：当生产线处于高海拔区域时，气体标况密度需修正。

表 5-9　气体密度算式

项目	算式	符号说明
单一气体	$\rho_0 = \dfrac{M}{22.414 \times 10^{-3}}$ $\rho_0 = \dfrac{371}{R}$ $\rho_H = \rho_0(1 - 0.02257H)^{4.256}$	ρ_0, ρ_H——气体在海平面和海拔高度 H 处的气体标况密度，kg/m^3_N M——气体相对分子质量，见表 5-8 或附录四 R——气体的基本常数，见附录四 H——海拔高度，km
混合气体	$\rho_混 = \dfrac{\sum\limits_{i=1}^{n} \rho_i V_i}{\sum\limits_{i=1}^{n} V_i} = \sum\limits_{i=1}^{n} \rho_i V_i$	$\rho_混$——混合气体标况平均密度，kg/m^3 ρ_i——混合气体中某一种气体的标况密度，kg/m^3 ρ_t, ρ_{st}——干气体和湿气体工况下密度，kg/m^3
工况密度	干气体 $\rho_t = \rho_0 \times \dfrac{p_d + p}{101325} \times \dfrac{273}{273 + t}$ 湿气体 $\rho_{st} = \dfrac{1 + X}{\dfrac{1}{\rho_0} + \dfrac{X}{0.804}}$	V_i——混合气体中某一种气体所占的百分数（体积分数），% p, p_d——当地大气压和气体工况静压，Pa t——气体温度，℃ X——湿气体的含湿量，$kg/m^3_干$

注：湿气体密度等于 $1m^3$ 湿气体中干气体与水蒸气质量之和。

【计算示例 5-3】

已知出辊式磨干烟气的组成分析：CO_2 26.8%、O_2 5.4%、CO 0.1%、N_2 67.7%，试计算该干烟气的平均标况密度是多少？

解：根据已知条件列表如下。

烟气成分	CO_2	O_2	CO	N_2
C_1 出口气体(体积分数)/%	26.8	5.4	0.1	67.7
气体标况密度 ρ/(kg/m³)	1.9634	1.4276	1.2495	1.2499

$$\rho_{Ndcp} = \frac{\sum(\rho_i V_i)}{100}$$
$$= (1.9634 \times 26.8 + 1.4276 \times 5.4 + 1.2495 \times 0.1 + 1.2499 \times 67.7)/100$$
$$= 1.4507 (kg/m^3)$$

2. 气体湿度

（1）定义式

水泥生产使用的原、燃材料中，含有物理水和结晶水，在烘干、粉磨、燃烧和煅烧过程中被蒸发，增加排出废气中水蒸气含量，提高气体露点温度，控制不当会影响后续收尘设备运转。尤其是用窑烟气作为干燥介质，烟气湿含量过高，干燥作业无法进行。因此，要对排出气体的湿度进行计算。气体湿度是指湿气体（空气或烟气）中所含水蒸气的量。气体的湿度可用单位体积或单位质量为基准，用"绝对湿度"、"相对湿度"、"含湿量"和"体积分数"表示。烟气中水蒸气含量（含湿量）可通过生产过程中所蒸发水汽量计算或通过测定求得。气体湿度算式见表 5-10。

表 5-10　气体湿度算式

项　目		计　算　式	符　号　说　明
绝对湿度	定义式	绝对湿度指单位体积湿气体中含有水蒸气质量；达到饱和时的绝对湿度称为饱和绝对湿度	ρ_w——绝对湿度,kg_w/m^3 ρ_v——饱和绝对湿度,kg_w/m^3 p_w——空气或湿烟气中水蒸气分压,Pa p_v——空气或湿烟气中饱和水蒸气分压,Pa
	算式	$\rho_w = \dfrac{p_w}{R_w T}$ $\rho_v = \dfrac{p_v}{R_w T}$	
含湿量	定义式	干基含湿量 d——1kg 干气体中所含水蒸气质量	R_w——水蒸气气体常数,J/(kg·K) T——湿气体温度,K d——干基气体含湿量,kg_w/kg_d d_{Nd}——1 标准干气体所含水蒸气质量,kg_w/m^3 m_w,m_d——气体中水蒸气和干气体质量,kg。
	算式	$d = \dfrac{m_w}{m_d} = \dfrac{\rho_w}{\rho_d}$ $d = \dfrac{R_d}{R_w} \times \dfrac{p_w}{p_j - p_w} = \dfrac{R_d}{461.4} \times \dfrac{\varphi p_v}{p_j - \varphi p_v}$ $d_{Nd} = \dfrac{0.804}{\rho_d} \times \dfrac{\varphi p_v}{p_j - \varphi p_v}$	通常通过测定烟气中冷凝水的量 获得烟气中水蒸气的含量
相对湿度	定义式	表示气体在同温度、总压力下,气体绝对湿度占饱和湿度的百分比	ρ_d——湿气体中干气体标况密度,kg/m^3 φ——气体的相对湿度,% p_j——湿气体总压(绝对压力),Pa
	算式	$\varphi = \dfrac{\rho_w}{\rho_v} \times 100\% = \dfrac{p_w}{p_v} \times 100\%$	

续表

项　　目		计　算　式	符　号　说　明
体积比	定义式算式	湿气体中水蒸气体积占气体体积的百分数 $r_W = \dfrac{V_W}{V} \times 100\% = \dfrac{\dfrac{1}{0.804}}{\dfrac{1}{\rho_{Nd}} + \dfrac{d}{0.804}} \times 100\%$	r_W——水蒸气在气体中所占的体积百分比，% V_W，V——气体中水蒸气和干气体标况体积，m_N^3 0.804——水蒸气的标况密度，kg/m_N^3 ρ_{Nd}——标干气体密度，kg/m_N^3。对空气而言，$\rho_{Nd}=1.293kg/m_N^3$，对气体 ρ_{Nd} 应取混合气体的标况密度

　　气体湿度主要的三种表达方式都代表气体中水蒸气含量的多少，可用于不同场合。在实测气体中水蒸气的含量时，用绝对湿度表示较为方便；在进行干燥计算时，用干基含湿量表示湿度，能使计算简便；当要说明气体的干燥能力时，用相对湿度概念比较清楚。

【计算示例 5-4】

　　烟气组成同【计算示例 5-3】，当地大气压为 $p=99.3kPa$、测点静压 $p_d=-0.30kPa$、烟气温度 $t=80℃$、出辊式磨标况干烟气量 $Q=250000m^3/h$、烟气相对湿度为 20% 时，问烟气的含湿量 d 和气体的工况风量各是多少？

　　解：（1）烟气含湿量

$$d_{Nd} = \frac{0.804}{\rho_d} \times \frac{\varphi p_V}{p_j - \varphi p_V} = \frac{0.804}{1.4507} \times \frac{0.20 \times 47.382}{96.3 - 0.20 \times 47.382} = 0.06049 (kg/kg_d)$$

式中　ρ_d——烟气在标况下的平均密度，见【计算示例 5-3】，ρ_{cp} 为 $1.4507kg/m^3$；

　　　　p_j——烟气总压（绝对压力），$p_j = p + p_d = 99.3 - 0.30 = 96.3$（kPa）；

　　　　p_V——在烟气温度 $t=80℃$ 下饱和水蒸气压力，$p_V = 47.382kPa$。

　　（2）气体工况风量 Q

$$Q = Q_{Nd} \times \frac{p_N}{T_N} \times \frac{T}{p - \varphi p_V} = Q_{Nd} \times \frac{101.325}{273} \times \frac{273+t}{p_j - \varphi p_V}$$

$$= \frac{0.371 \times 250000 \times (273+80)}{(96.3 - 0.20 \times 47.2823)} = 377095 (m^3/h)$$

　　（2）冷凝法

　　冷凝法（也称吸湿法）是利用吸湿剂和抽气泵将被测气体中的水汽抽吸并冷凝，称其质量，然后用式计算出该气体中含湿量。

$$d = \frac{W}{\rho_d \left[V_C \times \dfrac{273}{273+t} \times (p + p_d) \right]} \tag{5-2}$$

式中　d——干基气体含湿量，kg_W/kg_d；

　　　　W——测量值，指被吸收的水量，kg；

　　　　V_C——抽取的干烟气体积，m^3。

　　其余符号 ρ_d、p、p_d 的物理含义同上。

　　（3）查算法

　　通过测量干湿球温度和检测气体的成分，而后进行计算和查相应参数表，得到含湿量、相对湿度、水汽占烟气的百分数等。

查算步骤：①测量当地大气压 p；②测定干湿球温度 t、t_W；③检测烟气成分，计算出烟气密度；④根据相关资料分别查得干烟气和湿烟气的饱和水蒸气分压（$p_{饱和干}$、$p_{饱和湿}$）；⑤根据干湿球温度差和 $p_{饱和干}$，采用表 5-10 计算出气体含湿量；⑥用表 5-10 计算出水汽占烟气的体积百分数 γ_W。

（4）查图法

根据气体的含湿量和温度，从 H-d 图或图 5-2 可得到气体的相对湿度 φ 值。具体操作见后面查图法介绍。

（5）查表法

通过测量干湿球温度和采用"干湿球温度差的相对湿度查算表"方法，查算出该气体的相对湿度 φ。查算步骤：①测量当地大气压 p；②测量干湿球温度计球部风速，然后根据风速，用表 5-11 查出对应的干湿表系数 A。若无风速测量值，水泥行业一般取 0.00067；③分别读出干和湿球温度值，并求出干湿温度差 $\Delta t = t - t_W$；④根据 A 值选择对应的相对湿度（可查相关资料），用干球温度 t 和干湿温度差 Δt，查算出该气体的相对湿度 φ。

表 5-11　干湿球温度计测量时球部风速的干湿表系数 A　　　　　单位：℃$^{-1}$

v/(m/s)	0.10~0.11	0.11~0.14	0.14~0.16	0.16~0.18	0.18~0.22	0.22~0.27	0.27~0.35
A 值	0.00117	0.00110	0.001040	0.000996	0.000951	0.000905	0.000857
v/(m/s)	0.35~0.43	0.43~0.50	0.50~0.80	0.80~1.20	1.20~2.30	2.30~4.00	≥4.00
A 值	0.000815	0.000794	0.000759	0.000725	0.000693	0.000667	0.000662

【计算示例 5-5】

已知干球温度 $t = 40℃$，湿球温度 $t_W = 22℃$，$p = 100$kPa，$v = 4$m/s。求该气体的相对湿度 φ。

解：根据风速 4.0m/s 先查表 5-11 干湿表参数 $A = 0.000667℃^{-1}$，在干球温度 $= 40℃$、干湿球温度差 $\Delta t = t - t_W = 40 - 22 = 18℃$、$p = 100$kPa 条件下，经查相关资料得到 $\varphi = 19.6\%$。

3. 气体含尘浓度

在水泥生产中，气固体双相流是普遍存在的，通常用单位气体（空气或烟气）体积中所携带的粉尘量即"含尘浓度"表示。测量管道内气体中粉尘量企业工艺和环保上采用的方法，是利用抽气设备，经过滤器把尘粒收下称量，再根据气体流量进行计算。

"含尘浓度"是指单位干气体体积中所包含的粉尘质量。若由流量计读出的气体为湿气体量，则要进行风量换算工序才能计算出干气体状态下的"含尘浓度"。

含尘浓度按气体状态分为标况和工况下的"含尘浓度"，按不同测试手段计算含尘浓度的算式见表 5-12。

表 5-12　按不同测试手段计算含尘浓度的算式

测 试 仪	流　量　计		风 量 换 算
标况含尘浓度	容积式流量计	$C_{0干} = \dfrac{G_f}{V_{0干}}$	$V_0 = V_{工} \times \dfrac{273}{273 + t_{工}} \times \dfrac{p + p_{工}}{101325}$
	按抽取时间计	$C_{0干} = \dfrac{G_f \times 60}{V'_{0干} \tau}$	$V_{0干} = \dfrac{G_f}{V'_{0干} \tau} \times V_{0干}$ $= V_{干} \times \dfrac{273}{273 + t_{工}} \times \dfrac{p + p_{工}}{101325}$

测 试 仪	流 量 计		风 量 换 算
工况含尘浓度	容积式流量计	$C_t=\dfrac{G_f}{V_{0干}\dfrac{273+t_烟}{273}}$	考虑水蒸气和漏风 $\quad V_{0干}=\dfrac{V_0-V_d}{1+\phi}$
	按抽取时间计	$C_t=\dfrac{G_f\times60}{V'_干\dfrac{273+t_烟}{273}t}$	$V_d=\dfrac{V_0\times1.293\times\dfrac{d}{1+d}}{0.804}$
符号说明	$C_{0干}$ 为标准干状态含尘量,g/m^3;G_f 为测定的总收尘量,g;$V_{0干}$ 为标准状况干气体量,m^3/s;$V_计$ 为流量计读数,m^3;$V'_{0干}$ 为按抽取时间计的干气体风量,m^3/min 或 m^3/s;τ 为抽取时间,min 或 s;$t_烟$ 为烟气温度,℃;$V_干$ 为干气体流量读数,m^3/s;$t_计$ 为流量计温度,℃;$p,p_计$ 为当地大气压和流量计压力,Pa;d 为气体中含湿量,$kg_{水蒸气}/kg_{干气}$;ϕ 为测量系统的漏风系数,%;C_t 为工况下干气体含尘浓度,g/m^3;V_0 为通过流量计的标准状况气体体积,m^3;V_d 为通过流量计的气体体积,m^3		

4. 湿气体露点

保持湿气体的含湿量不变,将其冷却到饱和状态时的温度称为露点。露点分水露点和酸露点。水露点是由气体中含有水汽引起的;酸露点是由气体中含 SO_3 引起的。酸露点比水露点高,因此在使用高硫煤和高硫原料时,应注意磨机出口的气体温度控制。

求露点方式有查图法（H-d 焓湿图）、测查法（干湿球温度）和计算法（水蒸气分压）。求露点前先需要测算湿气体的含湿量和相对湿度。

（1）水露点

气体的水露点 t_d 是指气体中水蒸气压力达到该温度下的饱和压力。此时气体中的饱和含水量 $d_饱$ 计算式见式(5-4)。露点高低与气体成分、含湿量有关,可采取计算法和查图法。下面简要介绍用气体含湿量求露点的方法。虽然这些查算表都是以空气基为数据,但这种近似值用于在水泥生产中,其准确度基本上可满足要求。

① 近似计算法

$$t_d=\frac{3816.44}{23.1963-\ln p_V}+46.13-273.15 \tag{5-3}$$

式中　t_d——露点温度,℃;

　　　p_V——在给定温度下的饱和水蒸气压,Pa;

　　　当湿气体中水蒸气分压 $p_S=p_V$ 时的温度即为露点温度。

$$p_V=\frac{dp_j}{x+d} \tag{5-4}$$

式中　d——湿气体的含湿量,$g_W/kg_气$,此值可从干湿球温度及其差值查有关资料求得;

　　　p_j——湿气体总压,Pa;

　　　x——湿气体中水蒸气物质的量与干气体物质的量的比值,对空气而言,$x=0.622$。对气体必须按烟气成分进行计算。

② 测查法　利用所测气体的干球温度（t）和湿球温度（t_W）,计算其干湿球温差（Δt）,用 t 和 Δt 查有关资料,得到相对湿度值（φ）,然后根据 φ 值和 t,查相关资料便可得到该湿气体的露点温度 t_d。

③ 查图法

  a. H-d 图 知道任意两项表示湿气体性质的独立气体参数，便可利用湿空气含湿量和湿空气热焓（即 H-d 图）来定出一个点，表示该湿气体所处的状态，由此点查出气体其他各项参数。如根据干球温度（t）和湿球温度（t_W），用 H-d 图（图5-2）便可得到露点温度（t_d）。查用方法：如图5-3所示，在 t_W 与相对湿度100%（$\phi = 1.0$）交点 B 处，引一条线平行于绝热等焓线，与 t 相交于 A 点，从交点 A 向下沿等湿线垂线至相对湿度100%线上于 O 点，其交点 O 所指示的温度就是露点温度（t_d）。

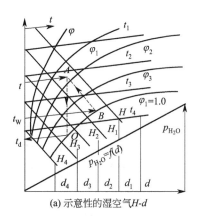

(a) 示意性的湿空气 H-d

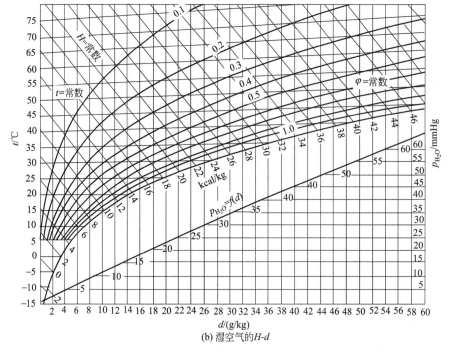

(b) 湿空气的 H-d

图 5-2 湿空气的焓湿

1mmHg=133.32Pa；1kcal=4.18kJ

  b. 空气相对湿含量（图5-3） 用相对湿度值，在横坐标上向上延伸与空气温度 t（斜线）相交，将其交点水平向右与相对湿度100%的纵坐标相交。从该点反查温度值即为空气露点。

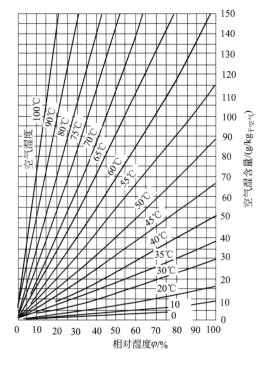

图 5-3　空气含湿量和相对湿度关系

【计算示例 5-6】

如相对湿度为 35％、空气温度为 40℃时，先从 35％向上与 40℃温度斜线相交于 O 点，然后水平连线与 100％相交，查此处温度约为 20℃，即为 t_d（用目测估计有误差）。或用相对湿度和干球温度查相关资料，得到露点温度 $t_d＝21.6℃$。

（2）酸露点

原燃材料中硫分含量在窑炉内燃烧后生成 SO_2 及微量的 SO_3，随烟气流动中形成酸蒸气于低温处冷凝，此温度称为酸露点，系统中有钙质成分能吸收硫化物气体，而降低酸露点。

① 近似计算法　根据《中国水泥》[2010，（12）：76]"国际水泥工程技术方案优化与指标确定"一文介绍的酸露点 T_d 计算式：

$$T_d=\frac{1000}{\left[1.7842+0.0269\lg\left(\frac{p}{1000}\right)-0.1029\lg\left(\frac{p_{SO_2}}{1000}\right)+0.0329\lg\left(\frac{p_{SO_2}}{1000}\right)\times\lg\left(\frac{p}{1000}\right)\right]}-273$$

(5-5)

式中　T_d——酸露点，℃；

p，p_{SO_2}——水蒸气分压和 SO_2 分压，Pa。

② 查图法　酸露点与 SO_3 浓度有关，按 SO_3 含量查图 5-4 求得。

根据《新世纪水泥导报》[2008，（2）：2]"预分解余热发电系统配置的合理性探讨及技术方案"一文介绍，气体中 SO_3 体积含量与气体酸露点关系数据见表 5-13。

表 5-13　SO₃ 体积含量与气体酸露点关系　　　　　　单位：℃

SO₃ 含量(体积分数)/%		0.008	0.004	0.000
排气中水分含量/%	15	159	153	59.7
	10	152	146	52.5
	5	142	136	40.4

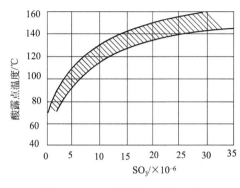

图 5-4　SO₃ 浓度与酸露点温度

（3）掌握"露点"在生产上应用

① 作为控制出磨、出烘干机和入除尘器最低废气温度依据　在水泥生产过程中，原燃材料带入的水分和硫分，经煅烧、燃烧和烘干，以及粉磨时磨内高温，将以水蒸气和二氧化硫带入废气中，使除尘系统要处理的废气露点升高。为防止系统出现结露，生产中控制湿气体出烘干制备系统的温度要比露点温度高 10～25℃ 以上。水露点温度与废气的成分及含水率有关，水泥生产系统露点一般数据见表 5-14。若控制温度低于露点时出现冷凝，则会造成积灰或腐蚀，所以操作者会计算生产管区的露点是非常必要的。

表 5-14　水泥企业主要设备排出废气的露点参考数据

设备名称	出预热器	窑/磨一体机	回转烘干机			生料烘干磨	煤磨		水泥磨
			石灰石	黏土	矿渣		钢球磨	辊式磨	
水分/%	6～8		约 14.5	20～25	20～25	约 10	8～15	8～15	约 3
露点/℃	35～40	>47	50～55	50～60	50～60	约 45	40～50	40～50	约 25

② 控制增湿塔喷水量　为提高干法水泥窑窑尾电收尘器的收尘效率，降低废气的比电阻，使其具有良好的收尘性能，可采用烟气增湿。其喷水量的原则是使烟气的露点达到 50℃ 以上，温度降到 150℃ 以下。为使电除尘器具有良好的除尘性能，水泥企业的经验统计数据，即增湿塔所需喷水量为 0.18～0.20kg/t_{sh}；或每立方米废气降低 1℃ 约需要 0.5kg 水。

三、工艺热平衡

工艺热平衡计算包括物料衡算、热量衡算和设备选型计算。企业的生产工艺设备已确定，为提高热工设备的热效率，在生产领域主要通过对单体设备运行状况的测定和热平衡计算，确定其合适的料流量和热流量。

1. 物料衡算

物料衡算是以质量守恒定律为基础对物料平衡进行计算。物料平衡表有三种类型：全厂物料平衡表（由设计部门提供，见设计说明书）；全厂生产物料平衡表（由企业生产计划部门制作）；热工设备生产流水线系统的设备物料平衡表（供生产技术测定热平衡计算时服务，见表 5-15）。

表 5-15　窑、磨系统热工设备物料平衡项目

收入项目	支出项目	收入项目	支出项目	收入项目	支出项目
窑＋预热器＋分解炉＋冷却机		窑＋冷却机		生料烘干磨	
燃料消耗量	出冷却机熟料量	干生料量	出冷却机熟料	干物料量	排出废气量
入预热器生料量	预热器出口飞灰量	生料中物理水	窑尾废气	物料带入水分	废气带走粉尘量
入窑回灰量	预热器出口废气量	入窑煤粉量	入煤磨风	系统漏入风量	出磨干物料量
一次空气量	冷却机排出空气量	一次风量	出窑飞灰	入机热风量	出磨物料带出水分
入冷却机冷空气量	冷却机出口飞灰量	入冷却机空气量	出冷却机废气	热风带入粉尘量	
生料带入的空气量	煤磨从系统抽出热空气量	入窑回灰量	出冷却机飞灰		
系统漏入空气量	余热锅炉抽走风量	系统漏入空气量			
	其他支出		其他支出		其他支出
合计	合计	合计	合计	合计	合计

2. 热量衡算

热量衡算是能量衡算中的一种，是以能量守恒定律为基础，即在稳定条件下，进入系统的能量必然等于离开该系统能量和损失能量之和。

预分解窑热平衡计算公式，见 GB/T 26281—2010《水泥回转窑热平衡、热效率、综合能耗计算方法》。其他热工设备的热平衡计算公式分别见表 5-16～表 5-20。

表 5-16　回转烘干机热平衡计算式

基准：0℃、1h。平衡范围：烘干机进出口（以进机干烘干物料计）

计算项目		计算公式	符　号　说　明
热收入 /(kJ/h)	湿物料带入热量 Q_1	$Q_1 = G_d\left(c_d + \dfrac{W_1}{1-W_1} \times c_w\right)T_1$	G_d——进烘干机的干物料量，kg/h W_1——进烘干机的物料水分，% c_d——干物料的比热容，kJ/(kg·℃) c_w——水的比热容，kJ/(kg·℃) T_1——进烘干机的物料温度，℃
	热烟气带入热量 Q_2	$Q_2 = G_1 c_2 T_2$	G_1——进烘干机热烟气量（标准状况），m^3/h T_2——热烟气温度，℃ c_2——热烟气的平均比热容，kJ/(kg·℃)
热支出 /(kJ/h)	蒸发与加热水分耗热量 Q_1'	$Q_1' = G_w(2490+1.88T_4)$ $G_w = G_d\left(\dfrac{W_1}{100-W_1} - \dfrac{W_2}{100-W_2}\right)$	W_1、W_2——进出烘干机的物料水分，% T_4——出烘干机的废气温度，℃ G_w——烘干机每小时蒸发水分，kg/h
	出机物料带走热量 Q_2'	$Q_2' = G_d\left(c_d + \dfrac{W_2}{1-W_2} \times c_w\right)T_3$	T_3——出烘干机的物料温度，℃ c_w——水的比热容，kJ/(kg·℃)，一般 c_w 取 4.185kJ/(kg·℃)
	废气带走热量 Q_3'	$Q_3' = G_f c_4 T_4$	c_4——出烘干机的废气比热容，kJ/(kg·℃) T_4——出烘干机的废气温度，℃
	烘干机筒体散热 Q_4'	$Q_4' = \alpha F(T_b - T_a)$ $F = 1.15\pi DL$	α——烘干机内气流与物料的传热系数，kJ/(m^2·h·℃) F——烘干机筒体散热表面积，m^2 D、L——烘干机筒体直径和长度，m T_b、T_a——筒体表面和环境温度，℃
	粉尘带走热量 Q_5'	$Q_5' = G_f c_f T_4$	G_f——粉尘排放量，kg/h c_f——粉尘的比热容，kJ/(kg·℃)

表 5-17 生料烘干磨热平衡计算式

基准：0℃、1h。平衡范围：烘干磨进出口（以进机干烘干物料计）

计算项目		计 算 公 式	符 号 说 明
热收入/(kJ/h)	入磨热风带入热量	$Q_1 = L c_1 T_1$	L——入磨热风量(标准状况)，m^3/h c_1——入磨热风在 T_1 温度下的平均比热容，$kJ/(m^3 \cdot ℃)$ T_1——入磨热风温度，℃
	粉磨作业产生热量	$Q_2 = 3599 k N_0$	k——研磨能转换成热能的系数，烘干磨 $k=0.85$ N_0——磨机需用功率，kW
	磨机漏风带入热量	尾卸磨：$Q_3=(k_1+k_2)L c_N T_N$ 中卸磨：$Q_3=(2k_1+k_2)L c_N T_N$	k_1、k_2——磨机进料端漏风系数，以小数表示 c_N——环境空气的平均比热容，$kJ/(m^3 \cdot ℃)$ T_N——环境空气温度，℃
	湿物料带入热量	$Q_4 = G_2 T_2 \left(c_2 + c_w \times \dfrac{W_1-W_2}{100-W_1} \right)$	G_2——粉磨系统的干物料产量，kg/h c_2——干物料在 T_2 温度下的平均比热容，$kJ/(kg \cdot ℃)$ T_2——入磨物料的平均温度，℃
	回磨物料带入热量	$Q_5 = G_3 T_3 \left(c_3 + c_w \times \dfrac{W_3-W_2}{100-W_3} \right)$	G_3——粗粉回磨量，kg/h c_3——回料的比热容，$kJ/(kg \cdot ℃)$ T_3——回料的温度，℃
	热风中粉尘带入热量	$Q_6 = m_f c_1 T_1$	m_f——带入系统的粉尘量，kg/h c_1——粉尘平均比热容，$kJ/(kg \cdot ℃)$
热支出/(kJ/h)	水蒸发耗热量	$Q_1' = G_w(2490+1.883T_2-4.185T_2)$ $G_w = \dfrac{G_2(W_1-W_2)}{100-W_1} + \dfrac{G_3(W_3-W_2)}{100-W_2}$	G_w——蒸发水量，kg/h W_1、W_2、W_3——入磨、出磨、回料的水分，%
	废气带走热量	尾卸磨：$Q_2'=(1+k_1+k_2)L c_4 T_4$ 中卸磨：$Q_2'=(1+2k_1+k_2)L c_4 T_4$	c_4——出磨气体的比热容，$kJ/(m^3 \cdot ℃)$ T_4——出磨气体的温度，℃
	加热物料耗热量	$Q_3' = G_2 \times \dfrac{100-W_4}{100} \times \left(c_2 + \dfrac{4.185W_4}{100-W_4} \right)$ $(T_2-T_4)+G_3 \times \dfrac{100-W_4}{100} \times$ $\left(c_2 + \dfrac{4.185W_4}{100-W_4} \right)(T_3-T_4)$	c_2——干物料的比热容，$kJ/(kg \cdot ℃)$ W_4——细粉产品物料的水分，% T_2、T_3、T_4——入磨、回料物料温度和出磨气体的温度，℃
	筒体散热损失	$Q_4' = \alpha F(T_b-T_a)$ $F = pDL + pD^2/2$	T_b、T_a——筒体和环境的温度，℃ α——筒体的散热系数，$kJ/(m^2 \cdot ℃)$ F——筒体的散热面积，m^2
	粉尘带走热量	$Q_5' = m_f c_f T_4$	m_f——出磨粉尘量，kg/h c_f——出磨粉尘的平均比热容，$kJ/(kg \cdot ℃)$

表 5-18 风扫式煤磨热平衡计算式

基准：0℃、1kg$_r$。平衡范围：煤磨进出口（以 1kg 原煤计）

计算项目		计 算 公 式	符 号 说 明
热收入/(kJ/h)	热风显热	$q_1 = g_1 c_1 T_1$	g_1——煤磨进口风量，kg/kg c_1——热风在 T_1 温度下的比热容，$kJ/(kgr \cdot ℃)$ T_1——热风温度，℃
	粉磨产生热量	$q_2 = 3.559 k_m e$	k_m——粉磨能转换成热量的系数，钢球磨取 0.7 e——单位煤粉电耗，kW·h/t
	漏风带入显热	$q_3 = k_f g_1 c_a T_a$	k_f——漏风系数，kg/kg c_a——漏风在 T_a 温度下的比热容，$kJ/(kg \cdot ℃)$ T_a——环境温度，℃

计算项目		计算公式	符　号　说　明
热收入/(kJ/h)	原煤带入显热	$q_4=G_r c_r T_a$	G_r——煤磨小时产量(原煤计),kg/kg c_r——原煤在 T_a 温度下的比热容,kJ/(kg·℃)
	热风中粉尘带入热量	$q_5=0.018g_1 c_f T_1$	c_f——热风中飞灰在 T_1 温度下的比热容,kJ/(kg·℃) T_1——热风温度,℃
热支出/(kJ/h)	原煤水分蒸发耗热量	$q_1'=\dfrac{W_1-W_2}{100-W_2}\times(2490+1.883T_2-4.185T_m)$	W_1,W_2——原煤和煤粉水分,% T_2——离开系统的烟气温度,℃ T_m——原煤入磨温度,℃
	出系统热风带走热量	$q_2'=(1+k_s)q_1 c_2 T_2$	c_2——热风在 T_2 温度下的比热容,kJ/(kg·℃) k_s——系统漏风系数,kg/kg
	加热煤耗热量	$q_3'=\dfrac{100-W_2}{100}\left(c_r+\dfrac{4.185W_2}{100-W_2}\right)\times(T_{s_2}-T_{s_1})$	T_{s_1}、T_{s_2}——入磨和出磨物料温度,℃ c_r——干煤的比热容,kJ/(kg·℃) 煤种　　　　无烟煤、瘦煤　烟煤　褐煤 比热容/[kJ/(kg·℃)]　0.921　0.925　0.927
	系统散热损失	$q_4'=\dfrac{\alpha F(T_b-T_a)}{G_r}$	α——系统散热损失系数,kJ/(m²·℃) G_r——煤磨小时产量,t/h
	其他损失	$q_5'=0.056q_1$	q_1——废气或热空气带入热量,kJ/kg

注: 1. 其他损失用平衡法时 $q_5'=\sum$ 热收入 $-\sum$ 除其他外的热支出 $=(q_1+q_2+q_3+q_4+q_5)-(q_1'+q_2'+q_3'+q_4')$。

2. 系统漏风系数,可从烟气分析计算的过剩空气系数计算,也可采用经验数据。

表 5-19　辊式磨热平衡计算式

基准: 0℃、1h。平衡范围: 辊式磨进出口(以进机干物料计)

计算项目		计算公式	符　号　说　明
热收入/(kJ/h)	废气或热空气带入热量	$Q_1=L_1 c_1 T_1$	L_1——入磨热风量(标准状况),m³/h c_1——入磨热风在 T_1 温度下的平均比热容,kJ/(m³·℃) T_1——入磨热风温度,℃
	粉磨产生热量	$Q_2=3599N_0\eta k f$	N_0——磨机需用功率,kW η——动力传递有效系数,$\eta=0.8\sim0.9$ k——研磨能转换成热量的系数,$k=0.7$ f——辊式磨相对球磨的修正系数,$f=0.5\sim0.7$
	系统漏风带入热量	$Q_3=k_a L_1 T_a c_a$	k_a——系统漏风系数,用小数表示 T_a——环境温度,℃ c_a——环境空气的平均比热容,kJ/(m³·℃)
	循环风带入热量	$Q_4=V_2 T_2 c_2$	V_2——循环风量(标准状况),m³/h c_2——循环风在 T_2 温度时的比热容,kJ/(m³·℃) T_2——循环风温度,℃
	湿物料带入热量	$Q_5=G_s T_s\left[c_s+\dfrac{4.185(W_1-W_2)}{100-W_1}\right]$	G_s——磨机小时产量,t/h T_s——湿物料温度,℃ c_s——物料在 T_s 温度下的比热容,kJ/(m³·℃) W_1,W_2——入磨和出磨物料的水分,%
热支出/(kJ/h)	水分蒸发热量	$Q_1'=G_W(2490+1.883T_2-4.185T_s)$ $G_W=\dfrac{G_s(W_1-W_2)}{100-W_1}$	G_W——水分蒸发量,kg/h T_2——出磨气体的温度,℃
	加热物料耗热量	$Q_2'=\dfrac{G_s(100-W_2)}{100\times\left(c_s+\dfrac{4.185W_2}{100-W_2}\right)(T_{s_1}-T_{s_2})}$	T_{s_1}、T_{s_2}——入磨和出磨物料温度,℃
	出磨气体带走热量	$Q_3'=V_3 c_2 T_2$	V_3——出磨气体量,m³/h
	设备散热	$Q_4'=0.05(Q_1'+Q_2')$	Q_1'、Q_2'——水蒸发和加热物料的耗热,kJ/h
	其他损失	$Q_5'=0.056Q_1$	Q_1——废气或热空气带入热量,kJ/h

表 5-20　余热发电系统热平衡计算式

基准：0℃、$1kg_{sh}$。平衡范围：余热锅炉进出口（以单位熟料计）

计算项目		计 算 公 式	符 号 说 明
热收入 /(kJ/h)	入某余热锅炉废气带入热量	$Q_1=\dfrac{V_1c_1T_1}{G_{sh}}$	V_1——入炉风量(标准状况)，m^3/h c_1——在 T_1 温度下，烟气的(标准状况)比热容，kJ/$(m^3\cdot℃)$ T_1——入炉烟体温度，℃ G_{sh}——熟料产量，kg/h
	入某余热锅炉飞灰带入热量	$Q_2=\dfrac{G_fc_fT_f}{G_{sh}}$	G_f——入炉飞灰量，kg_f/h c_f——飞灰在 T_f 温度下的比热容，kJ/(kg·℃) T_f——飞灰的温度，℃
	漏风带入热量	$Q_3=\dfrac{V_Lc_LT_a}{G_{sh}}$ $V_L=m_r(\alpha_2-\alpha_1)V_r$	V_L——入炉的漏风量，m^3/h c_L——漏风在环境温度下的比热容，kJ/$(m^3\cdot℃)$ m_r——单位燃料消耗，kg/kg_{sh} α_1,α_2——进出锅炉气体过剩空气系数
	锅炉给水带入热量	$Q_4=\dfrac{Wc_WT_W}{G_{sh}}$	W——锅炉给水量，kg/h c_W——水的比热容，kJ/(kg·℃) T_W——给水温度，℃
热支出 /(kJ/h)	烟气带走热量	$Q_1'=\dfrac{V_4c_4T_4}{G_{sh}}$	V_4——锅炉出口烟气量(标准状况)，m^3/h c_4——出口烟气在 T_4 温度下的比热容，kJ/$(m^3\cdot℃)$ T_4——出口烟气的温度，℃
	飞灰带走热量	$Q_2'=G_f'c_f'T_f'$	G_f'——出口烟气中的飞灰量，m^3/h c_f'——出口飞灰在 T_f 温度下的比热容，kJ/(kg·℃) T_f'——出炉烟气的温度，℃
	出锅炉烟气带走热量	$Q_3'=\alpha F(T_b-T_a)$ $\alpha=4.182\times[8.1+0.025(T_b-T_a)]$	α——传热系数，kJ/$(m^2\cdot℃)$ F——锅炉外表面积，m^2 T_a、T_b——锅炉表面温度，℃
	用于余热发电的热量	$Q=(Q_1+Q_2+Q_3+Q_4)$ $-(Q_1'+Q_2'+Q_3')$	

注：1.余热锅炉有窑头余热锅炉（AQC）、窑尾余热锅炉（SP）和三次风管上的过热锅炉（ASH）。

2.本表作为通用的余热锅炉热平衡计算，其他余热锅炉可分别套用。

3.热量还有用小时表示，即将上述 Q（kJ/kg_{sh}）乘以熟料小时产量（QG_{sh}），单位为 kJ/h。

热平衡计算的应用见表 5-21。

表 5-21　热平衡计算的应用

热工设备	用热平衡式求出的参数	煤磨	进磨热风量或热风温度
回转窑系统	每千克熟料的燃料消耗量	燃烧室	混合用冷风量
烘干机或烘干磨	进烘干机或烘干磨的热气体量	增湿塔	小时用水量

四、热工技术指标

1.热效率

热效率 η 是指工业窑炉中有效热 Q_{ef} 相对于供给热 Q_i 的比值。预分解窑系统的热效率比其他类型水泥窑的高，目前一般为 $50\%\sim65\%$。冷却机热效率数箅式冷却机高，可达 $70\%\sim80\%$。各类水泥热工设备的热效率计算见表 5-22。

表 5-22　水泥主要热工设备的热效率（％）计算式

热工设备	计 算 式	符 号 说 明
通式	$\eta = \dfrac{Q_{ef}}{Q_i} = \dfrac{Q_i - Q_s}{Q_i}$	Q_{ef}——有效热（或有效能量），kJ/kg(kJ/h) Q_i——热收入（或供给能量），kJ/kg(kJ/h) Q_s——热损失，kJ/kg(kJ/h)
回转窑	$\eta = \dfrac{Q_{sh}}{Q_{rR} + Q_{sr}}$	Q_{sh}——熟料形成热，kJ/kg$_{sh}$ Q_{rR}——燃料燃烧热，kJ/kg$_{sh}$ Q_{Sr}——生料中可燃质燃烧热，kJ/kg$_{sh}$
预热器	$\eta = \dfrac{Q_1 + Q_2 + Q_3 - Q_4}{Q}$	Q_1——入窑物料显热 kJ/kg$_{sh}$ Q_2——物料水分蒸发和化合水分解吸收热量，kJ/kg$_{sh}$ Q_3——部分碳酸钙分解吸收热量，kJ/kg$_{sh}$ Q_4——入预热器生料显热，kJ/kg$_{sh}$ Q——出窑入预热器气流含热量，kJ/kg$_{sh}$
冷却机	$\eta = \dfrac{Q_{Y2K} + Q_{F2K}}{Q_{Lsh}}$	Q_{Y2K}——入窑二次空气显热，kJ/kg$_{sh}$ Q_{F2K}——入分解炉三次空气显热，kJ/kg$_{sh}$ Q_{Lsh}——入冷却机熟料显热，kJ/kg$_{sh}$
烘干机	$\eta = \dfrac{Q_m + Q_g}{q_g}$	Q_m——加热物料需要热量，kJ/kg Q_g——汽化水分需要热量，kJ/kg q_g——热气流带入热量，kJ/kg
烘干系统	$\eta = \dfrac{2490 + c_{gW} t_2 - c_W t_3}{q_H}$	c_{gW}——水蒸气比热容，kJ/kg c_W——水比热容，kJ/kg t_2、t_3——出烘干机废气和湿料温度，kJ/kg q_H——烘干机热耗，kJ/kg
燃烧室	$\eta = \dfrac{Q_h - Q_B - Q_b}{Q_h}$	Q_h——入燃烧室燃料燃烧热，kJ/kg Q_B——燃烧室散热量，kJ/kg Q_b——不完全燃烧损失热量，kJ/kg

2. 余热利用技术指标

余热利用是指水泥生产系统中的"余热"利用。窑高温废气已广泛应用于烘干（生料、燃料、混合材等），还可用于发电和供热。以下主要论述是在不影响水泥生产线的消耗指标（指不能提高熟料热耗、熟料电耗和降低熟料产量，否则将造成又一次能源浪费）为前提下，熟料生产过程中回转窑和冷却机排放的废气热量，在水泥生产工艺线利用后所剩余的"余热"用于发电的一些技术指标。

（1）余热利用效率

窑系统废气余热利用效率是指烧成系统的废气被利用的热量与废气热焓的比值。余热回收是节能降耗的必需，是考核企业节能成效重要指标。

余热利用效率：

$$\eta_{HUI} = \frac{Q_{LI}}{Q_{RX}} \tag{5-6}$$

式中　η_{HUI}——余热回收效率，％；

　　　Q_{LI}——余热利用量，kJ/kg 或 kJ/h；

　　　Q_{RX}——入系统热量，kJ/kg 或 kJ/h。

（2）高温烟气余热量

$$Q_y = B_y V_y t_y C_y \tag{5-7}$$

式中　Q_y——高温烟气热量，kJ/h；

B_y——单位时间内燃料平均消耗量，kg/h；

V_y——不同燃料及空气过剩系数的标准状况烟气体积，m^3/h；

t_y——烟气平均温度，℃；

c_y——在温度为t_y下烟气体积（标准状况）平均比热容，$kJ/(m^3 \cdot ℃)$。

高温烟气余热量见表5-23。

表5-23 高温烟气余热量

烟气平均温度 t_y/℃	100	200	300	400	500	600	700	800	900
烟气平均比热容 c_y/[kJ/(m³·℃)]	0.330	0.335	0.340	0.344	0.350	0.354	0.359	0.364	0.368
烟气平均温度 t_y/℃	1000	1100	1200	1300	1400	1500	1600	1700	1800
烟气平均比热容 c_y/[kJ/(m³·℃)]	0.372	0.376	0.380	0.383	0.387	0.389	0.392	0.395	0.398

注：数据来源——杨申仲等.行业节能减排技术与能源考核.北京：机械工业出版社，2011.

（3）单位熟料发电量

吨熟料发电量指余热发电系统的发电量与对应时间段熟料产量的比值。在评价该指标时，要从企业生产目标主题和经济角度考虑，要求首先保证窑生产正常，努力降低熟料热耗和减少余热量为前提，然后再提高吨熟料发电量。

$$\omega = \frac{W}{M} \tag{5-8}$$

式中 ω——单位时间段（如日、月、年）熟料余热发电量，$kW \cdot h/t_{sh}$；

W——同一统计时间段水泥窑余热发电量，$kW \cdot h$；

M——同一统计时间段水泥窑熟料产量，t。

（4）余热发电效率

余热发电效率η是指单位质量熟料产量下，余热利用系统吸收的热量转化为电能的比率。该指标反映了余热发电系统热电转换能力。

$$\eta = P \times \frac{3600}{Q} \times 100\% \tag{5-9}$$

式中 P——水泥窑余热发电系统发电功率，kW；

Q——余热系统吸收的热量，MJ/h；

3600——电力的当量值，即$1kW \cdot h = 3600kJ$。

（5）余热有效利用率

系统余热有效利用率θ是指系统吸收的热量与进入系统的废气余热量之比。余热有效利用效率是考核余热锅炉、工艺系统回收余热能力的重要指标。

$$\theta = \frac{Q}{Q_\gamma} \tag{5-10}$$

式中 θ——余热有效利用率，%；

Q_γ——入余热发电系统的废气余热量，MJ/h。

（6）单位熟料热耗发电率

单位熟料热耗发电率μ为单位发电量与单位熟料烧成热耗的比值。此评价指标表明在保证熟料烧成前提下，转换为电能的比例，将单位熟料发电量与单位熟料热耗有机地联系起来，可以较客观地评价带余热发电水泥窑系统热工性能的优劣。

$$\mu = \omega \times \frac{3600}{1000q} = \omega \times 3.6/q \tag{5-11}$$

式中 μ——单位熟料热耗发电率，%；

q——单位熟料烧成热耗，kJ/kg_{sh}。

五、燃料燃烧计算

燃烧计算有两个目的：一是为了设计窑炉；二是窑炉生产操作和热工测定需要。目的不同，计算内容也不相同。设计窑炉是在已知燃料组成及燃烧条件下，计算单位质量（或体积）燃料燃烧所需理论空气量、烟气生成量、烟气组成及燃烧温度；企业生产测定对燃料燃烧计算是为了判断燃烧操作是否合理、各部位漏风情况及热工测定需要的参数计算。企业对燃料燃烧通常是根据测定的烟气成分和燃料的元素分析进行计算，也可根据燃料组分和烟气组成计算理论空气量和烟气生成量。

燃料有固体、液体和气体三种类型，因水泥企业基本上采用固体燃料，故以下的燃料燃烧计算以煤为主，考虑当前还采用可燃废弃物，在计算中也列入固体废弃物的燃烧。

1. 空气需要量

理论空气需要量 V_a^0 是指单位燃料完全燃烧时所需空气量，通过燃料元素分析或燃料发热量进行计算。为了保证燃料燃烧完全，实际空气量大于理论空气量，$V_a \geq V_a^0$；或为了工艺需要保持还原气氛，实际空气量小于理论空气量 $V_a < V_a^0$。不同燃料的燃烧理论空气量和实际空气量见表5-24。

表5-24 不同燃料的燃烧理论空气量和实际空气量

方 式	计 算 式	资料来源
	理论空气需要量 V_a^0	
按元素分析	$V_a^0=0.089C_{ar}+0.267H_{ar}+0.033(S_{ar}-O_{ar})$	参考文献[18]
	$G^0=11.6C_{ar}+34.78H_{ar}+4.35(S_{ar}-O_{ar})$	
	$V_a^0=0.0889(C_{ar}+0.375S_{ar})+0.265H_{ar}-0.0333O_{ar}$	参考文献[31]
	$G^0=0.115(C_{ar}+0.375S_{ar})+0.342H_{ar}-0.431O_{ar}$	
按燃料发热量	$V_a^0=0.242+\dfrac{0.5\times1000}{Q_{net,ar}}(m^3/MJ)$	参考文献[3]
固体废弃物	$V_a^0=0.0889C_{ar}+0.2667H_{ar}+0.0333(S_{ar}-O_{ar})$	参考文献[38]
近似算法	$V_a^0=\dfrac{0.242Q_{net,ar}}{1000}+0.5$	
符号说明	V_a^0,G^0——理论燃烧空气量（标准状态），m^3/kg_r 或 kg/kg_r	
	实际需要干空气量 V_a	
干空气量	当实际空气量大于理论空气量时，$V_a=\alpha V_a^0$ 当实际空气量小于理论空气量时，$V_a=\alpha' V_a^0$	
湿空气量	考虑空气中含有水分，湿空气量 $V_{a,w}=V_a+V_w=(1+0.00161d)\alpha V_a^0$	
生产测算	$V_a=\left(\dfrac{N_2}{100}\times V_d-\dfrac{G_r N_{ar}\times22.4}{100\times28}\right)\times\dfrac{100}{79}$	
符号说明	V_a,V_{aw}——燃料燃烧实际需要的干和湿空气量，m^3/kg_r V_w——空气中含水蒸气量，m^3/kg_r α——过剩空气系数，% α'——空气消耗系数，其值小于1 d——空气温度下的饱和含湿量 在计算中通常可假定水蒸气含量为10g/kg干空气	

不同煤种燃烧时需要的理论空气量见表 5-25。

表 5-25 不同煤种燃烧时需要的理论空气量

燃料煤品种	无烟煤	烟煤	次烟煤	褐煤	高温焦炭
理论空气量 V_a^0/(kg/10MJ)	2.954	3.341	3.251	3.234	3.423
理论空气量 V_a^0/(L/kg)		5.5~7.5			
理论烟气量 V_{fl}^0/(L/kg)		6~8			

2. 烟气生成量

（1）理论烟气生成量

理论烟气生成量 V_0 是指燃料在 $\alpha=1$ 时，生成的燃烧产物——烟气量。理论烟气量可取决于燃料组成，可按元素分析或生产测试的成分分析计算。

（2）实际烟气生成量

实际烟气生成量与实际运行条件（过剩空气系数）有关。烟气生成量算式见表 5-26。

表 5-26 烟气生成量计算式

项 目	计 算 式	资料来源
理论烟气生成量		
按燃料元素分析	$V_0=0.0187C_{ar}+0.112H_{ar}+0.0124M_{ar}+0.007S_{ar}+0.008N_{ar}+0.79V_a^0+0.21(\alpha-1)V_a^0$ $V_0=0.0889C_{ar}+0.3227H_{ar}+0.0124M_{ar}+0.0333S_{ar}+0.008N_{ar}-0.0263O_{ar}$	参考文献 [17]
按燃料成分分析	$V_0=V_{CO_2}+V_{H_2O}+V_{SO_2}+V_{N_2}+V_{O_2}$	
按燃料发热量	$V_0=\dfrac{0.203+(2.0\times1000)}{Q_{net,ar}}$	
近似经验式	$V_0=\dfrac{0.213Q_{net,ar}}{1000}+1.65$	
实际烟气生成量		
完全燃烧 $\alpha>1$	$V_f=V_0+(\alpha-1)V_a^0$	
不完全燃烧 $\alpha<1$	$V_{fb}=V_f-(1-\alpha)V_a^0\times\dfrac{79}{100}$ $V_{fb}=\dfrac{V_f}{1+(1.88CO+1.88H_2+9.52CH_4)}$	
近似经验式	$V_f=\dfrac{0.213Q_{net,ar}}{1000}+1.65+(\alpha-1)V_a^0$	
生产测算	$V_f=\dfrac{C_{ar}\times22.4}{12(CO_2+CO)}\times G_r+\left(\dfrac{H_{ar}}{2}+\dfrac{M_{ar}}{18}\right)\times\dfrac{22.4G_r}{100}$	
符号说明	V_f——完全燃烧时实际烟气生成量（标准状况），m^3/kg_r V_{fb}——不完全燃烧时实际烟气生成量（标准状况），m^3/kg_r	

3. 过剩空气系数

烟气的过剩空气系数 α 是燃烧过程的一个重要参数，是指烟气中实际 N_2 含量与理论 N_2 含量的比值。数值取决于燃料种类、燃烧方法及燃烧设备性能。生产上从烟气成分分析结果计算，用以判断燃料燃烧是否完全，也可用来反映系统漏风情况。为降低烟气中 NO_x 含量，在分解炉初始燃烧段采用还原气氛，人为地使 $\alpha<1$。过剩空气系数在缺乏烟气分析时可参考表 5-27 数值。烟气的过剩空气系数 α 计算式见表5-28。

表 5-27 燃料燃烧过剩空气系数 α 经验值

窑炉类别	回转窑	分解炉	回转烘干机	燃 烧 室		
				块煤人工炉箅	机械炉箅	煤粉炉
α 值	1.10～1.25	0.90～1.10	2.00～3.50	1.50～1.70	1.20～1.40	1.1～1.3

表 5-28 烟气的过剩空气系数 α 计算式

项目		计 算 式	符 号 说 明
监测计算	红外线测试仪	$\alpha = \dfrac{N_2}{N_2 - 3.76(O_2 - 0.5CO - 0.5H_2 - 2CH_4)}$	α——过剩空气系数; N_2、O_2、CO、H_2、CH_4——干烟气成分分析中 N_2、O_2、CO、H_2、CH_4 含量,%(体积分数); K——燃煤粉调整系数,$K = 0.96\%$,此值来自参考文献[25]
	奥氏气体分析仪	$\alpha = \dfrac{N_2}{N_2 - 3.76(O_2 - 0.5CO)}$	
完全燃烧	一般	$\alpha = \dfrac{N_2}{N_2 - 3.76 O_2}$	
	简易式	$\alpha = \dfrac{100 O_2}{21 - O_2} \times K$	
不完全燃烧		$\alpha = \dfrac{189(2O_2 - CO)}{N_2 - 1.89(2CO_2 - CO)}$	

注：窑尾废气中氧含量控制在 2%～3% 为宜。

【计算示例 5-7】

已知煤的元素分析和烟气组成如下表。

元 素 分 析	C_{ar}	H_{ar}	O_{ar}	N_{ar}	S_{ar}	A_{ar}	M_{ar}
含量(质量分数)/%	72.0	4.7	8.0	0.2	0.1	5.0	10.0
出窑烟气成分	CO_2	CO	O_2	N_2			
干烟气含量(体积分数)/%	16.4	0	3.6	80.0			

求：(1) 过剩空气系数；(2) 理论烟气量；(3) 实际干烟气量；(4) 实际湿烟气量；(5) 实际空气用量。

解：(1) 过剩空气系数 根据烟气成分分析结果，忽略煤中 N_2 含量，按表 5-28 计算。

$$\alpha = \frac{N_2}{N_2 - 3.76(O_2 - 0.5CO)} = \frac{80.0}{80.0 - 3.76 \times (3.6 - 0.5 \times 0)} = 1.20$$

(2) 理论烟气量 根据烟气分析结果，按表 5-26 计算出窑理论烟气量。

$$V_a^0 = 0.089 C_{ar} + 0.267 H_{ar} + 0.033(S_{ar} - O_{ar})$$
$$= 0.089 \times 72.0 + 0.267 \times 4.7 + 0.033 \times (0.1 - 8.0) = 76.37 (m^3/kg_r)$$

(3) 实际干烟气量 以 kg煤 为基准，产生干烟气量 V_f 为：

$$V_f = \frac{C_{ar} \times 22.4}{12(CO_2 + CO)} + \left(\frac{H_{ar}}{2} + \frac{M_{ar}}{18}\right) \times \frac{22.4}{100}$$
$$= \frac{72.0 \times 22.4}{12(16.4 + 0)} + \left(\frac{4.7}{2} + \frac{10.0}{18}\right) \times \frac{22.4}{100} = 8.62 (m^3/kg_r)$$

(4) 实际湿烟气量 根据煤的组成计算以 kg煤 为基准，产生湿烟气量 V_s 为：

$$V_s = V_f + V_w = 8.62 + \left(\frac{10}{18} + \frac{4.7}{2}\right) \times 22.4 = 8.62 + 0.65 = 9.27 (m^3/kg_r)$$

4. 燃烧温度

燃料燃烧温度为燃料燃烧时气态产物所能达到的温度。分理论燃烧温度和实际燃烧温度。水泥窑用煤粉或生活垃圾燃料时，形成的燃烧温度，与燃料成分、燃烧条件等有关。煤粉及生活垃圾燃烧时的燃烧温度见表 5-29。

表 5-29 煤粉及生活垃圾燃烧时的燃烧温度

项 目	计 算 式	符 号 说 明
理论燃烧温度	$t_{th} = \dfrac{Q_{net,ad} + c_r t_r + V_h c_h t_h}{V_y c_y}$	t_{th}, t_{sj}——理论燃烧温度和实际燃烧温度，℃ t_r, t_y——燃料和空气进入窑、炉、烘干机时的温度，℃
实际燃烧温度	$t_{sj} = \eta t_{th}$	t_p——采用生活垃圾时实际燃烧温度，℃ c_r, c_h, c_y, c_p——燃料、空气、烟气和产物从 $0 \sim t_p$ 各自的温度下平均比热容，kJ/(kg·℃) η——高温系数，水泥回转窑 η 经验值 $= 0.68 \sim 0.80$
生活垃圾	$t_p = \dfrac{Q_{net,ad} + Q_h + Q_r - Q_s - Q_{fb} - Q_d}{V_f c_p}$	Q_h, Q_r——由空气和燃料带入热量，kJ/kg$_r$ Q_s, Q_{fb}, Q_d——燃烧产物所损失和消耗的热量，kJ/kg$_r$ V_h——实际空气量（标准状况），m³/kg$_r$ V_f——实际燃烧产物的生成量，m³/kg$_r$

第二节   生产技术测试计算

一、台时产量

企业生产除必须保证产品质量外，还要关注产品的产量和原、燃料的消耗情况。水泥各生产线的生产能力，受入机原料性能（水分、易烧性、易磨性等）、操作参数合适性和操作人员的素质影响，其实际产量与设计能力有差异。企业的设备实际产量（小时、日或年产量值）有生产统计（在统计期的生产量与同期运转时间之比）和技术测定（技术测定时的产量与测定时间之比）之别。技术测定时的平均台时产量通常采用计量与推算相结合方式。

1. 喂料量及小时喂料量

（1）计量法

以测定期内入机的计量秤值为准。不同喂料设备，其计算式不同，如皮带式喂料机，则采用累计跳字数计算；采用称量仓时，直接用微机称量值。

入机喂料量（包括初水分）按跳字数计算：

$$G = \frac{G_1}{t} = \frac{q_0 n \times 1000}{t} \tag{5-12}$$

式中 G——平均设备小时喂料量，t/h；

$\qquad G_1$——测定期间物料总入机喂料量（包括初水分），t/h；

$\qquad q_0$——每跳一个字的喂料量，kg/字；

$\qquad n$——测定期间喂料机跳字数；

$\qquad t$——同期总运转时间，h。

（2）测试法

当生产工艺无配置喂料计量设备时，可采取测定各喂料设备的下料量，然后按下式计算。为使计量准确，要在正常喂料情况下进行，同时注意：要防止大块料卡塞下料管；启闭闸门动作要迅速；至少要测定两次，取平均值。按人工称量流出物料量计算：

入机产量（包括初水分） $G=\dfrac{60\times1000\times\sum(G_iB_i)}{t_i}$ （5-13）

式中 G——平均设备小时喂料量，t/h；

G_i——测定值，测定期间 i 物料入机喂料量（包括初水分），kg；

B_i——i 物料配比，%，配比值由化验室提供；

t_i——测量时间，min。

2. 产量及平均小时产量

（1）计量法

不涉及化学反应的生产线的设备，以运转期内出机的计量秤值为准（包括终水分）计产量。

$$G_0=\dfrac{G_2}{t}$$ （5-14）

（2）量库法

利用测量出机后物料（生料或熟料）入贮存库（生料库或熟料库）的深度来计算产量。具体做法是测量在该段生产期间，两次（前和后）生料库或熟料库深度之差。

$$G_0=\dfrac{\Delta G}{t}=\dfrac{G_m\Delta H}{t}$$ （5-15）

式中 G_0——平均设备小时产量，t/h；

G_2——运转期物料量（用计量法），t；

ΔG——运转前后入库物料量，t；

G_m——每米库空深物料量，t/m；

ΔH——运转前后量库空深之差，m；

t——同期计算的运转时间，h。

（3）平衡法

涉及化学变化时采用的方法。以熟料生产线测定为例，熟料生产线产量为：

$$G_{sh}=[G_s-C_f(1-L_s)]+G_rA_{ad}$$

式中 G_{sh}——熟料平均小时产量，t/h（若将该值×24 则成为 t/d）；

G_s，C_f，G_r——测定期间小时平均生料、C_1 出口粉尘和喂煤量，t/h；

L_s——入预热器生料平均烧失量，%；

A_{ad}——入窑煤粉平均灰分，%。

二、入磨物料平均粒径

生产过程中各种固体颗粒形状是不规则的，一般用套筛法测量，用权重法计算。

$$D_{mcp}=\dfrac{Q_1X_1+Q_2X_2+\cdots+Q_nX_n}{Q_1+Q_2+\cdots+Q_n}$$ （5-16）

式中 D_{mcp}——平均粒径，m；

Q_1，$Q_2\cdots Q_n$——各筛面物料质量，kg；

X_1，$X_2\cdots X_n$——各筛孔尺寸，mm。

三、入磨物料平均水分

入磨物料平均水分 W_{cp}，按入磨物料配比和各自物料水分的加权平均值。

$$W_{cp} = \frac{P_1 W_1 + P_2 W_2 + \cdots + P_n W_n}{100} \tag{5-17}$$

式中　　　　　W_{cp}——入磨物料的平均水分，%；

P_1，$P_2 \cdots P_n$——入磨物料各组分配比，%；

W_1，$W_2 \cdots W_n$——各入磨物料的水分，%。

四、入磨物料平均温度

测出各入磨物料的温度，然后采用加权平均法计算入磨物料平均温度。

$$t_{cp} = \frac{k_1 c_1 t_1 + k_2 c_2 t_2 + \cdots + k_n c_n t_n}{k_1 c_1 + k_2 c_2 + \cdots + k_n c_n} \qquad ℃$$

式中　　　　　t_{cp}——入磨物料平均温度，℃；

k_1，$k_2 \cdots k_n$——第一种、第二种……第 n 种入磨物料配比，%；

t_1，$t_2 \cdots t_n$——第一种、第二种……第 n 种入磨物料温度，℃；

c_1，$c_2 \cdots c_n$——第一种、第二种……第 n 种入磨物料的比热容，kJ/(kg·℃)。

若入磨物料比热容相同，则上式可简化成：

$$t_{cp} = \frac{k_1 t_1 + k_2 t_2 + \cdots + k_n t_n}{k_1 + K_2 + \cdots + K_n} \qquad ℃ \tag{5-18}$$

五、球料比

球料比是指钢球磨某仓中研磨体与其中存料量之比。球料比要合适，过大，则研磨体磨损加大；但过小，粉磨能力低，影响产量。若采用直接法测定，即分别称磨内的研磨体和物料量，工作量大，劳动强度高。生产测试通常采取测量计算法，即进磨分别测量研磨体面和物料面，通过磨机中心至顶部的垂直距离，然后按以下公式分步计算出该仓球料比 i。

1. 存料量

当料面高于或等于研磨体表面的高度时：

$$g = \left(F_2 L - \frac{G_W}{\gamma_1}\right)\gamma_2 \tag{5-19}$$

当料面低于研磨体表面的高度时：

$$g = F_S L \gamma_2 \left(1 - \frac{G_W}{F_1 l \gamma_1}\right) \tag{5-20}$$

式中　g——磨内存料量，t；

F_1，F_2——以物料面和研磨体面为弦长的弓形断面积，m^2，其中 $F_1 = F\phi_1$，$F_2 = \phi_2$，见下所述；

L——磨仓有效长度，m；

G_W——研磨体装载量，t；

γ_1，γ_2——研磨体密度和物料体积密度，t/m^3。

2. 填充率

填充率 ϕ_1、ϕ_2 按 H_2/D_1 和 H_1/D_1 关系，查表（见第六章）求得。

3. 球料比

$$i = \frac{G_W}{g} \tag{5-21}$$

六、磨内物料流速

掌握物料在球磨机内运行速度是分析各仓粉磨作业情况的一个参数，也是改进配球方案及平衡各仓粉磨能力的依据。利用测定物料在磨内停留时间结果或仓内存料量，分别按式(5-22)～式(5-24) 计算。

1. 停留时间法

此法不需停磨，采用喂入另类物料或喂入"示踪介质"的方法，测定出物料在磨内的时间。

（1）化学检验法

测定时对生料磨则另喂石膏或混合材，而在水泥磨上另喂铁粉，以区别正常所喂的物料。在磨机操作处于平衡状态下，采取停-喂-停的加料方式，然后在磨尾定时取样检验试样中 SO_3、混合材或铁粉含量，并记录时间，绘制时间-成分含量坐标图，以其从向磨内加入另类物料开始到出现含量最高值的时间，作为物料在磨内的测出停留时间 t，依此按下式计算磨内物料流速 u。

$$u = \frac{L}{t} \tag{5-22}$$

式中　u——磨内物料流速，m/min；

　　　L——磨机有效长度，m；

　　　t——测出的停留时间，min。

（2）示踪检验法

测定时用"荧光素"作为示踪介质，投入磨内后定时在磨尾取样，测荧光素含量并记录时间，绘制时间-成分含量坐标图，观察曲线高峰值。从加料到高峰值的时间代表物料在磨内停留时间。计算式同上。

2. 存料法

此法可测出磨内各仓的流速，但需停磨。先测量或计算出某磨仓内存料量（见前"球料比"一节），然后计算流速。

开路磨
$$u_i = \frac{L_i}{t_i} = \frac{L_i G_m}{60 g_m} \tag{5-23}$$

闭路磨
$$u_i = \frac{L_i(1+X)G_m}{60 g_m} \tag{5-24}$$

式中　u_i——磨内某仓物料流速，m/min；

　　　L_i——该仓磨机有效长度，m；

　　　t_i——测出该仓的停留时间，min；

　　　X——闭路磨的循环负荷，用倍数表示。

七、研磨体填充系数

研磨体填充率计算分两种：一是设计配球方案；另一种是磨内实际值，是为磨机装好研磨体后的测量数据。磨内测量研磨体填充率除计算外，还可用查表格法，见表6-3。

（1）一般式

$$\varphi = \frac{G_w \times 100}{V_\varphi r} \quad (\%) \tag{5-25}$$

（2）测量计算式

当 $\varphi > 32\%$ 时

$$\varphi = 1.13 - 1.25 \frac{H}{D_\varphi} \quad (\%) \tag{5-26}$$

当 $\varphi < 32\%$ 时

$$\varphi = 1.0678 - 1.164 \frac{H}{D_\varphi} \quad (\%) \tag{5-27}$$

八、生产中窑炉的燃料比

窑头和分解炉燃料用量的比例，对预分解窑系统的热力分布和产量产生重要影响。尽管有设计部门提出燃料比数值作为参考，但生产时应根据窑和预热预分解系统温度情况及入窑物料分解率，调整配比用煤量。预分解窑煅烧用煤粉从窑头和分解炉分别喷入，其比例即窑炉燃料比，见表5-30。

表 5-30 窑炉燃料比计算式

项 目	计 算 式	符 号 说 明
定义式	窑炉燃料比 $= R_Y : R_{LU}$ $R_Y = \dfrac{G_y}{G_y + G_1} \times 100\%$ $R_{LU} = \dfrac{G_1}{G_y + G_1} \times 100\% = \dfrac{G_1}{G_r} \times 100\%$	R_Y、R_{LU}——窑用和炉用燃料量，t/h G_r、G_y、G_1——总用煤量和窑用、炉用煤量，t/h B_k——分解炉燃料需要量，kJr/kg$_{sh}$ Y——分解炉热耗占熟料总热耗的百分比，% $Q_{net,ar}$——燃料热值，kJ/kg$_r$
理论估算式	估算炉窑燃料比 $= Y : (1-Y)$ $B_k = \dfrac{GXEq_1 + q_2}{Q_{net,ar}\eta}$ $Y = \dfrac{GXEq_1 + q_2}{Q_0 \eta}$ $q_2 = G\left(1 - \dfrac{CO_{2s}}{100} \times \dfrac{100-E_4}{100}\right)(900 - t_4)c_s$	Q_0——熟料总热耗，kJ/kg$_{sh}$ X——入窑生料中 CO_2 含量，% E、E_4——生料在分解炉和出 C_4 级预热器物料的分解率，% q_1——分解热效应，3770 kJ/kg$_s$ q_2——物料加热至分解温度所需热量，kJ$_r$/kg$_{sh}$
生产式	生产窑炉燃料比 $= R_{10} : R_{20}$	η——分解炉燃料的热效率，%，该值主要与分解型式、温度、燃烧过剩空气系数等有关，一般取 80% t_4——出 C_4 预热器物料温度，℃
判断式	按入窑物分解率调整窑炉燃料比 R_{1Z} : R_{2Z} $\left[R_1 + \dfrac{\lambda_2 - \lambda_1}{q} \times q_0\right] : \left[R_2 - \dfrac{\lambda_2 - \lambda_1}{q} \times q_0\right] =$ $q_0 = 2985CaO + 2458MgO + 2358Al_2O_3$ (kJ/kg$_{sh}$)	c_s——CO_2、生料的比热容，$c_s = 1.13$ kJ/(kg·℃) R_{10}、R_{20}——生产上实际使用的量，由计量秤或测定数据显示值，t/h R_{1Z}、R_{2Z}——调整后，窑、炉用煤量比值 R_1、R_2——在设定入窑分解率 λ_1 时，窑炉燃料比 λ_1、λ_2——设定入窑分解率和实际生产时入窑物料分解率，% q、q_0——熟料烧成热耗和生料碳酸盐分解热，kJ/kg$_{sh}$

九、系统技术测定的分析指标

工程建设投产后，设计部门对熟料生产线、原料磨、水泥磨等主机设备进行技术调试，考核其产量、质量、消耗（电耗、热耗等），并寻求"隐生产参数"，为企业生产优化指出方向。企业通过日常单项或系统热工测定，对技术测定结果中主要指标进行对比分析（表5-31），找出差距，提出技改措施和操作参数，使生产优化，达到预期目标。

表 5-31 测试分析指标
表 5-31(1) 窑系统

指标项目			计算式	对比值
回转窑	实际熟料生产能力 $G_热$/(t/h)		测定值	设计能力
	单位容积产量/[kg/($m^3 \cdot$ h)]		$\dfrac{熟料生产能力}{窑有效内容积}$	国内外同类型设备的一般水平和先进水平
	单位面积产量/[kg/($m^2 \cdot$ h)]		$\dfrac{熟料生产能力}{窑有效内表面积}$	
	单位截面积产量/[kg/($m^2 \cdot$ h)]		$\dfrac{熟料生产能力}{窑烧成带有效内截面积}$	
	熟料热耗/(kJ/$kg_熟$)		测定值	设计热耗
	单位热负荷/[kJ/($m^2 \cdot$ h)]	有效容积	$\dfrac{窑内燃料用量\times燃料热值}{窑有效内容积}$	国内外同类型设备的一般水平和先进水平
		有效面积	$\dfrac{窑内燃料用量\times燃料热值}{窑有效内表面积}$	
		有效截面积	$\dfrac{窑内燃料用量\times燃料热值}{烧成带有效内截面积}$	
分解炉	单位有效容积生产能力/[kg/($m^3 \cdot$ h)]	炉本体	$\dfrac{熟料生产能力}{分解炉本体有效容积}$	国内外同类型设备的一般水平和先进水平
		炉+管	$\dfrac{熟料生产能力}{炉及管合计有效容积}$	
	有效容积系数/[m^3/(t/h)]		同线型炉 $\dfrac{V_炉+V_管}{G_熟}$ 半离线型炉 $\dfrac{V_炉}{G_熟 R_2}+\dfrac{V_管}{G_熟}$ 离线型炉 $\dfrac{V_炉+V_管}{G_熟 R_2}$ RSP炉：斜烟道计入炉容积、MC室计入管道容积 $V_炉$：分解炉有效容积； $V_管$：炉至旋风筒、连接管道有效容积； R_2：炉用燃料比	
	单位热负荷 kg/($m^3 \cdot$ h)	炉本体有效容积	$\dfrac{炉内燃料用量\times燃料热值}{分解炉本体有效容积}$	
		炉+管	$\dfrac{炉内燃料用量\times燃料热值}{炉及管合计有效容积}$	

注：按窑与分解炉相对位置分：①在线式——分解炉设在窑尾烟室上，窑、炉和预热器同在一条工艺线，如DD、CDC、TWD、TDF、NC-SST-I、SF等；②离线式——分解炉设在窑尾烟室一侧，窑气、炉气各走一列预热器，窑的废气不入炉，炉的热源来自篦冷机，如SLC、SCS等；③半离线式——分解炉设在窑尾烟室一侧，窑气和炉气在上升烟道处汇合后，一起进入预热器最下级旋风筒，共用一列预热器和排风机，如TDS、CDC-S、TFD、NC-SST-S、RSP、KSV等。

表 5-31（2） 冷却机

指 标 项 目	计 算 式	对 比 值
出口熟料温度/℃	测定值	设计值
单位面积产量（篦冷机）/[t/(m²·d)]	$\dfrac{熟料生产能力(t/d)}{篦床有效公称面积(m^2)}$	
单位容积产量（筒式冷却机）/[t/(m³·d)]	$\dfrac{熟料生产能力(t/d)}{筒式冷却机总有效内容积(m^3)}$	国内外同类型设备一般水平和先进水平
单位熟料冷却风量/(m³ₙ/kg熟料)	$\dfrac{冷却风量}{熟料生产能力}$	
冷却机热效率/%	$\dfrac{从出窑熟料回收并用于熟料煅烧的热量}{出窑熟料带入冷却机的热量}$	

表 5-31(3) 粉磨系统

指 标 项 目	计 算 式	对 比 值
磨机标定产量/(t/d)	测定值，另换算成与原设计相同的细度或比面积时"小时产量"	设计值
单位研磨体产量/[kg/(h·t)]	$\dfrac{磨机标定产量(换算R=10\%时)}{磨机研磨体装载量}$	
单位容积量/[kg/(h·m³)]	$\dfrac{磨机标定产量}{磨机有效容积}$	国内外同类型设备一般水平和先进水平
单位主机电耗/[kW·h/(t/h)]	$\dfrac{磨机主机小时用电量}{磨机标定产量}$（查电表）	

表 5-31(4) 烧成热耗

指 标 项 目		数据来源	对 比 值
燃料燃烧热/(kJ/kg熟料)			设计热耗
主要热损失/(kJ/kg熟料)	出口废气及飞灰带走热	热平衡	国内外同类型设备一般水平和先进水平
	设备表面散热损失（包括淋水带走热）		
	熟料带走热		
	篦冷机余风带走热		

表 5-31(5) 主机考核（设计竣工验收）

工艺生产系统		项 目
原料粉磨系统	考核时间	连续运转 2d，每天运转时间不少于 22h
	考核内容	平均小时产量、生料细度、合格率、系统产品电耗
水泥粉磨系统	考核时间	连续运转 2d，每天运转时间不少于 22h
	考核内容	平均小时产量，水泥细度（筛余或比表面积）、合格率、系统产品电耗
烧成系统	考核时间	连续运转 3d，期间停窑不超过 2 次，累计不超过 4h
	考核内容	平均日产量、单位熟料热耗、熟料质量(f-CaO、28d强度)、系统熟料烧成电耗

注：考核主机的设计指标是在原燃料成分和性能符合设计条件及外部条件正常情况下进行测定。如原料为中等易磨性、煤发热量≥23000kJ/kg，海拔高度低于 500m。资料摘自 GB 50295—2008。

第三节 工艺主要消耗指标计算

工艺技术经济消耗指标定额是在一定的生产技术和组织管理条件下，在完成生产任务中对某个方面取得结果。消耗定额则是预先规定应该取得的结果或允许消耗的数量标准，是制定企业生产物流的基础。消耗指标与单位产品的限额有本质不同，能耗限额作为控制指标，是一种不允许逾越的界限值，超过限额过大，将会受到行政干预。水泥单位产品能耗限额见附表5-6。

一、料耗

料耗是指每生产1t熟料所需要消耗的生料量。从概念上讲，有理论料耗（是指在配料计算时，不包括生产损失和水分下，理论所需消耗的干生料量，其计算公式见第三章）和实际料耗（在生产实际中，由于运输、贮存和煅烧过程中的损失，并考虑所需要消耗含有水分的生料粉量）。实际料耗从企业使用的场所讲，有生产统计料耗和技术测定料耗之别。料耗算式见表5-32。

表5-32 料耗计算式

料　耗	计　算　式
理论料耗	$K_0 = \dfrac{100 - A_{ad} \times m_r}{100 - L_s}$
技术测定料耗	$m_s =$ 理论料耗 + 出 C_1 筒单位熟料飞灰量 $= K_0 + \dfrac{G_f(100 - L_f)}{G_{sh}(100 - L_s)}$，或 $m_s = \dfrac{测定期间生料用量}{同期熟料产量}$
生产统计料耗	$K_s = \dfrac{统计期生料供给量（包括生产损失）}{同期熟料产量}$，或 $K_s = \dfrac{理论料耗}{100 - P_s}$
符号说明	m_r——烧成煤耗，kg_r/kg_{sh}；L_s，L_f——生料和出 C_1 筒飞灰烧失量，%；P_s——在生产过程中的生料损失，%

二、热耗

① 熟料烧成热耗是指烧成每千克熟料所消耗的热量。其消耗热量包括散热损失、机械不完全燃烧等损失。可通过测定求得。与生产技术统计的熟料烧成热耗值有差别，因生产统计中包括开、停窑、低产和生产损耗等额外热耗损失，较测定（或设计）值高。

水泥窑烧成热耗可通过热工测定中"燃料的燃烧热"或入窑炉煤粉用量及其发热量求得。

$$q_{sh} = G_{rf} Q_{net,ad} \tag{5-28}$$

式中　q_{sh}——熟料单位热耗，kJ/kg_{sh}；

　　　G_{rf}——入窑、炉煤粉量，kg_r；

　　　$Q_{net,ad}$——入窑、炉煤粉发热量，kJ/kg_r。

② 熟料理论热耗是指熟料形成理论上消耗的热量，故又叫做"熟料形成热"。熟料形成热是指用指定某一基准温度（一般是0℃或20℃）的干燥物料在没有任何物料和热量损

失的条件下，制成 1kg 同温度的熟料所需的热量。其值仅与原燃料品种、性质及熟料化学成分及矿物组成、生产条件有关。硅酸盐水泥熟料的形成热，用普通原料配料，一般在 $1730\sim1750kJ/kg_{sh}$ 之间。

熟料形成热的计算，有理论计算法和经验公式法。理论计算法可采用 JC/T 26281—2010《水泥回转窑热平衡、热效率、综合能耗计算方法》中的规定计算。理论计算法准确但比较麻烦，日常生产中可用简易公式，按熟料化学成分（注脚 sh）和煤灰成分（注脚 A）进行计算，即：

$$q_0 = 109 + 30.04CaO_{sh} + 6.48Al_2O_{3sh} + 30.32MgO_{sh} - 17.12SiO_{2sh} - 1.58Fe_2O_{3sh}$$
$$- m_A(30.24CaO_A + 30.32MgO_A + 1.58Al_2O_{3A})(kJ/kg_{sh}) \quad (5-29)$$

式中　m_A——生成 1kg 熟料时煤灰的掺入量，kg_A/kg_{sh}。

三、煤耗

煤耗按系统分为烧成煤耗和烘干煤耗，按煤热值分为标准煤和实物煤。

1. 烧成煤耗
烧成煤耗是指每生产 1kg 熟料所消耗入窑、炉的煤粉量，其计算公式见第三章。

2. 烘干煤耗
烘干煤耗是指蒸发物料中 1kg 水所需要消耗的煤量。

对采用热风炉的回转烘干机，其计算式如下。

（1）蒸发 1kg 水的耗煤量

$$M_r = \frac{lc_1t_1}{\eta Q_{net,ar}} \quad (5-30)$$

式中　M_r——蒸发 1kg 水的耗煤量，$kg_r/kg_水$；
　　　l——每蒸发 1kg 水需要热烘干的介质量；
　　　c_1——热气体比热容，$kJ/(kg \cdot K)$；
　　　t_1——热气体温度，℃；
　　　η——燃烧室热效率，以小数表示（人工加煤 $\eta=0.8$，机械加煤 $\eta=0.85$）；
　　　$Q_{net,ar}$——原煤的收到基低热值，kJ/kg_r。

（2）烘干机小时用煤量

$$G_r = Wq \quad (5-31)$$

式中　G_r——烘干机小时耗煤量，kg/h；
　　　W——烘干机小时蒸发水量，$kg_水/h$。

3. 标准煤耗
为便于能耗对比，在 GB/T 2589—2008 中引入折标准煤系数，即统一规定把煤低位发热量等于 1kg 完全燃烧后放出 29307kJ 热量的煤称为标准煤。用熟料热耗除以 29307kJ 所得的煤耗称为吨熟料标准煤耗（G_{ce}），单位为 kg_{ce}/t_{sh}。应当指出：标准煤是虚拟的概念，没有相对应的实际标准物质。煤折算中，在口语中应当该说"某实物煤相当于多少吨标准煤"。将实物煤耗 G_r 用实物煤的发热量 $Q_{net,ar}$ 折算成标准煤数学表达式：

$$G_{ce} = \frac{G_rQ_{net,ar}}{29307}(kg_{ce}/t_{sh}) \quad (5-32)$$

吨熟料煤耗算式见表 5-33。

表 5-33 吨熟料煤耗计算式

指 标	说 明	计 算 式	
		实物煤耗	标准煤耗
吨烘干煤耗	指烘干石灰石、黏土、混合材等	$\dfrac{实物煤消耗量(t)}{被烘干物料量(t)}$	$\dfrac{标准煤消耗量(t)}{被烘干物料量(t)}$
吨熟料煤耗	1. 指煅烧熟料烧成用煤。当用于生产计划统计的煤消耗量,还应计算煤在制备过程中的损耗 2. 对采用"余热发电窑",还应计算扣除余热发电煤耗后的吨熟料煤耗	$\dfrac{实物煤消耗量(t)}{熟料产量(t)}$	$\dfrac{标准煤消耗量(t)}{熟料产量(t)}$ $\dfrac{标准煤消耗量(扣)(t)}{熟料产量(t)}$
吨熟料综合煤耗	包括烘干原料与熟料烧成两个环节的煤耗(不包括煤干混合材)生产统计等用的指标	$\dfrac{实物煤综合消耗量(t)}{熟料产量(t)}$	$\dfrac{标准煤综合消耗量(t)}{熟料产量(t)}$
吨水泥综合煤耗	生产统计用的指标。用煤量除包括熟料综合煤耗及混合材烘干煤耗外,还应包括为水泥生产直接服务的其他用煤,如机修烘炉用煤和锅炉用煤	$\dfrac{全厂实物煤综合用量(t)}{水泥产量(t)}$	$\dfrac{全厂标准煤综合用量(t)}{水泥产量(t)}$

注:1. 有余热发电时吨熟料标煤消耗量(扣除电站)=烧成标煤消耗量-[电站发电量(kW·h)-电站自用电量(kW·h)×0.1229]/1000。

2. 全厂实物煤综合用量=熟料消耗量(t)×吨熟料综合煤耗+混合材消耗量(t)×吨混合材烘干煤耗+其他生产用煤。

3. 实物煤耗换算成标准煤耗=实物煤耗×换算系数。换算系数=$Q_{net}/29300$。

四、研磨体消耗

研磨体消耗是指为磨制物料(生料、水泥、煤粉)所消耗钢球、钢段的质量,见表5-34。

表 5-34 吨物料研磨体消耗计算式　　　　　　　　单位:kg/t

指 标	算 式
吨物料消耗研磨体 R_W	$R_W = \dfrac{研磨体初装量+统计期内补球-清仓后磨内研磨体可用量(kg)}{统计期内粉磨物料(生料、水泥、煤粉)产量(t)}$
吨水泥研磨体综合消耗量 R	$R = \dfrac{统计期内生料磨、水泥磨、煤磨、等设备所消耗研磨体量之和(kg)}{统计期内水泥产量(t)}$

第四节　能量平衡计算

能量平衡是对生产所使用的能量情况进行定量分析的一种科学方法。由于进行能量平衡的对象不同,一般分设备能量平衡(针对一个设备的热平衡或电平衡,是企业能量平衡的基础)和企业能量平衡(以企业或企业内部用能单位为对象,如车间的能量平衡)。能量平衡以划定的体系为对象,研究各种能量的收入与支出、消耗与有效利用以及损失之间的数量平衡关系,包括各种能源在购入、贮存、外销、输送、能源转换等各使用环节实物能源所具有能量的平衡;了解能量的使用情况和寻求节能的方法与途径;并通过制定与实施相应的节能规划与措施达到节能的目的。能量平衡的基本方程式为:进入能量Q+物料

带入能量 H ＝排出能量 Q ＋产品带出能量 H。企业能量平衡的方法是采用统计和测试相结合，以统计计算为主。能量计量单位随用能物质和设备不同，其单位名称主要有：千焦（kJ）、千瓦时（kW·h）、千克标准煤（kg_{ce}）。

一、用能设备能量平衡方程

$$E_r = E_{CY} + E_{CS} \qquad (5\text{-}33)$$

式中　E_r——进入用能设备的能量；

E_{CY}，E_{CS}——有效利用和损失的能量。

二、企业能量平衡方程

$$E_r = E_C = E_{CY} + E_{CG} + E_{CS} \qquad (5\text{-}34)$$

式中　E_r、E_C——输入和输出系统的全部能量；

E_{CY}，E_{CG}，E_{CS}——生产利用、对外供应、带出散失的能量。

三、水泥企业单位产品能耗指标计算

水泥企业单位能耗指标有"熟料综合煤耗 e_{sh}"、"可比熟料综合煤耗 e_{kcl}"、"可比熟料综合电耗 Q_{kcl}"、"可比熟料综合能耗 E_{cl}"、"水泥综合电耗 Q_{sn}"、"可比水泥综合能耗 Q_{ksn}"。其统计范围见附表 5-5，指标计算按 GB 16780—2007 标准执行，下面采用计算示例展示。

【计算示例 5-8】

某地处海拔 624.5m 的 5000t/d 新型干法水泥企业，窑生产线带余热发电。2010 年生产、消耗、品种质量情况：熟料年产量 $P_{cl}=150$ 万吨，年产水泥 $P_S=200$ 万吨，其中 P·O 42.5 级水泥 160 万吨，28d 抗压强度 45MPa；P·O 52.5 级水泥 40 万吨，28d 抗压强度 55MPa；石膏平均掺加 5.5%。熟料 28d 抗压强度平均为 58MPa，消耗原煤 23.5 万吨。原煤平均收到基低发热量为 23000kJ/kg_r，年余热发电 $q_{he}=5500$ 万千瓦时，余热电站自用电量 $q_0=450$ 万千瓦时。从原燃料进厂到熟料，年用电量为 10460 万千瓦时。从水泥粉磨、水泥散装、包装到水泥成品出厂中，生产辅助年用电量为 8150 万千瓦时。计算该厂的各项单位能耗指标是多少？

为读者阅读方便，计算中单位下标符号与 GB 16780—2007《水泥单位产品能源消耗限额》一致。

1. 熟料

① 熟料综合煤耗 e_{cl}

$$e_{cl} = \frac{PcQ_{net,ar}}{Q_{BM}P_{cl}} - e_{he} - e_{hu}$$

$$= \frac{23.5 \times 10^7 \times 23000}{29307 \times 155.2 \times 10^4} - \frac{0.404 \times (5.5 \times 10^7 - 0.45 \times 10^7)}{155} = 105.82 \ (kg_{ce}/t_{cl})$$

其中余热发电折算成标准煤量：

$$e_{he} = \frac{0.404 \times (q_{he} - q_0)}{P_{cl}}$$

余热利用折算成标准煤量 e_{hu}，工厂熟料煤耗统计中，已包括余热利用于原燃材料，故此项为 0。

② 可比熟料综合煤耗 e_{kcl}　因该厂所处海拔低于 1000m，不需要海拔高度修正，$K=1$。依据熟料抗压强度，进行强度修正，修正系数 α 见下面计算值。熟料强度修正后，可比熟料综合能耗为：

$$e_{kcl}=\alpha K e_{cl}=0.9754\times1\times105.82=103.22 \ （kg_{ce}/t_{cl}）$$

③ 可比熟料综合电耗 Q_{kcl}

$$Q_{kcl}=\alpha K Q_{cl}=0.9754\times1\times\frac{10460\times10^4}{155\times10^4}=65.82 \ （kW\cdot h/t_{cl}）$$

④ 可比熟料综合能耗 E_{kcl}

$$E_{kcl}=e_{kcl}+0.1229\times Q_{kcl}=103.22+0.1229\times65.82=111.31 \ （kg_{ce}/t_{cl}）$$

电力折算成标准煤的系数为 $0.1229kg_{ce}/（kW\cdot h）$。

2. 水泥

① 水泥综合电耗 Q_S

$$Q_S=\frac{q_{fn}+Q_{cl}P_{cl}+q_m P_m+q_g P_g+q_{fz}}{P_S}=\frac{（10460+8150）\times10^4}{200}=93.05 \ （kW\cdot h/t_S）$$

② 可比水泥综合电耗 Q_{KS}

$$Q_{KS}=d(1+f)Q_S=0.9752\times(1-0.009)\times93.05=89.93kW\cdot h/t_S$$

③ 可比水泥综合能耗 E_{KS}

$$E_{KS}=e_{kcl}g+e_h+0.1229Q_{KS}=\frac{103.08\times155}{200}+0.1229\times89.93=91.04 \ （kg_{ce}/t_S）$$

3. 计算式中相关修正系数

① 熟料强度修正系数 α

$$\alpha=\sqrt[4]{\frac{52.5}{A}}=\sqrt[4]{\frac{52.5}{58}}=0.9754$$

② 水泥强度修正系数 d

$$d=\sqrt{\frac{42.5}{B}}=\sqrt{\frac{42.5}{47.0}}=0.9752$$

③ 海拔高度修正系数 K

$$K=\sqrt{\frac{p_H}{p_0}}=\sqrt{\frac{101325(1-0.02257H)^{5.250}}{101325}}$$

式中　p_H——海拔 H 处环境大气压，MPa；

　　　　H——海拔高度，km，海拔高度低于 1000m 时，不进行海拔高度修正。

④ 混合材掺量修正系数 f

$$f=0.3\%(F_H-20)=0.3\%\times(17-20)=-0.009$$

水泥平均强度 $B=(160\times45+40\times55)\div200=47 \ （MPa）$

水泥中混合材掺量 $F_H=1-$ 熟料掺量 $-$ 石膏掺量 $=\dfrac{1-155}{200-0.055}=0.17=17\%$

附表 5-1　烧成系统热工标定测定内容及测点分布

序号	测点位置	测 试 项 目								
		气 体					物 料			
		t_g	P	C_f	Z	G_g	t_m	G_m	λ	
1	C_1 出口	△	△	△	△	△				
2	C_2 出口	△	△					△		生料喂料
3	C_3 出口	△	△							
4	C_4 出口	△	△						△	
5	C_5 出口	△	△		△					
6	C_5 下料管	△								
7	分解炉出口	△	△		△				△	
8	窑尾烟室	△	△		△					
9	三次风管	△	△			△		△		
10	窑头罩	△	△							二次风温
11	一次风机	△	△			△				
12	煤磨风管	△	△			△				
13	冷却机冷却风管	△	△			△				
14	窑头除尘器入口									
15	窑头除尘器出口									
16	冷却机出口						△	△		
17	AQC 炉入口	△	△	△	△	△				
18	AQC 炉出口	△	△	△	△	△				
19	SP 炉入口	△	△	△	△	△				
20	SP 出口	△	△	△	△	△				
21	冷却机余风	△	△			△				
22	余热抽风管	△								
23	窑头用煤秤						△	△		
24	分解炉喂煤秤		△				△	△		
25	送煤风机风量	△				△				
26	系统表面温度									
27	生料化学成分									
28	煤工业分析									
29	熟料化学成分									
30	出 C_1 飞灰烧失									

注：t_g 为气体温度（℃）；P 为气体压力（MPa）；C_f 为标况气体含尘量（kg/m³）；Z 为气体组成（%）；G_g 为气体流量（m³/h）；t_m 为物料温度（℃）；G_m 为物料流量（kg/kg）；λ 为物料分解率（%）；△代表需测项目（下同）。

工艺测定项目随着具体企业生产和验收等需要而变动，上述测定内容供参考。

附表 5-2　粉磨系统技术测定内容及测点分布

项 目		干法钢球磨		烘干磨	辊式磨	辊压机磨
		开路	闭路			
入磨物料	物料水分/%	△	△	△	△	△
	物料温度/℃	△	△	△	△	△
	物料粒度/mm	△	△	△	△	△
	物料容积密度/(g/cm³)	△	△	△	△	△
	物料密度/(g/cm³)	△	△	△	△	△
	物料易磨性系数	△	△	△		
	物料磨蚀性系数				△	△
	燃料热值/(kJ/kg)			△		

续表

项 目		干法钢球磨		烘干磨	辊式磨	辊压机磨
		开路	闭路			
磨内	磨内物料筛析曲线	△	△	△		
	磨内物料温度/℃	△	△	△	△	△
	磨体温度/℃	△	△	△	△	△
	研磨体面高度/m	△	△			
	研磨体面弦长/m	△	△	△		
	压辊工作压力/MPa				△	△
出磨	物料水分/%	△	△	△	△	△
	物料温度/℃	△	△	△	△	△
	物料筛析细度/%	△	△	△		
	物料比表面积/(m²/kg)	△	△	△		
选粉系统	回料/成品水分/%		△	△	△	△
	回料/成品温度/℃		△	△	△	△
	回料/成品筛析细度/%		△	△	△	△
	成品比表面积/(m²/kg)		△	△	△	△
	成品颗粒级配		△	△	△	△
通风与收尘系统	环境温度/℃	△	△		△	△
	入磨热风/℃			△	△	
	出磨废气温度/℃	△	△	△	△	△
	进收尘器气温/℃	△	△	△	△	△
	漏风系数/%	△	△	△	△	△
	磨机进/出口负压/Pa	△	△	△	△	△
	磨机出口动压/Pa	△	△	△	△	△
	磨出口气体湿含量/%	△	△	△	△	△
	进收尘器气体露点/℃	△	△	△	△	△
	出收尘器气体露点/℃	△	△	△	△	△
	通风机进口压力/Pa	△	△	△	△	△
	出磨气体含尘浓度/(g/m³)	△	△	△	△	△
	收尘器进口含尘浓度/(g/m³)	△	△	△	△	△
	气体成分分析/%	△	△	△	△	△
	收尘器出口含尘浓度/(g/m³)	△	△	△	△	△
	收尘器进/出口负压/Pa	△	△	△	△	△
主要工作参数	磨机喂料量/kg	△	△	△	△	△
	磨机成品量/kg	△	△	△	△	△
	磨机小时产量/(kg/h)	△	△	△	△	△
	磨机运转时间/h	△	△	△	△	△
	粉磨系统用电量/kW	△	△	△	△	△
	研磨体消耗量/kg	△	△	△		
	易磨件损耗量/kg				△	△

注：工艺测定内容随着具体企业生产和质量需要控制的项目而变动，上述测定内容供参考。

附表 5-3　能效测试（全厂热平衡）内容及测点分布

测试项目	测　点　分　布
物料量测定 物料温度测定	冷却机熟料出口、生料入口、分解炉燃料入口、窑燃料入口、入窑回灰进料口、预热器和除尘器气流出口、增湿塔与除尘器的收灰出料口、烘干机出入口
气体温度、压力	入窑和分解炉的一次空气、二次空气进口风管,冷却机的鼓入空气进口风管,生料提升泵的空气进口管,窑尾、分解炉、增湿塔及各级预热器进出风管,排风机及除尘器进出风管。烘干机热风炉出口及烘干机出口风管
气体成分	窑尾烟室、分解炉出口、各级旋风筒出口、增湿塔进口、除尘器进出口废气。烘干机热风炉出口及烘干机出口
气体含湿量	一次空气、预热器、增湿塔和除尘器出口废气。烘干机热风炉出口及烘干机出口
气体流量	一次空气的净风、煤风,入炉送煤风,三次风,生料提升带入空气,入煤磨热风,鼓入冷却机空气,冷却机余风,各级预热器进出口、除尘器进出口,烘干机出口
气体含尘浓度	预热器出口、增湿塔进出口、除尘器进出口、篦冷机余风出口、烘干机出口
表面散热损失	回转窑、废气管及连接管道、各级预热器、分解炉、三次风管、冷却机及烘干机出口
用水量	在窑系统中凡采用水冷却的项目,如一次风管、窑密封圈、烧成带筒体、冷却机筒体、熟料出冷却机、增湿塔和托轮轴承、风机轴承等的各自进水管和出水管
统计数据	入窑和入烘干机煤粉工业分析;入窑和入烘干机生料或物料、水泥熟料、飞灰、煤灰的化学分析(包括烧失量、SiO_2、Al_2O_3、Fe_2O_3、CaO、MgO、SO_3、$f-CaO$)
能效测试作用和目的	能耗效测定和评估,主要目的:①通过测定可以准确计算熟料热耗、分步电耗及综合电耗;②通过对窑系统各部位流量、温度、压力、成分的测定,可以检查是否存在漏风,温度分布是否合理,燃料燃烧是否完全;③通过散热测定,可以了解保温情况;④通过风温及熟料温度测定,可以了解熟料冷却情况;⑤通过对整个系统物料流及气流的平衡测试,查出系统中的"跑"、"冒"、"滴"、"漏"的点和量,为系统合理用"煤"、"电"、"水"指出方向
能效测试对象	测试方法原则
全厂热平衡	以工厂实际工作台账为基础,结合抽查检测煤的发热量及实物消耗和生产产品的综合标定
全厂电平衡	以工作台账及各变电所实际耗电为基础,结合现场测试校准
全厂水平衡	以工作台账及水泵站记录为基础,结合现场测试校准

附表 5-4　能平测试内容及测点分布

全厂热平衡	
原则	以工厂实际工作台账为基础,结合抽查煤的发热量检测及实物消耗和生产产品的标定进行综合标定
收集	入窑或入烘干机煤粉工业分析 入窑或入烘干机生料、水泥熟料、飞灰、煤灰等化学分析
测试内容和测点	①物料量测定,其测点为:冷却机熟料出口、生料入口、分解炉及窑燃料入口、入窑回灰进料口、预热器和除尘器气流出口、增湿塔与收器的收灰出料口
	②物料温度测定,其测点同上,另外增加烘干机入口和出口
	③气体温度压力测定,其测点为:入窑和分解炉的一次空气的进口风管、二次空气的进口风管、冷却机的中压、高压风机鼓入的空气进口风管、生料提升泵带入的空气进口、窑尾分解增湿塔及各级预热器的进气口风管、出气口风管、排风机及除尘器进出口风管、烘干机热风炉出口及烘干机出口
	④气体成分的测定,其测点为:窑尾烟室、分解炉出口、各级预热器出口、增湿塔进出口废气、收尘器进出口废气、烘干机热风炉出口及烘干机出口
	⑤气体含湿量的测定,其测点为:一次空气、预热器、增湿塔和除尘器出口废气、烘干机热风炉出口及烘干机出口
	⑥气体流量的测定,其测点为:一次空气的入窑净风、入窑煤风、入炉送煤风、生料提升泵带入的空气、入炉二次风、入煤磨热风、入冷却机空气量、冷却机余风、各级预热器进出口、除尘器进出口、烘干机热风炉出口及烘干机出口
	⑦气体含尘浓度的测定,其测点为:一级预热器出口、增湿塔进出口、除尘器进出口、篦冷机等风排放烟囱、烘干机出口
	⑧表面散热损失,测定设备为:回转窑、废气管、各级预热器、分解炉、三次风管、冷却机。热风炉及烘干机
	⑨用水量的测定,测定位置:采用水冷却的窑系统上的烧成带筒体、冷却机筒体、冷却机熟料出口、增湿塔和托轮轴承、风机轴承、一次风管等项目各自的进水管和出水口

全厂热平衡	
原则	以工作台账及各变电所实际耗电为基础,结合现场测法校准
测试内容和测点	①对各变电所变压器损耗进行测算
	②办公区域及辅助设施电耗的评定
	③生料制备系统电耗的评定,其中包括矿山、破碎、烘干、生料粉磨、均化以及各除尘点等。主要测点有:石灰石预均化堆场、原料粉磨、除尘器等
	④烧成系统电耗的评定,其中包括窑尾排风机、窑的传动、冷却机风机等
	⑤水泥制备系统电耗的评定,其中包括输送、粉磨、包装、散装及除尘等。主要测点有:石膏破碎、熟料散装、水泥粉磨、水泥散装、水泥包装、除尘器等
	⑥各种大型设备负载率及损耗的现场测算,主要包括:破碎机、水泥磨、生料磨、回转窑及 20kW 以上电机等

水 平 衡	
原则	以工作台账及水电站记录为基础,结合现场测法校准
测定项目	主要生产用水,现场需测定的项目有:生产过程的总用水量,生产过程中取用的新水量;冷却水的循环量、总用量和新水量;工艺水的回用量、总用量、新水量;锅炉蒸汽冷凝水回用量,锅炉产汽量,生产过程中外排水量(包括外排废水、冷却水、漏溢水量等)
能效测试的作用	通过能效测试,了解本企业能源消耗情况。通过测试分析,可以计算熟料热耗、分步电耗、水耗等,通过对窑系统各部位气流、物料流的测定,可以目前能耗实际状况,了解燃烧是否完全、分解是否合理。检查是否存在漏风,温度分布是否合理,查明整个系统的"跑"、"冒"、"滴"、"漏"的点及量,找出适当的技术方案进行改选,达到降低能耗及发挥节水的潜力

注:资料来源——余学飞,谢萌,孔祥忠等.我国水泥行业能效测试的方法和作用 [J].中国水泥,2009,9:40-41.

附表 5-5 水泥企业单位产品能耗统计范围

燃料的统计范围
(1)熟料综合煤耗统计范围
从原燃料进入生产厂区开始到水泥熟料出厂的整个熟料生产过程消耗的燃料量,包括烘干原燃料和烧成熟料消耗的燃料。采用废弃物(见《资源综合利用目录》)作为替代原料时,处理废弃物消耗的燃料不计入燃料消耗
(2)可比水泥综合能耗中标准煤耗的统计范围
从原燃材料进入生产厂区开始到水泥出厂的整个水泥生产过程消耗的燃料量,包括烘干原燃料、水泥混合材和烧成熟料消耗的燃料量。采用废弃物作为混合料及替代原料时,烘干处理废弃物消耗的燃料不计入燃料消耗
窑头冷却机废气和窑尾废气用于余热发电站发电时,应单独统计余热电站发电量及余热电站自用电量。采用窑头冷却机废气和窑尾废气进行其他余热利用时,应统计余热利用总量
电耗的统计范围
(1)熟料综合电耗统计范围
从原燃料进入生产厂区开始到水泥熟料出厂的整个熟料生产过程所消耗的电量,不包括用于基建、技改等项目建设消耗的电量。采用废弃物作为替代原料时,处理废弃物消耗的电量不计入综合电耗
(2)水泥综合电耗统计范围
从原燃料进入生产厂区开始,到水泥出厂的整个水泥生产过程消耗的电量,不包括用于基建、技改等项目建设消耗的电量。采用废弃物作为替代原料或水泥混合材料时,处理废弃物消耗的电量不计入综合电耗

注:1.对有部分熟料外购的水泥生产企业,其可比水泥综合电耗和可比水泥综合能耗计算中熟料综合电耗,按购入熟料生产企业的可比熟料综合电耗计算。

2.本资料摘自 GB 16780—2007《水泥单位产品能源消耗限额》。

附表 5-6 水泥单位产品能源消耗限额（GB 16780—2007）

项 目	可比熟料综合煤耗 /(kg_{ce}/t_{熟料})	可比熟料综合电耗 /(kW·h/t_{熟料})	可比水泥综合电耗 /(kW·h/t_{水泥})	熟料综合能耗 /(kg_{ce}/t)	水泥综合能耗 /(kg_{ce}/t)
1.现有水泥企业单位产品能耗限额(强制性)					
4000t/d 以上(含 4000t/d)	≤120	≤68	≤105	≤128	≤105
2000～4000t/d(含 2000t/d)	≤125	≤73	≤110	≤134	≤109

项　　目	可比熟料综合煤耗 /(kg_ce/t_熟料)	可比熟料综合电耗 /(kW·h/t_熟料)	可比水泥综合电耗 /(kW·h/t_水泥)	熟料综合能耗 /(kg_ce/t)	水泥综合能耗 /(kg_ce/t)
1000～2000t/d(含 1000t/d)	≤130	≤76	≤115	≤139	≤114
1000 以下	≤135	≤78	≤120	≤145	≤118
水泥粉磨企业	—	—	≤45	—	—
2.新建水泥企业单位产品能耗限额准入值(强制性)					
4000t/d 以上(含 4000t/d)	≤110	≤62	≤90	≤118	≤96
2000～4000t/d(含 2000t/d)	≤115	≤65	≤93	≤123	≤100
水泥粉磨企业	—	—	≤38	—	—
3.水泥企业单位产品能耗限值目标值(推荐性)					
4000t/d 以上(含 4000t/d)	≤107	≤60	≤85	≤114	≤93
2000～4000t/d(含 2000t/d)	≤112	≤62	≤90	≤120	≤97
水泥粉磨企业	—	—	≤34	—	—

注：1.可比熟料综合电耗一栏，适用于只生产水泥熟料的水泥企业。

2.可比水泥综合电耗一栏，适用于生产水泥的水泥企业（包括水泥粉磨企业）。

3. ce 表示标准煤。

4.标准仅规定了通用硅酸盐水泥单位能耗限额的目标值，对于水泥企业，任何考核期内考核的能耗都不得高于本标准中的能耗限额指标。

附表 5-7　不同规模生产线能耗水平
附表 5-7(1)　不同规模水泥生产线及粉磨站（厂）能耗水平

项　　目		国际先进	国内先进	国内平均
1000～2000t/d (含 1000t/d)	熟料综合电耗/(kW·h/t)	66	73	82
	熟料综合煤耗/(kg_ce/t)	108	115	130
	熟料综合能耗/(kg_ce/t)	116	124	140
	水泥综合电耗/(kW·h/t)	89	100	110
	水泥综合煤耗/(kg_ce/t)	83.5	89	100
	水泥综合能耗/(kg_ce/t)	94.5	101	113.5
2000～4000t/d (含 2000t/d)	熟料综合电耗/(kW·h/t)	58	65	74
	熟料综合煤耗/(kg_ce/t)	104	108	118
	熟料综合能耗/(kg_ce/t)	111	115	127
	水泥综合电耗/(kW·h/t)	83	90	100
	水泥综合煤耗/(kg_ce/t)	80.5	83.5	91
	水泥综合能耗/(kg_ce/t)	90.5	94.5	103.5
4000t/d 以上 (含 4000t/d)	熟料综合电耗/(kW·h/t)	55	57	65
	熟料综合煤耗/(kg_ce/t)	100	104	111
	熟料综合能耗/(kg_ce/t)	107	111	119
	水泥综合电耗/(kW·h/t)	80	85	95
	水泥综合煤耗/(kg_ce/t)	77.5	80.5	86
	水泥综合能耗/(kg_ce/t)	87.5	91	97.5
年产 60 万吨水泥粉磨企业水泥综合电耗/(kW·h/t)		34	36	40
年产 80 万吨水泥粉磨企业水泥综合电耗/(kW·h/t)		33	35	39
年产 120 万吨水泥粉磨企业水泥综合电耗/(kW·h/t)		32	34	38

注：1.能耗水平与统计范围和时间有关。随着科技进步，能耗先进值会有所下降。

2.水泥综合标准煤耗＝熟料综合标准煤耗×75％＋2.5，其中 2.5 为混合材单独烘干煤耗。

3.水泥综合标准能耗＝熟料综合标准煤耗×75％＋水泥综合电耗×0.1229＋2.5。

4.资料来源——曾学敏等.水泥企业能效对标指南综述 [J].水泥，2009，6.

附表 5-7(2)　不同规模水泥生产线主要工序电耗指标

项 目		国际先进	国内先进	国内平均
1000～2000t/d （含1000t/d）	原料破碎/(kW·h/t$_{原料}$)	0.4	0.7	1.5
	原料预均化/(kW·h/t$_{原料}$)	0.5	0.7	1.0
	原料粉磨/(kW·h/t$_{生料}$)	16	20	24
	生料均化/(kW·h/t$_{生料}$)	0.1	0.15	0.4
	熟料烧成/(kW·h/t$_{熟料}$)	26	28	31
	废气处理/(kW·h/t$_{熟料}$)	3	3	4
	煤粉制备/(kW·h/t$_{煤粉}$)	24	30	32
	水泥粉磨/(kW·h/t$_{水泥}$)	29	34	40
	水泥袋、散装及输送/(kW·h/t$_{水泥}$)	1.2	1.5	2.0
	其他生产电耗/(kW·h/t$_{水泥}$)	2.0	3.0	3.5
2000～4000t/d （含2000t/d）	原料破碎/(kW·h/t$_{原料}$)	0.4	0.7	1.5
	原料预均化/(kW·h/t$_{原料}$)	0.5	0.7	1.0
	原料粉磨/(kW·h/t$_{生料}$)	16	17	23
	生料均化/(kW·h/t$_{生料}$)	0.1	0.15	0.5
	熟料烧成/(kW·h/t$_{熟料}$)	23	25	28
	废气处理/(kW·h/t$_{熟料}$)	3	3	4
	煤粉制备/(kW·h/t$_{煤粉}$)	22	23	30
	水泥粉磨/(kW·h/t$_{水泥}$)	28	32	40
	水泥袋、散装及输送/(kW·h/t$_{水泥}$)	1.0	1.0	1.8
	其他生产电耗/(kW·h/t$_{水泥}$)	1.5	2.0	3.5
4000t/d以上 （含4000t/d）	原料破碎/(kW·h/t$_{原料}$)	0.4	0.7	1.5
	原料预均化/(kW·h/t$_{原料}$)	0.5	0.7	1.0
	原料粉磨/(kW·h/t$_{生料}$)	15	16	18
	生料均化/(kW·h/t$_{生料}$)	0.1	0.15	0.5
	熟料烧成/(kW·h/t$_{熟料}$)	21	22.5	25
	废气处理/(kW·h/t$_{熟料}$)	2	2.5	3
	煤粉制备/(kW·h/t$_{煤粉}$)	20	22	25
	水泥粉磨/(kW·h/t$_{水泥}$)	28	32	40
	水泥袋、散装及输送/(kW·h/t$_{水泥}$)	1.0	1.0	1.8
	其他生产电耗/(kW·h/t$_{水泥}$)	1.5	2.0	3.0

注：1.资料来源——曾学敏等.水泥企业能效对标指南综述［J］.水泥，2009，6：8.

2.电耗指标水平随科技进步会有所变动，使用时根据现实情况调整数值。

附表 5-8　各种能源标准煤折算系数及耗能工质能源等价值

附表 5-8(1)　各种能源折标准煤参考系数

能源名称		平均低位发热量 /kJ/kg(kcal/kg$_r$)	折标准煤系数 /(kg$_{ce}$/kg$_r$)	能源名称	平均低位发热量 /kJ/m^3(kcal/m^3)	折标准煤系数 /(kg$_{ce}$/kg$_r$)
原煤		20908(5000)	0.714	油田天然气	38931(9310)	1.3300
洗精煤		26344(6300)	0.9000	气田	35544(8500)	1.2143
其他 洗煤	洗中煤	8363(2000)	0.2857	煤矿瓦斯气	14636～16726 (3500～4000)	0.5000～0.5714
	煤泥	8363～12545 (2000～3000)	0.2857～0.4286	焦炉煤气	16726～17981 (4000～4300)	0.5714～0.6143

能源名称	平均低位发热量 /kJ/kg(kcal/kg$_r$)	折标准煤系数 /(kg$_{ce}$/kg$_r$)	能源名称	平均低位发热量 /kJ/m^3(kcal/m^3)	折标准煤系数 /(kg$_{ce}$/kg$_r$)
焦炭	28435(6800)	0.9714	高炉煤气	3763()	0.1286
原油、渣油	41816(10000)	1.4286	发生炉煤气	5227(1250)	0.1786
燃料油	41816(10000)	1.4286	重油催化裂解煤气	19235(4600)	0.6571
汽油、煤油	43070(10300)	1.4714	重油热裂解煤气	35544(8500)	1.2143
煤焦油	33453(8000)	1.1429	焦炭制气	16308(3900)	0.5571
液化石油气	50179(12000)	1.7143	压力气化煤气	15054(3600)	0.5143
炼厂干气	46055(11000)	1.5714	水煤气	10454(2500)	0.3571
热力(当量值)		0.03412kg$_{ce}$/MJ	粗苯	41816(10000)	1.4286
电力(当量值)	3600kJ/(kW·h)	0.1229kg$_{ce}$/(kW·h)			
电力(等价值)	按照当年火电发电标准煤耗计算				
蒸汽(低压)	3763MJ/t(900Mcal/t)	0.1286kg$_{ce}$/kg			

注: 资料来源——中国建筑材料联合会.建筑材料产品能耗限额国家标准应用指南.北京: 中国标准出版社, 2010.

附表 5-8(2) 耗能工质能源等价值

品种	单位耗能工质耗能量 /MJ/t(kcal/t)	折标准煤系数 /(kg$_{ce}$/kg$_r$)	品种	单位耗能工质耗能量 /MJ/m^3(kcal/m^3)	折标准煤系数 /(kg$_{ce}$/kg$_r$)
新水	2.51(600)	0.0857	压缩空气	1.17(280)	0.0400
软水	14.23(3400)	0.4857	鼓风	0.88(210)	0.0300
除氧水	28.45(6800)	0.9714	氧气	11.72(2800)	0.0400
电石	60.92MJ/kg	2.0786	氢气(做副产品时)	11.72(2800)	0.0400
			氢气(做主产品时)	19.66(4700)	0.6714
			二氧化碳气	6.28(1500)	0.2143
			乙炔	243.67()	8.3143

注: 资料来源——中国建筑材料联合会.建筑材料产品能耗限额国家标准应用指南.北京: 中国标准出版社, 2010.

耗能工质是指在生产过程中所消耗的不作为原料使用, 也不进入产品, 是在生产时需要直接消耗能源的工作物质。GB 2589—2008 中规定是指那些在生产中使用量大、消耗多的物质, 包括水(新水、软水、除氧水)、气(压缩空气、氧气、氮气、二氧化碳气、氢气等)、鼓风、乙炔、电石等。究竟哪些工质需要纳入能耗计算, 要根据生产工艺特点而定。水泥企业将水计入。

不同形式的能量在相互转化时, 由于采用的单位不同, 用能量等价值来表示出相互之间的数量关系。能量的等价值是指生产单位数量的二次能源或耗能工质所消耗的各种能源折算成一次能源的能量。

附表 5-9 水泥企业能耗对标指标定义统计范围和计算式

		综 合 能 耗
项 目		**内 容**
熟料综合能耗 E_{cl}	定义	在统计期内,生产每吨熟料消耗各种能源折算成标煤时,所得的能耗称为熟料综合能耗,单位为 kg$_{ce}$/t$_{cl}$
	计算式	$E_{cl}=$熟料综合煤耗+熟料综合电耗 $=e_{cl}+Q_{cl}\times0.1229=e_{cl}+e_{yhg}a+e_{rhg}b+$ $[Q_{sc}+Q_{fg}+(Q_{ps}+Q_{yjh}+Q_{yfm}+Q_{jh})a+Q_{rfm}+Q_{cs}+Q_{fz}+Q_{gt}]\times0.1229$
熟料综合煤耗 e_{cl}	计算式	$e_{cl}=e_{sc}+e_{yhg}a+e_{rhg}b$ =熟料烧成标煤耗+原料烘干标煤耗+燃料烘干标煤耗
熟料综合电耗 Q_{cl}	计算式	$Q_{cl}=$熟料烧成电耗+废气处理电耗+原料破碎电耗+原料预均化电耗+ 生料制备电耗+生料均化电耗+燃料制备电耗+熟料储存与输送电耗+ 辅助生产电耗+其他应计电耗 $=Q_{sc}+Q_{fg}+(Q_{ps}+Q_{yin}+Q_{yfm}+Q_{jh})a+Q_{rfm}b+Q_{cs}+Q_{fz}+Q_{gt}$

综合能耗		
项　目		内　容
水泥综合能耗 E_c	定义	在统计期内,生产每吨水泥消耗各种能源折算成标煤时,所得的能耗称为水泥综合能耗,单位为 kg_{ce}/t_{cl}
	计算式	E_c＝熟料综合标煤耗、电耗＋混合材烘干标煤耗、电耗＋水泥粉磨电耗＋水泥包装、散装和输送电耗 ＝$e_{cl}c+e_{hhg}d+(Q_s+Q_{hhg}d+Q_{bz}+Q_{fz}+Q_{gt}+Q_{cl}c)\times0.1229$
水泥综合煤耗 e_c	计算式	e_c＝熟料综合标煤耗＋混合材烘干标煤耗＝$e_{cl}c+e_{hhg}$
水泥综合电耗 Q_c	计算式	Q_c＝熟料综合电耗＋混合材烘干电耗＋水泥粉磨电耗＋水泥包装、散装、输送电耗＋辅助生产电耗＋其他应计电耗 ＝$Q_{hhg}d+Q_s+Q_{bz}+Q_{fz}+Q_{gt}+Q_{cl}c$

符号说明 (统计期内)	符号	a	b	c	d
	代表值	干基生料耗(包括生产损失)单位为 kg/t_{cl}	燃料耗(包括生产损失)单位为 kg_r/t_{sl}	水泥中熟料平均配比单位为%	水泥中混合材平均掺量单位为%

分步电耗指标		
原料破碎电耗 Q_{ps}	定义	在统计期内,用于石灰石、砂岩、铁矿等各种原料破碎的电力消耗,$kW\cdot h/t_{物料}$
	范围	包括破碎机的电耗、输送系统电耗及除尘设备等电耗
	计算式	$Q_{ps}=\dfrac{统计期内原料破碎系统电耗}{同期破碎的干基料量}=\dfrac{g_{ps}}{G_{ps}}$
原料预均化电耗 Q_{yjh}	定义	在统计期内,用于原料预均化的电力消耗,$kW\cdot h/t$
	范围	包括堆取料机的电耗和原料输送皮带的电耗及一些转运点除尘设备的电耗等
	计算式	$Q_{yjh}=\dfrac{统计期内预均化系统电耗}{同期堆取料的干基物料量}=\dfrac{g_{yjh}}{G_{yjh}}$
原料烘干煤耗 e_{yhg}	定义	在统计期内,用于原料烘干的燃料消耗,kg_{ce}/t
	范围	用于各种原料烘干的燃料,包括热风炉和其他烘干设备用油折算的标准煤量
	计算式	$e_{yhg}=\dfrac{统计期内烘干原料消耗的燃料热量}{同期原料干基产量}=\dfrac{P_{yr}\times1000\times Q_{net,ar}}{P_y\times7000\times4.1816}$
生料粉磨电耗 Q_{yfm}	定义	在统计期内,用于生料粉磨的电力消耗,$kW\cdot h/t$
	范围	从原料调配库底开始至生料入均化库整个生料制备过程消耗的电量。包括入磨原料输送皮带、生料磨主机、选粉机、循环风机和辅机输送设备以及入生料库提升机和均化库顶输送设备的电力消耗,$kW\cdot h/t$
	计算式	$Q_{yfm}=\dfrac{生料制备系统电耗}{生料磨干基系统产量}=\dfrac{q_{yfm}}{G_y}=\dfrac{q_{yfm}}{G_o(100-W_o)/100}$ W_o——入磨物料平均综合水分
生料均化电耗 Q_{jh}	定义	在统计期内,用于生料均化的电力消耗,$kW\cdot h/t$
	范围	主要包括库底充气罗茨风机和库底卸料设备的电耗
	计算式	$Q_{jh}=\dfrac{生料均化系统}{均化的干基生料量}=\dfrac{q_{jh}}{G_{jh}}$
燃料烘干煤耗 e_{rhg}	定义	在统计期内,用于燃料烘干的燃料消耗,kg_{ce}/t
	范围	在统计期内,用于各种燃料烘干消耗的燃料,包括热风炉和其他烘干设备用油折算的标准煤量
	计算式	$e_{rhg}=\dfrac{统计期内烘干燃料消耗的燃料量}{同期燃料干基量}=\dfrac{P_{rr}\times1000Q_{ret,ar}}{P_r\times7000\times4.1816}$
燃料制备电耗 Q_{rfm}	定义	在统计期内,将进厂的块状燃料进行预均化、破碎和粉磨至适当细度,以满足燃烧要求过程消耗的电量
	范围	包括燃料原煤预均化、破碎、入磨燃料输送皮带、煤磨主机、选粉机、堆取料机和辅助输送设备等电耗,不包括输送煤粉罗茨风机电耗
	计算式	$Q_{rfm}=\dfrac{燃料制备系统电耗}{燃料干基产量}=\dfrac{q_{rfm}}{G_r}=\dfrac{q_{rfm}}{G_1(100-W_1)/100}$

分步电耗指标		
项 目		**内 容**
废气处理电耗 Q_{fg}	定义	在统计期内,对出窑和出磨系统的废气进行增湿降温和除尘等处理,使排放的废气达到环保要求过程的电力消耗,$kW\cdot h/t$
	范围	在统计期内,从高温风机和出磨系统的废气进行增湿降温和除尘过程消耗的电量。包括增湿塔水泵、电除尘器或袋除尘器、排风机以及增湿塔和除尘器的物料输送设备的电耗
	计算式	$Q_{fg}=\dfrac{\text{统计期内废气处理系统电耗}}{\text{同期熟料总产量}}=\dfrac{q_{fg}}{P_{cl}}$
熟料烧成电耗 Q_{sc}	定义	在统计期内,用于熟料烧成的电力消耗,$kW\cdot h/t$
	范围	从生料出均化库库底小仓到熟料入熟料库整个熟料烧成过程消耗的电量。包括回转窑主电机、窑尾高温风机、窑头排风机、窑头除尘器、窑头冷却机传动和冷却风机、窑头、窑尾一次风机、生料喂料设备以及送煤罗茨风机等电耗
	计算式	$Q_{sc}=\dfrac{\text{统计期内熟料烧成系统电耗}}{\text{同期熟料总产量}}=\dfrac{q_{sc}}{P_{cl}}$
熟料烧成煤耗 e_{cl}	定义	在统计期内,用于熟料烧成的燃料消耗,kg_{ce}/t
	范围	为回转窑和分解炉消耗的燃料,应包括烧成系统点火、烘窑期间的油耗折算的标准煤量
	计算式	$e_{cl}=\dfrac{\text{统计期内用于熟料烧成的入窑与入炉实物煤总量}}{\text{同期熟料产量}}$ $=\dfrac{P_c Q_{net,ar}}{P_{cl}\times 7000\times 4.1816}$
熟料贮存与输送电耗 Q_{cs}	定义	在统计期内,用于熟料贮存与输送出厂或输送至水泥调配库的电力消耗,$kW\cdot h/t$
	范围	对熟料生产线,其统计范围为包括熟料库卸料设备及相关除尘设备和散装设备等消耗的电量;对水泥生产线,为以熟料库底卸料到熟料输送至水泥调配库的输送设备及库顶除尘设备的电耗
	计算式	$Q_{cs}=\dfrac{\text{统计期内熟料贮存与输送电量}}{\text{同期熟料产量}}=\dfrac{q_{cs}}{P_{cl}}$
辅助生产电耗 Q_{fl}	定义	在统计期内,空压机、循环水泵与辅助生产设备的电耗,$kW\cdot h/t$
	范围	包括空压机、循环水泵与辅助生产设备等消耗的电量
	计算式	$Q_{fl}=\dfrac{\text{统计期内辅助生产系统的消耗电量}}{\text{同期熟料或水泥产量}}=\dfrac{q_{fl}}{P}$ P——熟料或水泥产量,t
其他应计电耗 Q_{sc}	定义	在统计期内,用于生产办公室系统、化验室、机修和车间照明以及厂区线路损失的电力消耗,$kW\cdot h/t$
	范围	包括生产办公室、化验室、机修和车间照明以及厂区线路损失等用于生产的电量
	计算式	$Q_{gt}=\dfrac{\text{其他用于生产的电量}}{\text{熟料或水泥产量}}=\dfrac{q_{qt}}{P}$
混合材烘干煤耗 e_{hhg}	定义	在统计期内,用于混合材烘干的燃料消耗,kg_{ce}/t
	范围	包括用于各种混合材烘干的燃料、烘干炉和其他烘干设备用油折算成标准煤量
	计算式	$e_{hhg}=\dfrac{\text{在统计期内烘干混合材消耗的燃料发热量}}{\text{同期烘干混合材干基量}}$ $=\dfrac{P_r\times 1000\times Q_{net,ar}}{P_h\times 7000\times 4.1816}$
混合材制备电耗 Q_{hzb}	定义	在统计期内,用于混合材破碎、烘干的电力消耗,$kW\cdot h/t$
	范围	在统计期内,从混合材破碎、入烘干机开始至烘干的混合材成品入贮存仓整个混合材生产过程消耗的电量。包括混合材破碎机、烘干机传动、除尘设备、喂料设备和相关输送设备等的电量
	计算式	$Q_{hzb}=\dfrac{\text{统计期间混合材制备电耗}}{\text{混合材干基产量}}=\dfrac{q_{hzb}}{P_h}$

分步电耗指标		
项　目		内　容
水泥粉磨电耗 Q_s	定义	在统计期内,用于水泥粉磨过程的电力消耗,kW·h/t
	范围	从水泥熟料、石膏和各混合材配料库库底开始到水泥入水泥库整个水泥粉磨过程消耗的电量。包括水泥磨主机、辊压机、选粉机、除尘设备、排风机和输送设备等电量
	计算式	$Q_s=\dfrac{统计期内水泥粉磨系统电量}{同期水泥粉磨系统产量}=\dfrac{q_s}{G_s}=\dfrac{q_s}{G_2(100-W_2)/100}$ G_2——水泥粉磨系统的喂料量,t W_2——水泥成品的平均水分,%
水泥袋、散装及输送电耗 Q_{bz}	定义	在统计期内,水泥袋装、散装和水泥在厂区输送过程的电力消耗,kW·h/t
	范围	从水泥成品出水泥库至水泥出厂过程消耗的电量包括包装机、散装机、除尘设备和气动输送设备等电量
	计算式	$Q_{bz}=\dfrac{统计期内水泥袋散装及输送系统的电量}{水泥袋、散装及输送水泥量}=\dfrac{q_{bz}}{P_s}$
说明		(1)统计期内熟料产量可以根据生料喂料量和生熟料折合系数进行折算。前提是喂料计量设备必须准确可靠,生熟料折合系数准确;也可由熟料过秤直接确定 (2)燃料收到基低位发热量经过实测确定。每一批燃料用量和燃料发热量必须对应 (3)统计期内燃料平均低位发热量,采用加权平均法 (4)为便于使用和查询,本附表中的代码、注脚均按照中国水泥协会、天津水泥工业设计研究有限公司编写的《水泥企业能效对标指南》一书

附表 5-10　部分水泥设备产能理论计算式

设备名称		计　算　式	说　明
破碎机	颚式	$G=60d_eSLn\mu\dfrac{\gamma}{\tan\alpha}$	G——产能,t/h d_e——破碎产品平均粒径,m S——动颚下端行程,m L——进料口长度,m n——偏心轴转速,r/min μ——产品松散系数,一般为 0.25~0.7,对硬度大的取小值 γ——产品容积密度,t/m³ α——破碎机钳角,一般在 18°~22°
	锤式	$G=k\dfrac{N}{q}$ $G=(30\sim45)DL\gamma$	G——产能,t/h N——破碎机装机功率,kW k——功率利用率,一般中碎、细碎为 0.85,单段为 0.6~0.65,TPC 和 TLPC 为 0.8 q——破碎该物料的单位功耗,kW·h/t $D、L$——转子旋转外径和有效长度,m
	反击式	$G=\mu K\pi DLne\rho$	G——产能,t/h K——系数,0.018~0.02 $D、L$——转子直径和长度,m n——转子转速,r/min e——排料口宽度,m ρ——物料松散密度,t/m³
	影响因素:矿石易碎性、喂料均匀性、产品粒度等		
输送设备	斜槽	$G=3600KFV\rho$	K——物料流动阻力系数,K 取 0.9 F——槽内物料截面积,m² V——槽内物料流动系数,m/s ρ——流态化物料的容积密度,t/m³
	影响因素:粉体物料流动情况,鼓风的风量、风压、排气顺畅性等		

设备名称		计 算 式	说　明
输送设备	斗提	$G=3.6Q_v V \dfrac{\phi}{S}$	Q_v——料斗容量，L V——斗速，m/s S——斗距，m ϕ——物料充满系数
	影响因素：装料充满度、挂斗链距、入料粒度情况等		
	螺运机	$G=47D^2 n\gamma tC\phi$	D——螺旋叶片直径，mm n——转速，r/min t——螺旋节距，m C——倾角系数
	影响因素：物料填充率、转速、叶片磨损情况等		
	皮带机	$G=3600vF\rho C$	v——带速，m/min F——带上物料面积，m^3/m 其余同上
	影响因素：料槽形式、物料黏湿度等		
磨机	球磨机	$G=N_0 K_1 K_2 K_3 K_4$	N_0——磨机需要功率，kW K_1——磨机单位功率产量，t/(kW·h) K_2、K_3、K_4——入磨粒度、产品细度修正系数和磨机开圈流程系数
	影响因素：物料易磨性、入料粒度、水分、产品细度、研磨体级配、通风情况等		
	辊式磨	$G_m=K_G D^a$ $G_m=\dfrac{N_0}{W_L}$ $G_d=K_d D^{2.5}$	G_m——粉磨能力，t/h K_G——辊磨机形式系数 D——磨盘直径，m a——指数，a 取 2.0～2.5 N_0——辊磨需用功率，kW W_L——物料单位功耗，kW·h/t G_d——辊磨烘干能力，t/h K_d——辊磨型式烘干系数
	影响因素：物料易磨性、入料粒度、水分、产品细度、辊压、热风风量及温度、通风情况等		
	辊压机	$G_R=3600Bev\gamma$ $Q_R=\dfrac{G_R(1+L_R)}{K}$	G_K——辊压机能力，t/d B——辊压机宽度，m e——料饼厚度，基本同间隙，m v——辊压机线速度，m/s γ——料饼容积密度，t/m^3，生料取 $2.3t/m^3$，熟料取 $2.5t/m^3$ Q_R——辊压机通过能力，t/h L_R——辊压机循环负荷，与流程有关，以小数表示，预粉磨和联合粉磨时 $L_R=1.5$，半终粉磨时 $L_R=3\sim4$，终粉磨时 $L_R=4\sim6$ K——通过量波动系数，取 0.8～0.9，若 Q_R 是保证值，则 K 取 1.0
	影响因素：物料易磨性、入料粒度、水分、产品细度、辊压、辊缝、通风情况等		
水泥窑	预分解窑	$M=KD_f^{1.5}L$ $G=0.024(1+\lambda)D^{2.5}L$	M——熟料日产量，t/d G——预分解窑系统小时产量，t/h K——窑型系数 D_f、L——窑有效内径和长度，m D——窑筒体直径，m λ——入窑生料表观分解率，用小数值
	影响因素：物料易烧性、窑/炉的燃料比是否合适、通风情况是否恰当等		
	机立窑	$M=4990\dfrac{V_t}{q}$	M——日产量，t/d V_t——实际入窑空气量，m^3/min q——熟料热耗，kJ/kg_{sh}
	影响因素：物料易烧性、操作方法、喂料与出料的平衡、配煤情况、底火是否稳定等		

设备名称		计　算　式	说　　明
烘干机	回转烘干机	$G = \dfrac{AV}{1000\left(\dfrac{W_1 - W_2}{100 - W_1}\right)}$	G——物料在终水分 W_2 时产量,t/h A——烘干机单位容积蒸发强度(参见表 6-2),kg/(m³·h) V——烘干机筒体容积,m³ W_1、W_2——物料烘干前后水分,%

注：1. 对烘干兼粉磨类的磨机，除粉磨能力外，还要计算烘干能力。

2. 表中影响因素设备产能设计部门已提供，故本计算式对其中参数值不详加介绍。在设备规格性能已定的情况下，影响企业的生产产量高低的主要因素为物料性能（易碎性、易磨性、易烧性等）、进机粒度、产品细度和运转率。

第六章

粉磨工艺参数计算

为提高原燃料的物理作用效果和化学反应速率,水泥企业需要对原料、燃料、熟料、混合材等进行粉磨作业,制备出细化后的生料粉、煤粉、工业废渣粉和水泥。粉磨是水泥企业主要的生产工序,也是电耗和金属消耗最大的场所,是节能减耗的重点。用于粉磨的设备,有以冲击为主的管(球)磨机、以剪切力为主的辊式磨和靠挤压力进行作业的辊压机,还有可大量利用的热废气进行烘干和粉磨的烘干磨(包括辊式磨)。下面简要介绍各类磨机粉磨工艺、烘干参数和日常工艺技术管理中计算项目。

第一节 管(球)磨机

以钢球、钢段作为研磨介质,对圆筒内的粒状物料不断进行冲击和研磨,最后制备出合格的粉状产品的设备,称为管(球)磨机。

一、磨机有效容积

磨机有效容积为扣除衬板和隔仓板所占据容积后的磨机容积。各仓的有效容积,则按各仓有效内径和长度分别计算。其数学表达式:

$$V_i = 0.785 D_i^2 L_i \tag{6-1}$$

式中　V_i——磨机有效容积,m^3;

　　D_i,L_i——磨机有效内径(磨机直径扣去衬板厚度)和有效长度(磨机的规格长度扣去隔仓板和磨头护板厚度),m。

二、生产能力

磨机的生产能力是指该系统设备在设计认定的生产条件下,如原料性能、产品细度等,并在连续正常(即不受开、停机影响)时,设备能达到且经济合理的能力。生产能力与操作水平无关,也与统计的和测定的小时产量、台时产量数值上有差别。以下介绍生产能力的计算公式以及生产条件变动后的粉磨能力调整的计算关系式。

1.产能理论式

磨机的生产能力分为粉磨能力和烘干能力。一般钢球磨只要求计算粉磨能力,但对烘干兼粉磨的烘干磨，如风扫磨、中卸磨、带烘干仓的尾卸磨等，除计算粉磨能力外，还要计算烘干能力，按取低值原则作为设计确定产能值依据，产能计算式分述如下。

（1）粉磨能力

球磨机粉磨能力是指物料在研磨体冲击、研磨作用下的产量。影响粉磨能力的因素很多，常用的理论算式和经验公式，见表6-1。

表6-1　球磨机粉磨能力部分计算式

依据	计算式	符号含义
按功率建立	$G = N_0 q \dfrac{\eta_C}{1000}$ $G = 0.148 G_w D_i n \varphi^{-0.2} q \dfrac{\eta_C}{1000}$ $G = 0.184 D_i V_i n \varphi (6.16 - 5.75\varphi) q \dfrac{\eta_C}{1000}$ $N_0 = 0.2 n D_i V_i \left(\dfrac{G_w}{V_i}\right)^{0.8}$	G——球磨机粉磨能力，t/h N_0——磨机需要功率，kW $q，K_1$——单位理论功的生产能力，kg/(kW·h) $\eta_C，K_4$——流程系数，开路 $\eta_C = 1.0$；闭路 $\eta_C = 1.15 \sim 1.5$ n——磨机转速，r/min G_w——研磨体装载量，t φ——研磨体填充系数，%
综合系数法	$G = N_0 K_1 K_2 K_3 K_4$	$V_i，D_i$——磨机有效内容积(m³)和有效内径(m) $K_2，K_3$——入磨粒度和出磨筛余细度修正系数
联合粉磨时	$G_m = \dfrac{3.6 Z N_0 \eta}{\eta_C (S_4 - S_1)}$ 辊压机水泥联合粉磨中[①] $G_m = \dfrac{N_m}{S_m Z_m K}$ $N_m = G_m S_m Z_m K$ $S_m = S - S_G$ $Z_m = Z_{0m} A_1 A_2 A_3$	Z——物料可磨性指数 η——有用功利用系数，用小数表示 $S_4，S_1$——成品和入磨料饼的比表面积，m²/kg G_m——辊压机联合粉磨时，系统小时产量，t/h N_m——球磨机需要功率，kW S_m——球磨机承担粉磨比表面积值，m²/kg $S，S_G$——成品和入磨物料的比表面积，m²/kg Z_{0m}——原料加工试验计算出来的表面功指数，kW·h/(t·m²/kg) Z_m——修正后球磨机表面功指数，kW·h/(t·m²/kg) K——校正系数，取1.1 $A_1，A_2，A_3$——磨径、流程、比表面积的修正系数

① 资料来源——张世才等. 水泥联合粉磨系统主机工艺选型计算 [J]. 水泥工程，2011，(5)：19.

注：1. 计算式中参数值见表6-3。

2. 按不同依据所建立的球磨机粉磨能力计算式中，虽然所代表物理意义相同，而在式中采用的符号不同，为节省篇幅，表中将它们合并介绍，如 q 和 K_1、η_C 和 K_4。

（2）烘干能力

干法粉磨的物料必须在干燥情况下才能磨得细。烘干能力是指整个机组中具有烘干作用的所有设备，利用干燥介质的热量，通过热交换蒸发湿物料中水分，完成干燥作业，在符合出磨机产品水分下的能力。对只有磨内具有烘干系统的磨机称为磨机烘干能力，用磨机单位容积蒸发水分量表示，指标参数为"蒸发强度"（又称"烘干指数"）A。

球磨机烘干能力计算式见表6-2。

表6-2　球磨机烘干能力计算式

指 标		计算式	符 号 含 义
定义式	全磨蒸发强度	$A = \dfrac{G_{H_2O}}{V_i}$	A——蒸发强度，$kg_{水}$/(m³·h)
	烘干仓蒸发强度	$A = \dfrac{G_{H_2O}}{V_{ci}}$	$V_i，V_{ci}$——全磨和烘干仓有效容积，m³
经验回归统计式	风扫式烘干磨	$A = 4.3665 + 9.9787 W_1$	G_{H_2O}——磨机小时蒸发水分量，kg/h
	中卸烘干磨	$A = 6.8694 + 9.587 W_1$	W_1——物料初水分，%
	风扫式烘干磨	$A = 11.54 + 7.54 W_1$	

粉磨能力计算中系数见表 6-3。

K_1 为磨机单位功率产量 [kg/(kW·h)]，无实测数据时，可参考表 6-3(1)。

K_2 为入磨粒度修正系数。

K_3 为粉磨细度修正系数，$K_3 = R_{b2}/R_{b1}$。

K_4 为磨机流程系数，开路 $K_4 = 1$，$K_4 = 1.15 \sim 1.50$。

A_1 为磨机直径修正系数。

A_2 为流程系数，采用圈流磨系统，$A_2 = 1$。

A_3 为不同粉磨比表面积修正系数，$A_3 = (S/300)^{1.3}$，S 为成品比表面积（m^2/kg）。

表 6-3　粉磨能力计算中系数

表 6-3(1)　磨机单位理论功的生产能力 q

表 6-3(1a)　生料磨机单位理论功的生产能力　　单位：kg/(kW·h)

粉磨型式		干法生料磨		烘干磨		
		开路	一级圈流	中卸式	尾卸式	风扫式
单位功率产量 K_1	样本统计的范围数值	49.7～58.1	72.0～102	76.2～104		
	平均值	53.9	91.2	93.4	85.3	82.3
	确定采用参考值	50～60	75～85	85～95	80～90	75～85

表 6-3(1b)　水泥磨机单位理论功的生产能力

水泥比表面积/(m²/kg)	250	260	270	280	290	300	310	320
水泥单位电耗/(kW·h/t)	24.21	25.47	26.75	28.04	29.36	30.68	32.02	33.37
磨机单位功率产量/[kg/(kW·h)]	41.43	39.26	37.38	35.66	34.06	32.59	31.23	39.97
水泥比表面积/(m²/kg)	330	340	350	360	370	380	390	400
水泥单位电耗/(kW·h/t)	34.73	36.10	34.79	38.88	40.30	41.72	43.15	44.60
磨机单位功率产量/[kg/(kW·h)]	28.79	27.70	26.67	25.72	24.81	23.97	23.47	22.42

注：水泥粉磨是采用圈流生产线，使用高效选粉机。

表 6-3(2)　磨机综合系数法计算中系数

表 6-3(2a)　入磨粒度修正系数 K_2

粒度/mm	5	10	15	20	25	30
K_2	1.17～1.50	1.10～1.26	1.05～1.14	1.02～1.06	1.0	0.98～0.96

表 6-3(2b)　粉磨细度系数 R_b

细度 $R_{0.080}$/%		1	2	3	4	5	6	7	8	9	10	11	12	13	14
细度系数 R_b	开路磨	0.5	0.59	0.66	0.72	0.77	0.82	0.87	0.91	0.96	1.00	1.04	1.09	1.13	1.17
	闭路磨	0.44	0.53	0.60	0.66	0.72	0.78	0.84	0.89	0.94	1.00	1.05	1.10	1.16	1.22

表 6-3(3)　磨机直径修正系数 A_1

磨径（外径）/mm	$\phi 3.7(\phi 3.8)$	$\phi 3.9(\phi 4.0)$	$\phi 4.1(\phi 4.2)$
A_1	0.92	0.91	0.901

2. 生产条件变动时粉磨能力调整式

在实际生产中，由于原燃料品质变化，或水泥企业进行技改后，都将影响原设计的粉磨能力。众所周知，降低入磨物料粒度是提高磨机产量、降低粉磨电耗的有效措施；粉磨效率与物料的易磨性成正比；产品细度与粉磨能力成反比；在粉磨流程上，采用圈流或预粉磨方式，均能提高磨机的粉磨能力。因此，当生产条件（与原设计对照）变动后，生产能力需要重新核定或调整，其趋势关系算式，可借助乘方式（$G=aR^n$）表示，见表6-4。这里需要指出，因这些仅是理论计算，生产上必须用其他参数给予配合，如研磨体级配、磨仓长度调整、通风状况等，才能取得效果。

表 6-4　生产条件变动对粉磨能力影响关系式

变动参数	关系式	符　号　含　义
入磨物料平均粒度	$G_2=\left(\dfrac{d_1}{d_2}\right)^m G_1$	G_1、G_2——入磨物料粒度在 d_1 和 d_2 下小时产能，t/h d_1、d_2——入磨物料粒度（一般用80%通过的粒径表示），mm m——粒度效应指数，与物料特性、粉磨流程有关，一般 $m=0.10\sim0.35$。 软质物料 m 取低值；对硬质物料（如砂岩、石灰石）m 取高值；生料磨 m 接近0.15；水泥磨、圈流磨，m 接近0.10；采用挤压工艺联合粉磨后，$m=0.22\sim0.35$
物料易磨性	$G_2=\left(\dfrac{K_{m2}}{K_{m1}}\right)G_1$ $G_2=\left(\dfrac{W_{i2}}{W_{i1}}\right)G_1$ $G_{r2}=\left(\dfrac{HGI_2}{HGI_1}\right)G_{r1}$	G_1、G_2——在物料易磨性系数 K_{m1}、K_{m2} 或粉磨功 W_{i1}、W_{i2} 时，磨机小时产量，t/h G_{r1}、G_{r2}——原煤在哈氏指数 HGI_1 和 HGI_2 下台时产量，t/h K_{m1}、K_{m2}——物料相对易磨性系数，该值由试验求得 W_{i1}、W_{i2}——物料的粉磨功，kW·h/t，该值由试验求得 HGI_1、HGI_2——入磨原煤改前和改后的哈氏指数
产品细度	$G_2=K_3 G_1$ $=\dfrac{R_{b2}}{R_{b1}}G_1$ $G_2=\dfrac{f_2}{f_1}G_1$ $G_{r2}=G_{r1}\dfrac{R_2}{R_1}^{0.40\sim0.48}$	G_1、G_2——物料在产品细度为 R_1、R_2 下的小时产能，t/h K_3——细度修正系数，见表6-3 G_1、G_2——水泥在比表面积 S_1、S_2 下水泥磨小时产能，t/h f_1、f_2——水泥在比表面积 S_1、S_2 下的粉磨能力指数，如图6-1所示 G_{r1}、G_{r2}——当煤粉细度为 R_1 和 R_2 时煤磨小时产能，t/h R_1、R_2——磨机生产的煤粉细度值，% $0.40\sim0.48$——关系式指数（由试验得出）
粉磨流程	$G_2=K_4 G_1$	G_1、G_2——圈流和开流时磨机小时产能，t/h K_4——磨机流程系数。开流磨 $K_4=1$；圈流磨 $K_4=1.1\sim1.6$；水泥磨采用高效选粉机时 $K_4=1.35\sim1.50$

注：1. 物料易磨性在无试验数值时，其参考值如下表。

物料名称	干法回转窑熟料	石灰石			矿渣		煤	黏土	石英粉
		硬质	中硬	软质	水淬	粒状			
易磨性系数 K_m	1.0	1.35	1.60	1.80	1.15~1.25	0.55~1.00	0.8~1.6	3.0~3.5	0.6~0.7

2. 煤磨产量与细度关系式，是合肥水泥研究设计院吴志明等通过试验，提出并发表在中国水泥杂志[2010，（3）：51]上：$Q_2=Q_1\dfrac{R_2}{R_1}^{0.40\sim0.48}$，式中，$Q_2$ 和 Q_1 表示筛余为 R_2、R_1 时煤磨的产能，t/h。

3. 煤的易磨性对球磨、辊式磨的产量影响系数，见中国水泥协会、天津水泥工业设计研究有限公司编写的《水泥企业能效对标指南》。以 HGI=55 为基准：

HGI		40	45	50	55	60	65	70	75	80	85	90
影响系数 K_r（HGI_2/HGI_1）	球磨机	0.74	0.83	0.91	1.0	1.08	1.17	1.25	1.35	1.42	1.50	1.59
	辊式磨	0.80	0.87	0.95	1.00	1.06	1.12	1.18	1.24	1.30	1.36	1.41

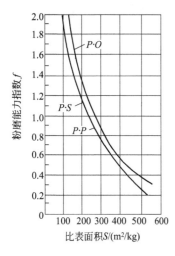

图 6-1　粉磨能力曲线

三、配球参数

将研磨体按直径大小及其质量之间的配合称为研磨体级配。研磨体级配合理选择，是挖掘粉磨效率潜力的关键，也是粉磨工艺日常工艺技术管理的一项主要内容。研磨体级配与物料性能（如粒度、易磨性）、设备配置（如规格尺寸、装机功率、结构情况）和工艺状况（粉磨方式、磨内物料量、产品品种、产品细度）等因素有关，而且粉磨作业是在动态中进行的。所以在已定粉磨设备和工艺生产流程中，企业管磨工艺技术人员和技师，通过相关研磨体级配参数（如包括研磨体装载量的确定、填充率的设定和球径及配合比的选择等）的计算，先提出初步配球方案，而后在实践应用，反馈使用效果，从而摸索出适合本磨机所使用物料性能的合理配球方案。

1. 配球基本步骤

① 列出磨机的规格尺寸结构、功率和产能，并计算磨机容积。

② 收集或测定入磨物料性能，如粒度、配比、易磨性、循环负荷等，确定入磨物料的最大级粒度和平均粒度。

③ 拟定填充率，确定装载量。

④ 计算和选择球径及组合配比。

⑤ 填写配球方案表。

⑥ 反算填充率。

⑦ 反馈生产数据，进行相应调整。

2. 填充率

磨机内研磨体填充的容积与磨机有效容积的百分比或研磨体所占断面积与磨机筒体有效断面积的百分比称为研磨体的填充率。填充率取值越高，磨机的装载量也越多。在选定了磨机的总填充率后，还要设定各仓的填充率，以确定各仓的装载量。各仓填充率的确定，除考虑物料性能（如水分、粒度、流动性等）、隔仓板形式、篦缝大小、各仓长度、粉磨流程等因素外，还要靠经验、筛析和观察，使磨机各仓研磨能力平衡。对闭路系统常采用逐仓降低的方式，以加快物料在磨内流速；对开路系统常采用逐仓升高的方式，使物料流速不要太快，以控制成品细度。此外，现场还需核算和掌握磨内研磨体实际的填充率和装载量。

粉磨效率最高时的填充率见表 6-5。

表 6-5　粉磨效率最高时的填充率

磨型	圈流短球磨	圈流中长磨	多仓开流磨	烘干兼粉磨
填充率/%	40～45	30～35	25～30	25～28

（1）填充率定义算式

用研磨体装载量为基数
$$\varphi = \frac{G_{wi}}{V_i r} \times 100\% \tag{6-2}$$

用研磨体装载后断面积为基数
$$\varphi = \frac{F_2}{F_1} \times 100\% \tag{6-3}$$

式中 φ——研磨体填充率，%；

G_{wi}——某仓研磨体装载量，t；

V_i——某仓有效容积，m^3；

r——研磨体密度，t/m^3；

F_1, F_2——磨机筒体有效容积和研磨体在该仓所占断面积，m^2。

（2）弓形函数法

将测量的研磨体表面弦长 b 和内径 D_i（图 6-2），用式（6-4）计算中心角 β 后，查弓形函数表（见附录十二，表中 Ω 即式中 β）得到弓形函数值，再按式（6-5）计算。

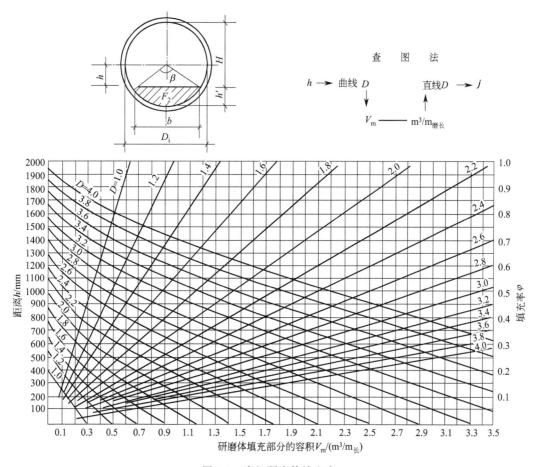

图 6-2 磨机研磨体填充率

$$\sin \frac{\beta}{2} = \frac{b}{D_i} \tag{6-4}$$

$$\varphi = \frac{seg\beta}{2\pi} \tag{6-5}$$

式中 β——研磨体装载的中心角（°），当 $\beta \leqslant 90°$ 时查正弦值，$\beta > 90°$ 时用（$180° - \beta$）查正弦值；

$seg\beta$——弓形函数，按 β 值查弓形函数表（附录十二）。

（3）测量查表法

按测量的弦长和中心高（图6-2），用式(6-6)～式(6-8)或查表6-6得到该仓相应的磨内实际填充率，这是生产企业现场通常采用的方法。

考虑设备大型化，磨内 H、L 不易测量或测量准确性差，赵祥等提出用CAD标注技术，得到相关参数，从而计算磨机研磨体填充率办法［水泥，2011，(6)：52-53］。通过测量磨内球面高度或弦长计算磨机填充率的通用计算式。

$$\frac{b}{D_i} = \sqrt{1 - \left(\frac{2H}{D_i} - 1\right)^2} \tag{6-6}$$

$$\varphi > 32\% \quad \varphi = 1.13 - 1.25\frac{H}{D_i} \tag{6-7}$$

$$\varphi < 31\% \quad \varphi = 1.067 - 1.164\frac{H}{D_i} \tag{6-8}$$

式中 b——测量的研磨体表面弦长，m；

D_i——该仓有效内径，m；

H——研磨体表面到磨内顶端高度，m。

表6-6 磨内测量值（b/D_i、H/D_i、L）与填充率 φ 的关系

表6-6(1) 测量顶高法（静态时，测量出研磨体表面到磨内顶端高度 H，单位为m）

$H/D_内$	0.72	0.71	0.70	0.69	0.68	0.67	0.66	0.65	0.64	0.63	0.62	0.61	0.60	0.59	0.58
$b/D_内$	0.898	0.908	0.917	0.925	0.933	0.940	0.947	0.954	0.960	0.966	0.971	0.975	0.980	0.984	0.987
$\varphi/\%$	22.9	24.1	25.2	26.4	27.6	28.8	30.0	31.2	32.4	33.7	34.9	36.2	37.4	38.7	39.9

表6-6(2) 测量中心法（静态时，测量出研磨体表面到磨机中心高度 h，单位为m）

$h/D_内$	0.20	0.19	0.18	0.17	0.16	0.15	0.14	0.13	0.12	0.11	0.10	0.09	0.08	0.07	0.06
$\varphi/\%$	25.2	26.4	27.6	28.8	30.0	31.2	32.4	33.7	34.9	36.2	37.4	38.7	39.9	41.1	42.4

表6-6(3) 测量弦长法（静态时，测量出研磨体表面弦长 L，单位为m）

$L/D_内$	0.900	0.905	0.910	0.915	0.920	0.925	0.930	0.935	0.940
$\varphi/\%$	23.15	23.75	24.38	25.02	25.70	26.41	27.13	27.90	28.70
$L/D_内$	0.945	0.950	0.955	0.960	0.965	0.970	0.975	0.980	0.985
$\varphi/\%$	29.55	30.44	31.39	32.41	33.49	34.69	35.67	37.41	39.07

（4）填充率测算在生产管理中应用

① 获得磨机各仓实际装载量 在初装研磨体时（无料），通过入磨实测磨内研磨体相关尺寸，查表6-6或图6-2求得填充率，再利用公式 $G_w = 3.53D_i^2 L(110 - 121H/D_i) \times 1/100 = 3.53D_i^2 L\varphi$，便可得到磨内研磨体实际装载量。当装载量与方案差距大时，要进行补加或倒出来调整。

② 提出研磨体的球面高度　在确定填充率后,利用式(6-9)可精确确定球面高度 H,避免当无法直接从表6-6中查取球面高度值,而用估算值时计算出研磨体量值不准确,也便于操作者入磨核查磨内研磨体面高度,是否符合要求和准确方便地得出要添加的研磨体质量（t）。

$$H = \frac{D_i(110-\varphi)}{121} \qquad (6-9)$$

③ 补加研磨体时添加量的确定　磨机运行一段时间后,因磨损而减少,需要补充。可以根据当前球面高度或填充率与原方案设计值比较,按公式计算方便确定补加量,而不必倒球。

补加研磨体时　　　　　　$\Delta G_w = 4.27 D_i L_i (H - H_0)$ 　　　　　(6-10)

运行过程中　　　　　　　$\Delta G_w = 3.53 D_i^2 L_i (\varphi_0 - \varphi)$ 　　　　　(6-11)

式中　H, H_0——研磨体加球前测量和本磨机经验最佳产质量时中心高度,mm;

　　　φ, φ_0——研磨体补加球前和方案设计要求的填充率,%（注意:因在运行状态下,停磨测研磨体面高度,受存料影响,故当料面高于球面时,计算出的填充率要按经验进行修正）。

（5）反求填充率

当已知磨内各仓研磨体装载量后,将其装载量按下式计算,得到该仓的研磨体填充率,与配球方案设计值对比,差距较大时应调整其装载量。

$$\varphi_i = \frac{G_{wi}}{V_i 4.6} \qquad (6-12)$$

式中　G_{wi}——某仓研磨体测量装载量,t;

　　　V_i——该仓有效容积,m³。

3. 确定研磨体装载量

要提高磨内的产量,尽可能增加研磨体装载量。但不能无限提高,装载量太高,会威胁磨机机电设备安全。制造厂在磨机技术性能说明书和设计的设备说明书中均提供了研磨体的装载量,工厂使用时,应根据实际情况有所调整,如磨机设备完好时,可多装,完好率差时宜少装。从磨机配备的电机容量和实际电流值,估计允许装载量,如当磨机处于完好时,可参考1t研磨体需 13～15kW（中小型磨机为 10～11kW）的概数。

研磨体装载量 G_w 可通研磨体填充率（分仓设定值或磨内测量值）进行计算。

$$G_{wi} = 0.785 D_i^2 L_i r \varphi \qquad (6-13)$$

式中　G_{wi}——分仓研磨体装载量,t,总量 $G_w = \Sigma G_{wi}$;

　　　D_i, L_i——磨机有效直径和长度,m;

　　　r——研磨体的堆积密度,t/m³。

不同球径的堆积密度不同［见图6-3或附录十二的“研磨体技术参数”］,按球径和该球径下的堆积密度计算。一般简易计算时,钢球和钢段 r 取 $4.6t/m^3$（考虑现在趋向降低研磨体平均球径,研磨体堆积密度增大）。

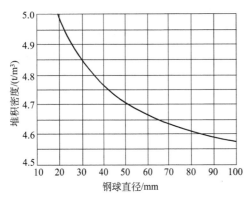

图 6-3　钢球堆积密度

4. 球径

选择球径时要与入磨物料的粒度、硬度和产品细度以及单位容积通过量相匹配。在没有运转经验数值时，可参照下面常用公式或对应关系表参考值估计。采用对应参考值时不宜机械照搬，要针对本厂物料性质和生产工艺参数选择，特别要注意入磨物料水分、流动性和工艺流程。如果物料水分太高或物料流动性太差，那么应提高研磨体的最大球径和平均球径。

(1) 最大球径

开路磨

$$d_{max} = 28D_{95}^{\frac{1}{3}} \tag{6-14}$$

闭路磨

$$d_{max} = K\sqrt[3]{D_{95}} \times \frac{f}{\sqrt{K_m}} \tag{6-15}$$

式中　d_{max}——研磨体最大球径，mm，与入磨物料粒度经验关系值，参见表 6-7；

D_{95}——入磨物料平均最大粒度（以物料95%通过筛孔孔径表示），mm；

K——磨机计算系数，一般 $K=28$，此值可调整；

f——磨机单位容积通过量 $[(G+GL)/V_i]$ 影响系数，见表 6-8；

G——磨机小时产量，t/h；

L——循环负荷，用倍数表示。

V_i——该仓有效容积，m^3。

K_m——物料平均易磨性系数，由试验取得或参考表 6-4 的表注。

表 6-7　入磨物料粒度与最大球径对应关系

表 6-7(1)　入磨物料粒度与最大球径对应关系参考值

粒度 D/mm	20~25	15~20	10~15	5~10	3~5	1~3	0.5~1	0.5~0.3	0.2~0.3	0.1~0.2
球径/mm	90	80	70	60	50	40	30	20	12	10

表 6-7(2)　入磨物料粒度 D_{95} 与最大球径对应关系参考值

D_{95}/mm	>30	25~30	20~25	15~20	10~15	5~10
d_{max}/mm	>100	90~100	80~90	70~80	60~70	50~60
D_{95}/mm	3~5	1~3	0.5~1	0.3~0.5	0.2~0.3	0.1~0.2
d_{max}/mm	40~50	30~40	20~30	16~20	12~16	10~12

注：数据来源——洪波开讲.中国建材报，2010-02.02.

表 6-7(3)　入磨物料平均粒径与钢球平均球径对应关系

物料平均粒径/mm	0.075~0.10	0.15~0.20	0.30~0.42	0.60~0.80	1.20~1.70	2.40~3.30	4.70~6.70	6.70~9.50	13.0~19.0	27.0~38.0
钢球平均球径/mm	12.5	16.0	20.0	25.0	31.0	40.0	49.0	57.0	70.0	89.0

表 6-8　磨机单位容积通过量影响系数 f

$K_V/[t/(h \cdot m^3)]$	1	2	3	4	5	6	7	8	9	10	11	12	13	14	15	16
f	1.01	1.02	1.03	1.04	1.05	1.06	1.07	1.08	1.09	1.10	1.11	1.12	1.13	1.14	1.15	1.16

注：表中 K_V 是指磨机单位容积产量。

（2）平均球径

闭路磨：

$$d_{cp} = 28\sqrt[3]{D_{80}} \times \frac{f}{\sqrt{K_m}} \tag{6-16}$$

式中　d_{cp}——平均球径，mm；

　　　D_{80}——入磨物料平均粒度（以物料 80% 通过筛孔孔径表示），mm；

　　　其余符号说明见上所述。

（3）反求平均球径

对已配的混合球，在"配球方案表"中，需要填写平均球径，采用以研磨体质量为权重的加权平均计算。

$$d_{cp} = \frac{\sum_{i=1}^{n} d_i \times W_i}{\sum_{i=1}^{n} W_i} \tag{6-17}$$

式中　d_{cp}——研磨体平均球径，mm；

　　　d_i——配球方案中各种规格研磨体直径，mm；

　　　W_i——配球方案中各种规格研磨体相应的质量，t。

5. 入磨物料粒度

制定研磨体级配方案时需要掌握入磨物料粒度情况，在测定的物料粒度分布基础上，用物料粒度特性方程 $Y = AX^K$，分别求出物料通过 80mm、95mm 的累积百分数，并计算出平均球径。

（1）粒度特性方程

$$Y = AX_R^K \tag{6-18}$$

式中　Y——通过量累积百分数，%；

　　　K——直线斜率，$K = \dfrac{\lg Y_1 - \lg Y_2}{\lg X_1 - \lg X_2}$；

　　　A——系数，用反求法求出，$A = \dfrac{Y}{X_R^K}$；

　　　X_R——筛孔粒径，mm。

（2）平均粒径 D_{cp}

$$D_{cp} = \frac{\sum_{i=1}^{n} r_i \times d_i}{100} \tag{6-19}$$

式中　D_{cp}——产物平均粒径，mm；

　　　r_i——某粒径的筛余，%；

d_i——某产物筛析的平均粒径，mm。

（3）通过不同累积百分数（80%和95%）时的粒径值

$$\lg X_R = \frac{\lg \dfrac{Y}{A}}{K} \tag{6-20}$$

式中　X_R——筛孔粒径，mm，将所计算的粒径取对数值求得；

　　　A——系数，用反求法求值。

用套筛测入磨物料粒度分布，进行计算颗粒在不同情况下的粒径值，见以下示例。

【计算示例 6-1】

用套筛测入磨物料粒度分布，见下表。利用粒度特性方程，计算"通过不同累积百分数时粒径"D_{cp}、D_{80}、D_{95} 各是多少？

筛孔/mm	30	25	20	15	10	5	<5
序号	1	2	3	4	5	6	7
筛上物 r_i/%	0	3.7	21.8	19.4	11.4	12.4	(31.3)
通过量/%		96.3	79.2	80.6	88.6	87.6	底盘料
累积通过量 Y/%	100	96.3	74.5	55.1	43.7	31.3	
粒径范围/mm		30~25	25~20	20~15	15~10	10~5	5~0
计算用平均粒径 d_i/mm		27.5	22.5	17.5	12.5	7.5	2.5
$r_i d_i$		101.75	490.5	339.5	142.5	93.0	74.4

颗粒粒径计算结果数据

颗粒粒径参数	D_{cp}/mm	D_{80}/mm	D_{95}/mm
数值	12.41	17.45	24.55

解：利用粒度特性方程，计算"通过不同累积百分数时粒径 R_x"。

① 平均粒径 $D_{cp} = \dfrac{\sum\limits_{i=1}^{n} r_i \times d_i}{100} = \dfrac{1241.5}{100} = 12.41$（mm）

② 先反求 A 值

$$K = \frac{\lg Y_1 - \lg Y_2}{\lg X_1 - \lg X_2} = \frac{\lg 96.3 - \lg 31.3}{\lg 25 - \lg 5} = 0.6984$$

$$A = \frac{Y_1}{X_1^K} = \frac{96.3}{25^{0.6984}} = 10.16$$

③ 通过 80% 累积百分数时粒径 D_{80}

$$\lg D_{80} = \frac{\lg \dfrac{Y_1}{A}}{K} = \frac{\lg \dfrac{80}{10.16}}{0.6984} = 1.2445$$

$$D_{80} = 17.45 \text{mm}$$

④ 通过 95% 累积百分数时粒径 D_{95}

$$\lg D_{95} = \frac{\lg \dfrac{95}{10.16}}{0.6984} = 1.3900$$

$$D_{95} = 24.55 \text{mm}$$

6. 研磨体级配方案

可供选择的配球方案很多，这里介绍"粒径法"研磨体级配的过程。

① 先用套筛测定入磨物料的粒度分布，然后按上述计算相应的粒径。

② 计算研磨体单位容积物料通过量。

③ 计算钢球平均球径和最大球径。

④ 拟定研磨体填充率及计算研磨体装载量。

⑤ 拟定研磨体级配百分数。拟定各种尺寸研磨体时，总体考虑方向：在粗磨阶段，关键是根据入磨物料粒度、特性所需冲击力，确定合适的最大球径和平均球径之后，再根据物料的流动性、粒度组合情况，确定各种规格尺寸大小和配比量；细磨仓研磨体级配，以入仓物料粒度、易磨性和产品细度要求为依据，在保证出磨产品细度的同时，使产品颗粒级配更趋于合理。级配数可参考表 6-9，平均球径计算式另见式(6-16)。

表 6-9　钢球级配数选用参考

磨机直径/m	粉磨方式	一仓	二仓	三仓
>3.5	闭路	3～4	2～3	2～3
2.5～3.5	开路或闭路	4～5	2～3	2～3

⑥ 计算各仓研磨体装载量，反求填充率及平均球径。

⑦ 填写研磨体级配方案表。研磨体级配方案表中，包括分仓研磨体规格、装载量、平均球径（采用钢段时无此项）、填充率；全磨则列出总装载量和填充率。

【计算示例 6-2】

对 $\phi 3.5m \times 10m$ 中卸烘干磨进行研磨体级配计算。

（1）已知磨机设备相关数据如下表：

	设　备　数　据				生　产　数　据			
仓别	D_i/m	L_i/m	V_i/m³	Σ/m³	磨机台时产量/(t/h)	75	入磨风温/℃	250～300
烘干仓	3.428	1.480	13.659	77.968	循环负荷/%	300	出磨风温/℃	100±10
粗磨仓	3.390	3.750	33.847		粗、细仓回料分配比	1：4	物料水分 W_1、W_2/%	5/0.5
细磨仓	3.390	3.750	30.462		入磨料平均易磨性系数	0.9	产品细度/%	$R_{0.080}<10$
中卸仓	—	—			石灰石入磨粒度 D_{95}/mm	23.53	页岩入磨粒度 D_{95}/mm	36.8
					石灰石入磨粒度 D_{80}/mm	13.4	页岩入磨粒度 D_{80}/mm	15.38

注：入磨物料为石灰石：（页岩＋铁矿石）＝86：14。

（2）粗磨仓研磨体级配计算

① 入粗磨仓物料平均粒径：$D_{1cp} = 13.4 \times 86\% + 15.38 \times 14\% = 13.67$ （mm）。

入粗磨仓物料粒径：$D_{amax} = 23.53 \times 86\% + 36.8 \times 14\% = 35.39$ （mm）。

② 粗磨仓单位容积通过量。因磨机喂料量为 75t/h，循环负荷为 300%，其中回粗磨仓为 60%，回细磨仓为 240%。按此条件计算，粗磨仓单位容积通过量 $K_a = (75 + 75 \times 60\%) \div 33.847 = 3.54[t/(h \cdot m^3)]$，查表 6-8，$f = 1.035$。

③ 计算研磨体平均球径和最大球径。按式(6-17)和式(6-18)分别计算球径：

$$d_{acp} = 28\sqrt[3]{13.67} \times \frac{1.035}{\sqrt{0.9}} = 73.14 \text{（mm）}$$

$$d_{amax} = 28\sqrt[3]{25.39} \times \frac{1.035}{\sqrt{0.9}} = 89.92 \text{ (mm)}$$

最大球径取90mm。

④ 钢球级配。参考表6-9，本计算钢球级配用"四级配图表"。当最大球径为90mm和平均球径为73mm时，查图6-4，取90mm球占15%，延ϕ90mm至15%的水平线上，找平均球径73mm的A点，可查出其余的ϕ80mm、ϕ70mm和ϕ60mm的钢球级配比，即：

球径 ϕ/mm		90	80	70	60	合计
配比 P/%		15	30	35	20	
装载量/t	计算	6.30	12.60	14.70	8.40	42.00
	取值	6.10	12.50	15.00	8.40	42.00

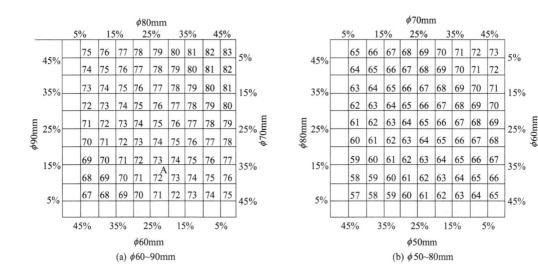

图 6-4　四级配球图

⑤ 填充率选择及计算装载量。参照表6-5，对烘干兼粉磨的中卸磨机，本计算填充率取27%。

研磨体的容积密度 $r = \sum \dfrac{P_i r_i}{100}$

$$= \frac{15 \times 4.59 + 30 \times 4.62 + 35 \times 4.66 + 20 \times 4.66}{100} = 4.64 \text{ (t/m}^3\text{)}$$

装载量 $G_{w1} = V_i \varphi r = 33.847 \times 0.27 \times 4.64 = 42.40$ (t)，取42t。

不同球径的装载量计算式，$G_{w\phi} = G_{w1}P$，将其结果数据列入上表。

⑥ 反算平均球径

$$d_{cp} = \frac{90 \times 6.10 + 80 \times 12.50 + 70 \times 15.00 + 60 \times 8.40}{42} = 73.88 \text{ (mm)}$$

⑦ 反算填充率

$$\varphi = \frac{42}{33.847 \times 4.64} = 26.74(\%)$$

（3）细磨仓研磨体级配计算

① 入细磨仓物料平均粒径 D_{bcp}，取样检测 $D_{2cp} = 1.5\text{mm}$；$D_{bmax} = 5.83\text{mm}$。

② 细磨仓单位容积通过量。

设入细磨仓喂料量按粗粉回料的 80%，生料经粗磨仓后成品合格率为 30%，则回粉总量为 $75 - 75 \times 0.30 = 52.5$（t/h），入细磨仓分配比为 80%，循环负荷率为 240%，即入细磨仓物料量 $Q = 52.5 \times 0.8 \times (1 + 2.40) = 52.5 \times 0.8 \times 3.40 = 142.8$（t/h）。

细磨仓单位容积通过量 $K_b = \dfrac{Q}{V_b} = \dfrac{142.8}{30.462} = 4.69$（t/m^3）。

查表 6-8，$f = 1.047$。

③ 计算研磨体平均球径和最大球径。

$$d_{bcp} = 28 \sqrt[3]{1.5} \times \frac{1.047}{\sqrt{0.9}} = 35.40 \text{（mm）}$$

$$d_{bmax} = 28 \sqrt[3]{4.34} \times \frac{1.047}{\sqrt{0.9}} = 50.48 \text{（mm）}$$

最大球径取 50mm。

④ 钢球级配、填充率选择及计算装载量。参考表 6-9，取"三级配"，球径 $\phi 50\text{mm}$、$\phi 40\text{mm}$、$\phi 30\text{mm}$。

参照表 6-5 对烘干兼粉磨的中卸磨机填充率 $25\% \sim 28\%$，本计算取 27%。

研磨体的容积密度 $r = \sum (P_i r_i)/100 = (15 \times 4.708 + 40 \times 4.76 + 45 \times 4.85)/100 = 4.79$（t/m^3）。

装载量 $G_{w1} = V_i \varphi r = 30.462 \times 0.27 \times 4.79 = 39.39$（t），取 $39t$。

计算数据汇总如下表：

球径 ϕ/mm		50	40	30	合计
配比 P/%		15	40	45	
装载量/t	计算	5.85	15.60	17.50	39.00
	取值	5.5	15.5	18.0	39.00

⑤ 反算平均球径：

$$d_{cp} = (5.5 \times 50 + 15.5 \times 40 + 30 \times 18.0)/39 = 36.79 \text{（mm）}$$

⑥ 反算填充率：

$$\varphi = \frac{39}{30.462 \times 4.79} = 26.73(\%)$$

（4）填写全磨配球方案表如下：

仓别	项目	研磨体				装载量/t	平均球径/mm	填充率/%
粗磨仓	钢球规格/mm	$\phi90$	$\phi80$	$\phi70$	$\phi60$	42	73.88	26.74
	装载量/t	6.10	12.5	15.0	8.4			
	比率/%	14.52	29.76	35.71	20.00			
细磨仓	钢球规格/mm	$\phi50$	$\phi40$	$\phi30$		39	36.79	26.73
	装载量/t	5.5	15.5	18.0				
	比率/%	14.10	39.74	46.15				
全磨	不包括烘干仓					81		26.74

7. 合理配球的验证

影响研磨体使用效果的因素很多，加上入磨物料品质（粒度、易磨性、水分）具有随机波动性，配球计算所推荐的数值是初步的、具有引导性质。具体各厂磨机合理的研磨体级配方案，必须以生产实践效果为准则，要随着磨机系统和入磨生产条件，经过多次生产反馈，适时调整。因此，厂际之间研磨体级配不能雷同，也不能一劳永逸。如何验证研磨体级配合适性？随后如何调整呢？

（1）生产运行中

衡量研磨体级配是否合理，通常用产品的产量、质量、电耗等指标数值变化和听磨音来检验，从中调整研磨体级配和数量。若产量低，产品细度较粗，有可能是装载量不足；若产量低，产品细度较细，有可能是装载量太多，填充率过大；若产量较高，产品细度较粗，有可能是研磨体冲击力过大，研磨能力不足，此时在级配上要减少大球，增加小球。

采用听磨音的方法时，若一仓前端钢球冲击声不连续且磨音低，后部磨音高，说明一仓能力不足，需增加球量和平均球径。细磨仓声弱且发闷，说明该仓研磨体级配填充率低，细磨能力不足，可提高研磨体装载量，降低平均球径。

（2）停磨检测观察

在生产正常情况下停料、停磨，观察球料比，可推断钢球装载量和球径是否合理。一般以粗磨仓钢球露出料面半个球，细磨仓研磨体被薄料层覆盖为宜。闭路磨若二仓料球面平整，说明级配合理，若前端料面出现凹状，说明大直径研磨体量不足；若后端料面出现凹状，说明小直径研磨体量不足。

此外，还可以通过磨内取样筛析作筛余曲线：一仓前端筛余值下降很快，后部逐渐缓慢，说明配球合理。若一仓中筛余曲线下降不显著，应调整研磨体级配。另外要注意隔仓板前后的筛析差值不宜过大。如果隔仓板前后物料筛余百分数相差太大，先检查隔仓板是否有堵塞，排除后，应适当调整研磨体装载量或改变仓位。

四、磨机单位工艺技术指标

在实际工艺生产统计中，用单位研磨体产量、单位有效功产量和单位磨机容积产量等指标进行与同行企业对比、与本企业历史生产对比。为具有可比性，首先要统一以 $R_{0.080}=10\%$ 为基准的台时产量来衡量。

1. 细度产量换算式

$$G_{10}=\frac{G_X}{K_3}$$ (6-21)

式中　G_{10}，G_X——细度 $R_{0.080}$（或 $R_{0.045}$）在 10% 和 X 时的台时产量，t/h；

　　　　K_3——细度修正系数，见表 6-3。

2. 吨研磨体参数

（1）吨研磨体产量

$$Q_W = \frac{G_{10} \times 1000}{G_W} \tag{6-22}$$

式中　Q_W——吨研磨体小时产量，kg/(t·h)；

　　　　G_W——磨内研磨体总装载量，t。

（2）吨产品研磨体消耗量

$$Y_W = \frac{A + B - C}{G} \tag{6-23}$$

式中　Y_W——吨产品研磨体消耗量，kg/t；

　　　　A——第一次装入磨内研磨体质量，kg；

　　　　B——在运转周期中向磨内补充的研磨体总量，kg；

　　　　C——清仓时倒出的研磨体量，kg；

　　　　G——同一运转周期中，所粉磨物料量，t。

3. 单位有效功产量

$$Q_N = G_{10} \times 1000 / N_0 \tag{6-24}$$

式中　Q_N——千瓦有效功的小时产量，kg/(kW·h)；

　　　　N_0——磨机计算的有效功率，kW。

4. 单位容积产量

$$Q_V = \frac{G_{10} \times 1000}{V_i} \tag{6-25}$$

式中　Q_V——磨机每立方米有效容积小时产量，kg/(m³·h)；

　　　　V_i——磨机有效容积，m³。

五、主机用电负荷

测算球磨机的用电负荷，用磨机实际用电负荷和磨机单位产量电耗表示。

1. 磨机实际用电负荷 W_D

$$K_D = \frac{3600 n_1 B_1 B_2}{n_2 t} \tag{6-26}$$

式中　K_D——磨机实际用电负荷，kW；

　　　　n_1——实测电度表转数，r；

　　　　n_2——电度表上铭牌每千瓦时的转数，r/(kW·h)；

　　　　B_1，B_2——电压互感器和电流互感器的变比值；

　　　　t——实测时间，s。

2. 磨机单位产量电耗 E

$$E = \frac{K_D}{G} \tag{6-27}$$

式中 K_D——磨机实际用电负荷，kW；

  G——磨机台时产量，t/h。

六、隔仓板开孔率

选择隔仓板有效通风面积是工艺技术管理中的一项工作。将隔仓板的物料进口面上的孔隙总面积（即小端孔面积之和）与隔仓板总面积的比值称为隔仓板开孔率（又称"通料率"和"有效通风面积"）。一般取值范围见表6-10，其数学表达式为：

$$\Phi=\frac{F_a}{F_b} \tag{6-28}$$

式中 Φ——隔仓板开孔率，%；

  F_a，F_b——隔仓板面积和隔仓板上进料面上孔隙总面积，m^2。

表6-10 球磨机隔仓板开孔率范围（参考）

磨 别	开流磨		圈流磨	烘干兼粉磨	预粉磨		联合粉磨	
	生料磨	水泥磨			一仓	二仓	一仓	二仓
隔仓板开孔率/%	6～7	5～6	8～12	12～18	6～9	12～	4～5	3～4
适宜箅缝/mm	8～10	8～10	8～12	12～14				

第二节　选　粉　工　艺

选粉是通过选粉机，将粉磨到一定程度、合格的细粉选出，粗粉重新返回磨机再进行粉磨的一个工艺过程，形成圈流粉磨系统（图6-5）。选粉机是圈流粉磨系统中重要的组成设备，评价选粉机的工作技术效能如下。

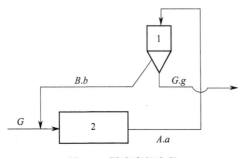

图6-5 圈流磨机流程

1—选粉设备；2—粉磨设备；A—入选粉机物料量（t）

一、循环负荷

物料循环 L 是圈流粉磨的特有参数，用循环负荷或循环次数表示。在选粉机上采用循环负荷，循环负荷是指出磨物料分选后产生的粗粉量和成品量之比，用数学式表达为：

$$L=\frac{B}{G}\times100\%=\frac{a-g}{b-a}\times100\% \tag{6-29}$$

式中 L——循环负荷，%；

  B；b——回料量，t；回料筛余细度，%（或 m^2/kg）；

  G；g——成品量，t；成品筛余细度，%（或 m^2/kg）；

  a——入选粉机物料筛余细度，%（或 m^2/kg）。

二、选粉效率

选粉效率 η 是指选粉后成品中某一粒级与选粉机入料中该粒级质量的百分数（%）。

选粉效率与粒级大小有关，生产中通常采用 $80\mu m$ 粒级。其数学表达式为：

$$\eta=\frac{100-g}{100-a}\times\frac{b-a}{b-g}\times100\%\qquad(6-30)$$

式中其余符号含义同上。

【计算示例 6-3】

$\phi 3m\times 9m$ 圈流水泥磨，测其喂料量 $T=35.00t/h$；系统各点 $R_{0.080}$ 筛余，分别为 $a=39.4\%$、$b=67.3\%$、$g=3.2\%$；产品比表面积 $S=320m^2/kg$。磨机有效容积 $V_i=50m^3$。求循环负荷、选粉效率、磨内物料通过量、单位容积物料通过量和创造精粉量。

解：

① 循环负荷

$$L=\frac{a-g}{b-a}\times100\%=\frac{39.4-3.2}{67.3-39.4}\times100\%=129.75\%\to1.30$$

② 选粉效率

$$\eta=\frac{100-g}{100-a}\times\frac{b-a}{b-g}\times100\%=\frac{100-3.2}{100-39.4}\times\frac{67.3-39.4}{67.3-3.2}\times100\%=69.53\%$$

③ 磨内物料通过量

$$T_2=T(1+L)=35\times2.30=80.5\ (t)$$

④ 单位容积物料通过量

$$K_v=\frac{T_2}{V_i}=\frac{80.5}{50}=1.61\ [t/(h\cdot m^3)]$$

⑤ 创造精粉量。因该磨机为闭路水泥磨，设入磨物料中无小于 $0.080mm$ 和 $320m^2/kg$ 细粉：

按筛余细度计，$q_R=T(100-g)=35\times(100-3.2)=33.88\ (t/h)$；

按新增比表面积计，$q_R=TS\times10^3=35\times320\times10^3=11200\ (m^2/h)$。

第三节　辊　式　磨

辊式磨是集破碎、烘干、粉磨、选粉于一体的多功能且节能的磨机。利用磨辊在磨盘上沿水平圆形轨迹运动，使磨盘上物料受到挤压和剪切作用得以粉碎。广泛用于生料、原煤粉磨和水泥预粉磨上。本节分别针对其烘干、粉磨、选粉技术性能进行介绍。

一、生产能力

辊式磨是烘干兼粉磨的磨机，其生产能力由粉磨能力和烘干能力以其中较低的能力确定。粉磨能力受物料易磨性、辊压和磨机规格影响；而烘干能力则与物料水分、热风温度和热风量有关。在设计中，辊式磨的生产能力是建立在试验、经验和统计基础上，当采用试验磨法（用生产厂的物料进行试验）时，其生产磨能力，随磨机规格尺寸进行调整。

1. 粉磨能力

（1）一般式

$$G_f = K_2 D^{2.5} \qquad (6\text{-}31)$$

式中　G_f——辊式磨生产能力，t/h；

　　　K_2——系数，与辊式磨形式、选用压力、被研磨物料性能有关，制造厂生产的各种形式辊式磨的工艺参数不同，K_2 取值也有差别，如一般 LM 型 K_2 取 9.6，MPS 型 K_2 取 6.6；

　　　D——磨盘直径，m，对 LM 型取磨盘碾磨区外径，MPS 型取磨盘碾磨区中径。

（2）试验磨反求

$$G_2 = G_1 \frac{D_{SB}}{D_{ST}}^{2.5} \qquad (6\text{-}32)$$

式中　G_2,G_1——生产磨和试验磨的小时产量，t/h；

　　　D_{SB},D_{ST}——运行辊式磨和试验辊式磨的磨盘直径，m。

2. 烘干能力

$$G_d = K_d D^{2.5} \qquad (6\text{-}33)$$

式中　G_d——辊式磨生产能力，t/h；

　　　K_d——系数；

　　　D——磨盘公称直径，m。

二、物料循环次数

辊式磨的物料循环次数，可以用物料在盘上受压粉磨的总量与磨机产量之比值计算。

$$C_1 = \frac{Q_1}{Q} \qquad (6\text{-}34)$$

$$Q_1 = iBH\gamma_m v_m 3600$$
$$Q = \pi D_2 H\gamma_m v_{rO} 3600$$

式中　C_1——物料循环次数，用倍数表示；

　　　Q_1,Q——盘上受压物料总量和辊式磨产量，t/h；

　　　i——磨辊数，个；

　　　B——磨辊宽度，m；

　　　H——料床厚度，m；

　　　γ_m——料床中受压物料容积密度，t/m³，与料床厚度有关（如下表）；

盘上料床厚度 H	$1D_0$	$1.5D_0$	$2D_0$	D_0 指盘径
物料容积密度 γ_m	2.0	1.3	1.2	

　　　v_m——辊式磨轨道直径处切向速率，m/s；

　　　D_2——磨盘外径，m；

　　　v_{rO}——辊式磨磨盘外径处径向速率，m/s。

三、停留时间

物料在磨盘上停留时间，为磨盘上存留物料量与产量之比。

$$T_m = \frac{3600Q_2}{Q} \tag{6-35}$$

$$Q_2 = \frac{\pi}{4} \times D_2^2 h_{cp} \gamma_m \tag{6-36}$$

物料在磨机筒体和选粉机内的停留时间，为空间物料平均循环次数与气体停留时间之积。

$$T_S = C_S t_g = \frac{C_2+1}{2} \times 3600 \frac{V_S}{Q_a} \tag{6-37}$$

物料在辊式磨内总停留时间：

$$T = T_m + T_S \tag{6-38}$$

式中　T_m，T_S，T——物料在磨盘上、空间和磨机内的停留时间，s；

Q_2——磨盘上存留物料量，t；

h_{cp}——磨盘上料层平均厚度，m；

C_S，C_2——空间物料平均循环次数和逸出为基准的循环物料次数，次；

$$C_S = \frac{C_2+1}{2}$$

$$C_2 = \frac{Q_3}{Q} = \pi D_0 H \gamma_h v_{rO} \times \frac{3600}{Q}$$

Q_3——逸出物料量，t；

γ_h——料层密度，t/m³；

Q_a——通过磨机的气体量，m³/h；

其余符号含义同上。

【计算示例6-4】

已知 TRM32：40 辊式生料磨，产量 180t/h、0.05t/s；转速 32.5r/min；盘径 D_0 为 3.2m；辊数为 4 个；辊径 1.6m；辊宽 $B=0.64$m；辊道径 $D=2.56$m；$v=5.44$m/s；$v_m=4.35$m/s；$v_{rO}=2.45$m/s；H 为盘径的 1‰时，$\gamma_m=2.0$t/m³、$\gamma_h=1.3$t/m³；物料在盘上平均厚度 $h_{cp}=0.08$m、$H=0.01D_0=0.032$m。求物料的循环次数和停留时间。当磨内平均风量为 360000m³/h，磨筒体和选粉机总容积 $V_S=160$m³ 时，计算物料在辊式磨中的总停留时间。

解：

① 循环次数

$$Q_1 = iBH\gamma_m v_m \times 3600 = 4 \times 0.64 \times 0.032 \times 2.0 \times 4.35 \times 3600 = 2656.7(t/h)$$

$$C_1 = \frac{Q_1}{Q} = \frac{2656.7}{180} = 14.25(次)$$

② 停留时间

$$Q_2 = \frac{\pi}{4} \times D_2^2 h_{cp} \gamma_h = 0.785 \times 3.2^2 \times 0.08 \times 1.3 = 0.8360(t)$$

物料在磨盘上停留时间：

$$T_m = \frac{3600Q_2}{Q} = 3600 \times \frac{0.8360}{180} = 16.72(s)$$

物料在磨空间停留时间：

$$T_S = \frac{C_2 + 1}{2} \times 3600 \frac{V_S}{Q_a}$$

$$C_2 = \frac{Q_3}{Q} = \pi D_0 H \gamma_h v_{rO} \times \frac{3600}{180}$$

$$= \pi \times 3.2 \times 0.032 \times 1.3 \times 2.45 \times \frac{3600}{180} = 20.48 （次）$$

$$T_S = (C_2 + 1) V_S \times \frac{3600}{2 \times Q_a} = (20.48 + 1) \times 160 \times \frac{3600}{2 \times 360000}$$

$$= 17.18 （s）$$

物料在辊式磨内的总停留时间 $T = T_m + T_S = 16.72 + 17.18 = 33.90$ （s）

四、通风量

辊式磨内通风量一是为物料烘干（与物料水分、产量有关）的烘干风量；二是为输送物料（与物料悬浮速度、含尘浓度有关）的风扫风量，以其两者中大值为要求的入磨风量。

1. 烘干用风

辊式磨烘干风量可通过热平衡计算得到，也可按下式估算。

$$Q_1 = \frac{K_f G}{C_f} \tag{6-39}$$

式中　Q_1——风扫式及半风扫式辊式磨需要通风量，m^3/h；

　　　K_f——循环风降低率，用小数表示，风扫式 K_f 取 1.0，半风扫式 K_f 取 0.8～0.9；

　　　C_f——料气比，kg/m^3，该值与供热方式、选粉机型式等有关，生料取 0.5～0.7kg/m^3，水泥取 0.4～0.5kg/m^3。

2. 物料提升用风

（1）允许携带浓度——按粉磨室断面风速估算

① 含尘浓度

$$Q_2 = CG \tag{6-40}$$

式中　Q_2——辊式磨选粉风量，m^3/h；

　　　C——出磨废气含尘浓度，生料取 500～700g/m^3，水泥取 400～500g/m^3；

　　　G——磨机产量，t/h。

② 断面风速

$$Q = 3600 v S \tag{6-41}$$

式中　Q——辊式磨通风量，m^3/h；

　　　v——截面风速，m/s；

　　　S——辊式磨粉磨室的粉磨腔的截面积，m^2。

（2）风扫需风量——按盘面风速估算

$$Q_3 = v_P \times 3.14 \times R_P^2 \times 3600 \tag{6-42}$$

式中　Q_3——按盘面风速估算的风量，m^3/h；

v_P——盘面风速，m/s，一般取 9.5m/s；

R_P——辊式磨磨盘半径，m。

3. 系统通风量热平衡计算

系统通风量对物料起烘干和输送作用，因此，热平衡计算出通入系统的热风量需要满足物料烘干，还要核算是否能满足输送物料的要求。若通风量大于物料输送要求，依此作为系统通风量，若该通风量小于物料输送要求（输送合适浓度的经验数据：生料 500～700g/m³，烟煤 300～450g/m³，无烟煤 250～350g/m³，高炉矿粉 250～350g/m³），则以物料输送的通风量作为系统通风量。以生料辊式磨的热平衡计算为例如下所示。

【计算示例 6-5】

辊式磨 HRM4800，G_2=450t/h，3800kW，筒体直径 D=8m；筒体高度 L_0=14m。生产原始参数见下表：

项目	入/出磨物料综合水分	入/出磨气体温度	入/出磨物料温度	周围环境温度
代码	M_1/M_2	t_1/t_2	t_{s1}/t_{s2}	t_a
数值	3.8%/1%	90℃/20℃	20℃/90℃	20℃

1. 热平衡计算表

平衡范围：磨机进料口、进风口至磨机出料口、出风口。温度基准：0℃。物料基准：磨机小时产量（kg/h）。

热 收 入	符 号 说 明
(1)进磨机热气体热量 Q_1 $Q_1=Lc_1t_1=1.413\times250L=353.3L$(kJ/h)	L——入磨机热气体用量，m³/h c_1——入磨热气体平均比热容(标准状况)，kJ/(m³·℃)， $c_1=1.413$kJ/(m³·℃)
(2)入磨机湿物料带入热量 Q_2 $Q_2=G_2\left(c_S\dfrac{100-M_2}{100}+c_W\dfrac{M_2}{100}\right)t_{s1}+G_2\dfrac{(M_1-M_2)\times100}{100-M_1}c_Wt_{s1}$ $=G_2[(0.905\times0.99+4.187\times0.01)\times20+\dfrac{(3.8-1)\times100}{100-3.8}\times4.187\times20]$ $=21193.7G_2=21193.7\times450=9537165$(kJ/h) $G_1=G_2+G_2\dfrac{M_1-M_2}{100-M_1}$	G_1——入磨机湿物料量，t/h； c_S——绝干物料比热容，kJ/(kg·℃)，$c_S=0.905$kJ/(kg·℃) c_W——水的比热容，kJ/(kg·℃)，$c_W=4.187$kJ/(kg·℃) L_{OU}——漏入磨机冷风量(标准状况)，m³/h；$L_{OU}=0.1L$ c_0——冷风比热容(标准状况)，kJ/(m³·℃)。$c_0=1.297$kJ/(m³·℃)
(3)漏风带入热量 Q_3 $Q_3=L_{ou}c_0=0.1\times1.297\times20L=2.594L$(kJ/h)	
(4)研磨物料产生热 Q_4 $Q_4=3600\times0.7\times N_0=3600\times0.7\times3800=9576000$(kJ/h)	3600——热功当量，kJ/(kW·h) 0.7——研磨过程中能量转变成热能系数 N_0——磨机需用功率，以磨机装机功率表示，kW
热总收入 $Q_1+Q_2+Q_3+Q_4=355.9L+19113165$(kJ/h)	

热 支 出	符 号 说 明
(1)水分及水汽带走的热量 Q_5 $\Delta W=\dfrac{G_2(M_1-M_2)}{100-M_2}=\dfrac{G_2\times(3.8-1)}{100-1}=12727$(kg/h) $Q_5=\Delta W(2490+1.88t_2)=12727\times(2490+1.88\times90)$ $=33843638$(kJ/h)	ΔW——物料烘干水分，kJ/h 2490——水蒸气的汽化潜热，kJ/kg 1.88——水蒸气由 0℃升至 t_2 时的平均比热容，kJ/(kg·℃)
(2)出磨废气带走热量 Q_6 $Q_6=1.1ct_{s2}L=1.1\times1.302\times90L=128.9L$(kJ/h)	c——出磨气体的平均比热容，kJ/(m³·℃)，$c=1.302$kJ/(m³·℃)

热 支 出	符 号 说 明
（3）出磨物料带走热量 Q_7 $Q_7 = G_2\left(c_S\dfrac{100-M_2}{100}+c_W\dfrac{M_2}{100}\right)t_{s2}$ $=G_2\times(0.905\times0.99+4.187\times0.01)\times90=84404G_2=37981710(\text{kJ/h})$	
（4）磨筒体散热损失 Q_8 $Q_8=\alpha F(t_F-t_a)=132\times402\times(120-20)=5306400(\text{kJ/h})$ $F=\pi D\left(\dfrac{D}{4}+L_{OU}\right)=\pi\times8\times\left(\dfrac{8}{4}+14\right)=402(\text{m}^2)$	α——传热系数，kJ/($\text{m}^2\cdot\text{h}\cdot\text{℃}$) F——辊式磨散热面积，m^2 t_F——筒体外表面平均温度，℃
热总支出$=Q_5+Q_6+Q_7+Q_8=128.9L+77131748(\text{kJ/h})$	
热量平衡：热收入=热支出 $355.9L+19113165=128.9L+77131748$	

2. 进出磨机气体量

（1）进磨机热气体量 L

解热平衡方程式　$355.9L+19113165=128.9L+77131748$，$L=255588\text{m}^3/\text{h}$

（2）出磨机气体量 Q_C

$$Q_{CN}=L+L_{OU}+\left(\Delta W\times\frac{22.4}{18}\right)=255588+0.1\times255588+\left(12727\times\frac{22.4}{18}\right)$$

$$=296985\ (\text{m}^3/\text{h})$$

$$Q_C=296985\times\frac{273+90}{273}=394892(\text{m}^3/\text{h})$$

3. 核算

以热平衡计算得到的通风量，能满足物料烘干要求，但辊式磨内风量还要满足输送物料要求，两者皆能满足的风量才能作为辊式磨系统通风量。由于磨腔内参数很难界定，通常采用出口的物料浓度来核算辊式磨通风量。

根据满足物料输送要求的出口合适浓度，对磨机通风量进行核算。

以上述例子进行出口浓度 N_c 核算：

$$N_c=\frac{G_2}{Q}=\frac{450\times10^6}{394892}=1140(\text{g/m}^3)$$

核算结果，出磨生料浓度高于要求值（500～700g/m^3），说明此通风量偏低，不能满足物料输送要求，按满足生料出口浓度时的通风量 Q_c：

$$Q_c=\frac{450\times10^6}{500\sim700}=625000\sim750000(\text{m}^3/\text{h})$$

第四节　辊　压　机

辊压机是利用两个辊子做慢速相对运动，使受到压力的料层中颗粒发生应变，出现粉碎和微裂纹的一种"料床粉碎"磨机。形成"料床粉碎"的前提是辊间物料一定要密实和由合适的颗粒组成。为增加入机物料密实性，辊压机采用边料循环。其工艺技术参数如下。

一、通过能力

辊压机生产能力是指单位时间内，通过辊压机的物料量，故又称作通过能力，它包括喂料量和循环物料量。

1. 单机通过能力

$$G_R = 3600Bev\rho \tag{6-43}$$

式中　G_R——辊压机生产能力，t/h；

　　　B——挤压辊宽度，m；

　　　e——辊压机辊缝，m；

　　　v——挤压辊的圆周线速度，m/s

　　　ρ——产品（料饼）容积密度，t/m³，试验得出生料为 2.3t/m³，熟料为 2.5t/m³。

2. 处理能力

$$Q_R = 3600K_1DBv \tag{6-44}$$

$$Q_R = \frac{G_R(1+L_R)}{K} \tag{6-45}$$

式中　K_1——常数，取决于喂料粒度和作用于料床的比压，K 值取 0.045~0.060t/m³；

　　　D，B——压辊的公称直径和宽度，m；

　　　L_R——辊压机循环负荷，用小数表示，一般取值见下表；

流程	边料循环的预粉磨和混合粉磨	半终粉磨	终粉磨
循环负荷 L_R	1.50	3.00~4.00	4.00~6.00

　　　K——通过量波动系数，一般取 0.8~0.9，若 Q_R 是保证值，则 $K=1$。

二、循环负荷

在辊压机联合粉磨系统的循环负荷，分辊压机循环负荷 L_p 和球磨机循环负荷 L_m。计算联合粉磨的循环负荷的方法，一种方法是按测出物料流量直接称量计算；另一种是根据系统中各点物料筛析数据用公式计算。生产上通常采用公式法：

$$L_m = \frac{C_4-C_2}{C_2-C_3} \times 100\% \tag{6-46}$$

$$L_p = \frac{T_p}{T} \times 100\% \tag{6-47}$$

或

$$L_p = \frac{T_1}{T} \times 100\% \tag{6-48}$$

式中　L_m，L_p——球磨机和辊压机系统循环负荷，%；

　　　C_2，C_3，C_4——一级闭路系统出磨、选粉机回料和出选粉机成品细度，%或 m²/kg；

T_p，T_1，T——回辊压机物料量、出辊压机物料量和系统喂料量，t/h。

三、创造精粉量

指在单位时间内，物料经过粉碎后而增加"通过某一标准筛的细粉量"称为创造精粉量。采用辊压机作预粉碎设备时，除后续球磨机能创造精粉外，其出机产品中，也具有部分符合细度要求的属性，用计算式表示联合粉磨系统各自创造精粉量。

（1）辊压机

$$Q_p = T_1C_1 - T_pC_3 \tag{6-49}$$

（2）球磨机

$$Q_m = T_2C_2 - T_1C_1 - T_mC_3 \tag{6-50}$$

式中符号含义如图 6-6 所示。

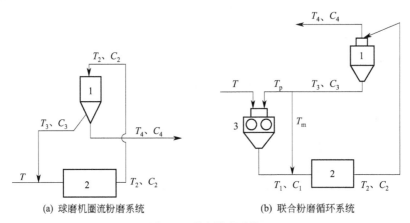

(a) 球磨机圈流粉磨系统　　　　(b) 联合粉磨循环系统

图 6-6　联合粉磨系统

1—选粉机；2—球磨机；3—辊压机

【计算示例 6-6】

由一台 RPV100-40 辊压机、一台 ϕ3m×9m 球磨机和一台 N1500 高效选粉机组成的联合粉磨系统。喂料量 50.6t/h，各测点细度值：$C_1 = 25.6\%$、$C_2 = 60.5\%$、$C_3 = 32.7\%$、$C_4 = 96.8\%$；返回辊压机粗料量占喂料量的 30%。求系统的循环负荷、创造精粉量和选粉机的选粉效率。

解：

1.循环负荷

辊压机的循环负荷：

$$L_p = \frac{T_p}{T} \times 100\% = \frac{0.3}{1} \times 100\% = 30\%$$

球磨机的循环负荷：

$$L_m = \frac{C_4 - C_2}{C_2 - C_3} \times 100\% = \frac{96.8 - 60.5}{60.5 - 32.7} \times 100\% = 130.58\%$$

2.创造精粉量

磨内物料通过量：

$$T_2 = T_4 + T_3 = (1 + L_m)T = (1 + 1.3058) \times 50.6 = 116.67(t/h)$$

辊压机创造精粉量：
$$Q_p = T_1 C_1 - T_p C_3 = (50.6 - 0.3 \times 50.6) \times 25.6 - 0.3 \times 50.6 \times 32.7 = 11.87(t/h)$$

球磨机创造精粉量：
$$Q_m = T_2 C_2 - (T + T_p)C_1 - (T_2 - T_1)C_3$$
$$= 116.67 \times 0.605 - [50.6 + (50.6 \times 0.3)] \times 0.256 - (116.67 - 65.78) \times 0.327 = 37.12(t/h)$$

3. 选粉效率

$$选粉效率\ \eta = \frac{C_4(C_2 - C_3)}{C_2(C_4 - C_3)} \times 100\% = \frac{96.8 \times (60.5 - 32.7)}{60.5 \times (96.8 - 32.7)} \times 100\% = 69.39\%$$

第五节　物　料　烘　干

水泥生产所用的原燃材或多或少均含有水分，为满足粉磨、均化、仓储、运输等工艺需要，在进行入磨生产前，根据物料水分含量大小，采用烘干机预烘干或用烘干兼粉磨的磨机烘干，以降低入磨时原燃材料水分。但当物料水分高于烘干兼粉磨的磨机允许入磨水分时（表6-11），需采取预烘干措施，本节介绍湿物料烘干参数的计算。

表6-11　允许入磨物料水分一般值

磨别	球磨机	风扫磨		中卸烘干磨		尾卸提升烘干磨		辊式磨	
		热风炉	抽热风	热风炉	抽热风	热风炉	抽热风	热风炉	抽热风
入磨料综合水分/%	<1.0	<15	<8	<12～14	<6～7	<7～8	<4～5	<15～20	<8

一、湿物料中水分表示法

1. 含水量表示法

湿物料由绝对干燥的物料和水分组成，以绝对干燥物料为计算基准称为干基，以湿物料为基准称为湿基。绝对干燥物料中含水量，用干基水分表示；在湿物料中所含水分，用湿基表示。不同基准下湿物料含水率算式见表6-12。

表6-12　不同基准下湿物料含水率算式

基准	定　义　式	换　算　式	符　号　说　明
湿基	$W_S = \dfrac{S}{m+S} \times 100\%$	$W_S = \dfrac{W_g}{100 + W_g} \times 100\%$	W_S——湿基含水率，% W_g——干基含水率，%
干基	$W_g = \dfrac{S}{m} \times 100\%$	$W_g = \dfrac{W_S}{100 - W_S} \times 100\%$	S——湿物料中水分的质量，$kg_{水}/kg$ m——湿物料中绝对干燥物料的质量，$kg_{干料}/kg$

2. 物料量表示法

表示物料含量方式有：干物料量（绝对干燥物料量 G_D、湿基中干物料量 G_{HD}）和含水分的湿物料量 G_H。烘干前后绝对干燥物料量不变，而湿物料量则随水分减少而降低。不同基准下物料量算式见表6-13。

表 6-13　不同基准下物料量算式

基准	干 物 料 量		湿 物 料 量	
	湿基	干基	烘干前	烘干后
计算式	$G_{HD}=\dfrac{G_D}{(100+W_g)}\times100\%$	$G_D=G_H(100-S)\times100\%$	$G_{H1}=G_{H2}+G_W$	$G_{H2}=G_{H1}\times\dfrac{100-W_{g1}}{100-W_{g2}}$
符号说明	G_{HD}——湿基中干物料量，kg/kg；G_D——绝干物料量，kg/kg；W_g——干基含水率，%；G_H——湿物料量，kg/kg；S——湿物料中水分的质量，kg$_水$/kg；G_{H1}、G_{H2}——烘干前后湿物料量，kg/kg；W_{g1}、W_{g2}——烘干前后湿基物料水分率，%			

二、烘干参数

1. 生产能力

$$G=\frac{A_0V}{100\times\left(\dfrac{W_1-W_2}{100-W_1}\right)} \qquad (6\text{-}51)$$

式中　G——烘干机生产能力（含终水分），kg$_水$/h；

A_0——烘干机水分蒸发强度（设计指标），kg$_水$/(m^3·h)，见表 6-14 及表 6-2；

W_1，W_2——被烘干物料的初和终水分，%。

表 6-14　烘干机蒸发强度

表 6-14(1)　回转烘干机单位容积蒸发强度　　　　单位：kg$_水$/(m^3·h)

物料名称	烘干机规格/m	物料初水分/%				
		10	15	20	25	30
黏土	$\phi2.2\times(12\sim14)$	25.5	38.0	43.0	47.0	
	$\phi2.4\times15$	19.5	26.0	32.0	39.0	
矿渣	$\phi2.2\times12\sim14$	35.0	40.0	45.0	49.0	52.0
	$\phi2.4\times15$	30.0	35.0	37.0	39.0	40.0

表 6-14(2)　风扫式煤磨蒸发强度　　　　单位：kg$_水$/(m^3·h)

初水分/%	5	6	7	8	9	10	11	12	13	14	15
全磨	23	28	32	36	40	45	48	52	56	60	65
烘干仓	53	60	68	75	83	90	97	105	111	119	126

注：烘干终水分，全磨为 1%，烘干仓为 3%

表 6-14(3)　烘干磨蒸发强度　　　　单位：kg$_水$/(m^3·h)

磨别	物料初水分/%							
	2	3	4	5	6	7	8	9	10
风扫、中卸	23.0	30	38.5	47.0	55.5	64.0	72.5	81.0	89.5
尾卸	22.0	29	36.5	43.0	50.0	53.5	64.5		
烘干仓蒸发强度			123	144	167	189	210	230	250

注：烘干料终水分为 0.5%。"全磨烘干强度"是指当烘干终水分为 0.5% 时的数据。当终水分 $W_2>0.5\%$ 时，A 的修正值 $=AW_1/W_2$。"烘干仓蒸发强度"是指烘干终水分为 3% 时的数据。

2. 水分蒸发量

$$G_W = G_D \times \left(\frac{W_{g1}}{100 - W_{g1}} - \frac{W_{g2}}{100 - W_{g2}} \right) \qquad (6-52)$$

$$G_W = G_D (W_{H1} - W_{H2}) \times 100\% \qquad (6-53)$$

$$G_W = G_{H2} \times \frac{W_{g1} - W_{g2}}{100 - W_{g1}} = G_{H1} \times \frac{W_{g1} - W_{g2}}{100 - W_{g2}} \qquad (6-54)$$

式中，G_W 为烘干蒸发水量，$kg_水/h$；其余符号见前述。

3. 蒸发强度

蒸发强度是指烘干设备单位容积平均小时所蒸发的水量。该值与烘干机型式、规格、物料种类、初水分等有关。不同烘干设备的蒸发强度见表 6-14。蒸发强度定义式为：

$$A = \frac{G_W}{V} \qquad (6-55)$$

式中　A——烘干机水分蒸发强度，$kg_水/(m^3 \cdot h)$

G_W——烘干蒸发水量，$kg_水/h$；

V——烘干机容积，m^3。

4. 烘干机燃料用量

$$g_C = \frac{qG_W}{Q_{net,ar}} \qquad (6-56)$$

式中　g_C——烘干机燃料用量，kg_r/h；

q——蒸发 1kg 水热耗，$kJ/kg_水$，该值由热平衡得出；

G_W——烘干机小时蒸发水量，$kg_水/h$；

$Q_{net,ar}$——原煤热值，kJ/kg_r。

第六节　水　泥　冷　却

水泥球磨机在粉磨过程中，会产生大量的热量，磨内温度升高，使水泥温度升高，造成负面影响，如：①影响粉磨效率，降低磨机产量；②二水石膏脱水，影响水泥凝结和与混凝土外加剂的相容性；③对磨机和选粉机的机械设备安全不利；④严重影响水泥的贮存、包装、运输等后续工序的劳动条件等。当前水泥细度越来越细时，出磨水泥温度越来越高，而混凝土市场却不欢迎使用高温水泥。水泥企业为提供低于 90℃ 水泥，生产上除降低入磨熟料温度和加强磨机通风外，在大型磨机上采取风冷（水泥冷却器）和水冷（磨内喷水）。本节重点介绍按要求出磨产品水泥温度，使用磨内喷水和冷却器方法的喷水量计算。

一、磨内喷水

出磨水泥温度是需要控制的指标，尤其是要满足混凝土搅拌物制备中与外加剂相容性需求。磨内喷水技术是降低粉磨温度的一种有效方法，并能提高产量，其效果优于筒体淋水（此法适用于小型磨机——单位产量筒体面积大）。按球磨机流程，磨内喷水分开路系统和闭路系统。其磨内部分两流程是相同的，而闭路系统还考虑选粉机散热的影响。喷水量的计算，以示例分别介绍如下。

1. 开路磨

开路磨通过磨机内部热量平衡计算，以得到所需喷水量（表6-15）。

表6-15 水泥磨的热平衡

	名　称	计　算　式	符　号　说　明
		热　收　入	G_1、F、W——物料、热风和冷却水的质量，kg
1	湿物料带入 Q_1	$Q_1 = G_1 c_1 T_1$	c_1、c_2、c_3——物料、热风和冷却水的比热容，kJ/(kg·℃)
2	热风带入 Q_2	$Q_2 = F c_2 T_2$	T_1、T_2、T_3——物料、热风和冷却水的温度，℃
3	冷却水带入 Q_3	$Q_3 = W c_3 T_3$	N——电机输入功率，kW
4	电热转换 Q_E	$Q_E = NK\beta$	K——热工当量，3600kJ/(kW·h)
合计		$Q_{RE} = Q_1 + Q_2 + Q_3 + Q_E$	β——转化率，$\beta = 0.78$
		热　支　出	G、G_5——成品量和排出气体量，kg
5	成品带走热 Q_4	$Q_4 = G \times c \times T$	c、c_5、c_7——成品、排气和冷却水的比热容，kJ/(kg·℃)
6	排气带走热 Q_5	$Q_5 = G_5 c_5 T_5$	T、T_5、T_7——成品、排气和冷却水排出温度，℃
7	筒体表面散热 Q_6	$Q_6 = \pi D \lambda \left(\dfrac{D}{2} + L\right)$	D、L——磨机筒体直径和长度，m
8	水蒸发热 Q_7	$Q_7 = W(c_7 T_7 + C_Z)$	λ——筒体表面散热系数，$\lambda = 840 \sim 2500$ kJ/(m²·℃)
合计		$Q_{CHU} = Q_4 + Q_5 + Q_6 + Q_7$	C_Z——水汽蒸发潜热，2501kJ/kg
热平衡式		$Q_1 + Q_2 + Q_3 + Q_E = Q_4 + Q_5 + Q_6 + Q_7$	

注：湿物料带入热计算式 $Q_1 = G_g c_1 T_1 + G_W c_1 T_1$ 或 $Q_1 = G_1 T_1 [c_2 + c_W (W_1 - W_2)/(100 - W_1)]$。$G_g$——干基物料量，kg；$G_W$——物料中水分量，kg；$c_1$、$c_2$——物料、冷却水的比热容，kJ/(kg·℃)；$W_1$、$W_2$——入磨和出磨物料水分，%；$c_W$——湿物料中水的比热容，kJ/(kg·℃)。

【计算示例6-7】

某厂 $\phi 3.2\text{m} \times 13\text{m}$ 开路球磨机粉磨高细矿渣粉，台时产量 20t/h，电机功率1600kW。测定数据及计算参数如下表。

项　目	入/出磨矿渣		出磨气体		环境温度/℃	冷却水温度/℃	喷水量/(kg/h)
	温度/℃	水分/%	气量/(m³/h)	温度/℃			
不喷水，只淋水	30/190	0.7/0.2	5500	145	25	28	
喷水，淋水	30/128	0.7/0.2	5500	120	25	28	m
物料	矿渣	空气	水	水汽	废气		
比热容/[kJ/(kg·℃)]	0.84	1.01	4.1868	1.86	1.3		
密度/(kg/m³)		1.29			1.29		

注：数据来源——马玉民.球磨机的热平衡分析与磨内喷水装置应用[J].水泥，2006，(6)：40.其中出磨气体温度有调整。

求：列出该开路磨热工测定的计算值，并计算当要求出磨矿渣温度为120℃时的喷水量。

（1）开路磨，只淋水，不喷水时的热平衡见下表

<table>
<tr><th colspan="2">项　目</th><th>计　算　式</th><th>数值/(kJ/kg_Z)</th></tr>
<tr><td rowspan="5">热收入</td><td>干矿渣带入热</td><td>$Q_1 = G_1 c_1 T_1$</td><td>$Q_1 = 20000 \times 0.993 \times 0.84 \times 30 = 500472$</td></tr>
<tr><td>矿渣水分带入热</td><td>$Q = GcT$</td><td>$Q_2 = 20000 \times 0.007 \times 4.1868 \times 30 = 17585$</td></tr>
<tr><td>进风带入热</td><td>$Q = GcT$</td><td>$Q_3 = 5500 \times 1.29 \times 1.01 \times 25 = 179149$</td></tr>
<tr><td>研磨产生热</td><td>$Q_E = NK\beta$</td><td>$Q_E = 3600 \times 1600 \times 0.78 = 4492800$</td></tr>
<tr><td>合计</td><td></td><td>$\sum Q_1 + Q_2 + Q_3 + Q_E = 5190006$</td></tr>
<tr><td rowspan="6">热支出</td><td>磨细矿渣粉带走热</td><td>$Q = GcT$</td><td>$Q_4 = 19860 \times 0.84 \times 190 = 316956$</td></tr>
<tr><td>排气带走热</td><td>$Q = GcT$</td><td>$Q_5 = 7095 \times 1.30 \times 145 = 1337407$</td></tr>
<tr><td>残余水分带走热</td><td>$Q = GcT$</td><td>$Q_6 = 20000 \times 0.002 \times 4.1868 \times 190 = 31820$</td></tr>
<tr><td>筒体淋水消耗热</td><td>$Q_7 = \pi D \lambda \left(\dfrac{D}{2} + L \right)$</td><td>$Q_7 = \pi \times 3.2 \times 2500 \times \left(\dfrac{3.2}{2} + 13 \right) = 366939$</td></tr>
<tr><td>蒸发水耗热</td><td>$Q_8 = W(C_Z + c_8 T_8)$</td><td>$Q_8 = 20000 \times (0.007 - 0.002) \times (2501 + 1.86 \times 145) = 277070$</td></tr>
<tr><td>合计</td><td></td><td>$\sum Q_4 + Q_5 + Q_6 + Q_7 + Q_8 = 5182892$</td></tr>
</table>

注：矿渣粉温度达到190℃时设备不能连续正常运转。

（2）有喷水时热平衡见下表（为使出磨矿渣粉温度为120℃时增设喷水，其喷水量 m）

<table>
<tr><th colspan="2">项　目</th><th>计　算　式</th><th>数值/(kJ/kg_Z)</th></tr>
<tr><td rowspan="6">热收入</td><td>干矿渣带入热</td><td>$Q_1 = G_1 c_1 T_1$</td><td>$Q_1 = 20000 \times 0.993 \times 0.84 \times 30 = 500472$</td></tr>
<tr><td>矿渣水分带入热</td><td>$Q = GcT$</td><td>$Q_2 = 20000 \times 0.007 \times 4.1868 \times 30 = 17585$</td></tr>
<tr><td>进风带入热</td><td>$Q = GcT$</td><td>$Q_3 = 5500 \times 1.29 \times 1.01 \times 25 = 179149$</td></tr>
<tr><td>研磨产生热(功能转换)</td><td>$Q_E = NK\beta$</td><td>$Q_E = 3600 \times 1600 \times 0.78 = 4492800$</td></tr>
<tr><td>喷水</td><td>$Q_m = GcT$</td><td>$Q_m = m \times 4.1868 \times 28 = 117m$</td></tr>
<tr><td>合计</td><td></td><td>$\sum Q_1 + Q_2 + Q_3 + Q_E + 117m = 5190006 + 117m$</td></tr>
<tr><td rowspan="6">热支出</td><td>磨细矿渣粉带走热</td><td>$Q = GcT$</td><td>$Q_4 = 19860 \times 0.84 \times 128 = 2135347$</td></tr>
<tr><td>排气带走热</td><td>$Q = GcT$</td><td>$Q_5 = 7095 \times 1.30 \times 120 = 1106820$</td></tr>
<tr><td>残余水分带走热</td><td>$Q = GcT$</td><td>$Q_6 = 20000 \times 0.002 \times 4.1868 \times 128 = 21436$</td></tr>
<tr><td>筒体淋水消耗热</td><td>$Q_7 = \pi D \lambda \left(\dfrac{D}{2} + L \right)$</td><td>$Q_7 = \pi \times 3.2 \times 2500 \times \left(\dfrac{3.2}{2} + 13 \right) = 366939$</td></tr>
<tr><td>蒸发水耗热</td><td>$Q_8 = W(C_Z + c_8 T_8)$</td><td>$Q_8 = (m + 140 - 40) \times (2501 + 1.86 \times 120)$
$= 272400 + 2724m$</td></tr>
<tr><td>合计</td><td></td><td>$\sum Q_4 + Q_5 + Q_6 + Q_7 + Q_8 = 3902942 + 2724m$</td></tr>
</table>

注：设喷水后，磨机通风量不变，即磨内风速不变。

按热平衡原理热收入＝热支出，即 $5190006 + 117m = 3902942 + 2724m$，$1287064 = 2607m$，$m = 493.7\text{kg/h}$。

因此磨矿渣温度为120℃时磨内喷水量为494kg/h。

2. 闭路磨

闭路磨包括球磨机和选粉机，其控制温度参数为要求出磨水泥温度和出选粉机成品温度下的喷水量。为此，需要对进行磨机和选粉机的热平衡联解。具体运作见计算示

例 6-7。

【计算示例 6-8 】

某厂水泥圈流磨，其原始资料为磨机：$\phi 4.2\text{m} \times 14.5\text{m}$ 水泥磨，熟料配比 95％，石膏配比 5％，成品比表面积 320m^2/kg；系统生产能力 110t/h；电机功率 3800kW。O-Sepa 选粉机风量 2500m^3/min，电机功率 132kW。循环负荷 150％。限定出磨水泥温度＜110℃（计算中取 110℃），出选粉机成品温度 t＜80℃（计算中取 75℃），磨内风速 1.5m/s，求当入磨熟料温度在 95℃时需要的喷水量。

解：列出磨机和选粉机的热平衡如下表。

磨 机 热 平 衡

项　目	收入热/(kJ/kg$_{sn}$)	项　目	支出热/(kJ/kg$_{sn}$)
熟料带入	71.69	出磨水泥带走	218.41
石膏带入	1.19	出磨空气带走	39.29
空气带入	8.07	水蒸发	0.023W
回料带入	$(t+5) \times 0.79 \times 1.5$	表面散热	4.97
研磨产生热	105.55		
合计	$192.43+1.19t$	合计	$262.67+0.023W$

选 粉 机 热 平 衡

项　目	收入热/(kJ/kg$_{sn}$)	项　目	支出热/(kJ/kg$_{sn}$)
入选粉机物料带入	218.41	成品水泥带走	0.79t
空气带入	$9647.44/(273+t-10)$	回料带走	$(t+5) \times 0.79 \times 1.5$
电机功能转换	3.45	表面散热	3.34
		空气带走	$\dfrac{482.37(t-10)}{273+t-10}$
合计	$(667994.99+221.85t)/(263+t)$	合计	$\dfrac{1.98t^2+1012.40t-2380.43}{263+t}$

注：数据来源——夏高峰，刘东莱.水泥磨磨内喷水 ［J］.水泥工程，2008，(5)：36.

喷水量计算如下。

从磨机热平衡：

$$192.43+1.19t=262.67+0.023W(\text{kJ/kg}_{sn})$$

磨内喷水量：

$$W=\frac{1.19t-70.24}{0.023}(\text{kg}_水/\text{h})$$

从选粉机热平衡：

$$667994.99+221.85t=1.98t^2+1012.40t-2380.43$$

$$1.98t^2+790.55t-70375.42=0$$

解得：$t=74.8℃$，代入磨机热平衡式，$W=817\text{kg}_水/\text{h}$。

不同入磨熟料温度下喷水量计算值汇总如下表：

单位：kg$_水$/h

入磨熟料温度 /℃	磨内风速/(m/s)		说　　明
	1.2	1.5	
<66.13	0		①在 ϕ4.2m×14.5m 水泥磨＋选粉机圈流磨(循环负荷1.5)上热平衡测算
70	130		②限定出磨水泥温度110℃,成品水泥75℃
<74.6		0	③在上述条件下,当不同入磨熟料温度和磨内风速时(1.2m/s或1.5m/s),用热平衡计算喷水量的汇总值
95	974	817	
120	1818	1532	④当磨内风速为1.2m/s时,熟料温度低于66.13℃,不需喷水
140	2494	2208	⑤当磨内风速为1.5m/s时,熟料温度低于74.6℃,不需喷水

注：数据来源——夏高峰,刘东莱.水泥磨磨内喷水 [J].水泥工程,2008,(5)：36.

二、水泥冷却器

为计算水泥冷却器理论耗水量,首先根据实验进行水泥比热容测试计算。因比热容是随温度变化的,所以在热水泥温度区段,将其划分若干区间,求其平均比热容。然后依据需要处理水泥量、热水泥温度、冷却水温度、要求冷却后水泥温度以及出冷却器水的温度,通过热平衡（水泥放热量＝冷却水吸收热量）计算出需要消耗冷却水量。

水泥总放热量 $\qquad\qquad Q_1 = \sum Q_i = \sum (m_1 c_{p1} \Delta T_m)$ $\qquad$ (6-57)

冷却水吸收热量 $\qquad\qquad Q_2 = m_2 c_{p2} \Delta T_L$ $\qquad\qquad$ (6-58)

令 $Q_1 = Q_2$, $\sum (m_1 c_{p1} \Delta T_1) = m_2 c_{p2} \Delta T_2$, 解此热平衡方程得出冷却水量 m_2。

式中　Q_1,Q_2——水泥放热量和冷却水吸收热量,kJ/s；

$\qquad c_{p1}$,c_{p2}——入冷却器水泥和冷却水平均比热容,kJ/(kg·K),冷却水 c_{p2} = 4.187kJ/(kg·K),水泥 c_{p1} 见实验数据；

$\qquad T_1$,T_2——入冷却器和出冷却器水泥温度,℃；

$\qquad T_3$,T_4——入冷却器和出冷却器的冷却水温度,℃；

$\qquad \Delta T_m$,ΔT_L——入/出冷却器水泥温度差和出/入冷却器的冷却水温度差,℃；

$\qquad m_1$,m_2——入冷却器水泥量和冷却水量,kg/s。

【计算示例 6-9】

已知和要求技术条件如下表：

物料	质量		入冷却器温度 /℃	出冷却器温度 /℃
	/(t/h)	/(kg/s)		
热水泥	100	27.78	120	60(要求)
冷却水	待定		25	50

实验数据汇总如下表：

项　目	数　　值						
T_1/℃	60	65.8	69.94	74.09	78.24	82.38	86.51
T_2/℃	65.8	69.94	74.09	78.24	82.38	86.51	90.65
ΔT_m/℃	5.8	4.14	4.15	4.15	4.14	4.13	4.14

项　目	数　值						
$c_{p1}/[kJ/(kg \cdot ℃)]$	0.8744	1.1784	1.1185	1.0443	0.7560	0.8402	0.9400
$Q_1/(kJ/s)$	140.89	135.53	128.95	120.39	86.95	96.4	108.11

项　目	数　值					
$T_1/℃$	90.65	98.94	103.08	107.23	111.37	115.51
$T_2/℃$	98.94	103.08	107.23	111.37	115.51	120.00
$\Delta T_m/℃$	8.29	4.14	4.15	4.14	4.14	4.49
$c_{p1}/[kJ/(kg \cdot ℃)]$	1.2384	1.8364	2.0335	1.9815	1.9120	1.4210	合计
$Q_1/(kJ/s)$	285.19	211.20	234.44	227.89	219.90	177.25	2173.09

注：1. 本例和本表数据来源——张树广. 水泥冷却器热工模型的建立. 中国水泥，2009，(12)：76。

　　2. 表中 c_{p1} 数据是本书作者推算值。

解：

水泥总放热量：$Q_1 = \sum(m_1 c_{p1} \Delta T_m) = \sum(27.78 c_{p1} \Delta T_m) = 2173.09 kJ/s = 7823124 kJ/h$

热平衡方程：$Q_1 = Q_2$

$$Q_1 = 2173.09 = Q_2 = m_2 c_{p2} \Delta T_L = m_2 \times 4.1868 \times (50-25)$$

$$m_2 = \frac{2173.09}{4.1868 \times 25} = 20.76 \ (kg/s)$$

消耗水量：

$$L = \frac{20.76}{27.78} = 0.7473 \ (kg/kg_{sn})$$

即 1kg 水泥由 120℃ 冷却到 60℃ 需要消耗 0.75kg 的冷却水。

得知理论状态下冷却 1kg 水泥需要的冷却水量后，依据热平衡方程再计算所需冷却器的换热面积和相关尺寸。

第七章

预分解窑煅烧及废气排放

　　熟料煅烧是水泥生产中最重要的过程。水泥熟料煅烧设备经历了多年创新演变，目前预热预分解窑以其具有单机产量高、熟料质量高、均质性好和大型化、机械化、自动化程度高的优点，成为现代化水泥生产采用的窑型。水泥窑既是生产水泥熟料的设备，又是产生工业废气的场所，故本章着重介绍预分解窑的生产热工参数和污染物排放等工艺计算方法。

第一节　窑系统生产能力

　　水泥窑系统的生产能力，是确定工厂规模和全厂设备选型的主要依据，既是水泥厂设计规模的主要基数，也是工厂编制生产计划的基本数据。企业产能规模以设计部门提供的表示该生产线在生产时可以达到的熟料小时或日产量数据为准。由于影响水泥窑产能的因素很多，通常采用模拟试烧法调整和用经验统计式来表达。

一、预热预分解窑系统生产能力估算式

　　预热预分解窑系统的生产能力，由回转窑、分解炉和预热器系统（包括冷却机在内）各自的功能，以及预热、煅烧和冷却三者能力相匹配综合确定，不能单凭回转窑规格来决定。关于预热预分解窑系统生产能力，以往一些院校、设计科研部门、专家学者们，进行生产统计，建立经验统计式，但经生产应用，经验式无法完全反映科技进步，优化设备配套后生产实际，故这种估算窑生产能力方式逐渐淡出。下面摘录部分经验统计式，作为常识性知识供读者参考（表 7-1）。

表 7-1　预分解窑生产能力估算式

考虑因素	估 算 式	符 号 含 义	资料来源
通式	$M_{sh}=K_1 D_i^{1.5}$ $G_{sh}=K_2 D_i^{1.5} L$	K_1——窑型系数,预分解窑 K_1 取 3.5～5.0 K_2——窑型系数,预分解窑 K_2 取 1.30～1.80	参考文献[1]
按窑尺寸	$M_{sh}=8.4950 D_i^{2.328} L^{0.6801}$ $G_{sh}=2.2 D_i^{3.14}$ $M_{sh}=0.682 D_i^{3.018} L^{0.254}$ $M_{sh}=(50\sim60) D_i^3$	M_{sh}——窑系统的日生产能力,t/d G_{sh}——窑系统的小时生产能力,t/h D_i、L——窑筒体有效内径和有效长度,m	

考虑因素	估 算 式	符 号 含 义	资料来源
考虑入窑物料分解率因素	$G_{sh}=0.024(1+\lambda)^{2.5}L$ $M_{sh}=\dfrac{SM}{2.9}e^{A\lambda}\times\dfrac{\pi}{4}D_i^2 L$	λ——入窑物料表观分解率,用小数表示 A——由 L/D 决定的指数 L/D 15 12.5 10 A 0.0168 0.0178 0.0188	参考文献[1]
考虑窑炉燃料比因素	$G_{sh}=K_1 D_i^{1.5}L\dfrac{U}{U_K}\times\dfrac{1}{R_Y}$ $U=1-\dfrac{q_1}{q_0}$ $U_K=1-\dfrac{q_2}{q_0}$	$U、U_K$——系统和窑热利用系数 $q_0、q_1、q_2$——热端热气流、出预热器废气和窑尾烟室中热量,kJ/kg_{sh} R_Y——预分解窑窑用燃料比,用小数表示	参考文献[23]
按窑单位容积产量	$G_{sh}=32.6V_i e^{1.684}\times10^{-3}$ $M_{sh}=K_3 V_i$	V_i——回转窑有效容积,m^3 e——自然对数的底,2.718 K_3——容积产量系数,$t/(m^3 \cdot d)$;目前三档窑 K_3 取 3.36~4.25;二档窑 K_3 取 4.2~4.9	梁锰华.再论新型干法回转窑的优化设计与节能[J].水泥工程,2010,2;21.

注:1.设计部门承接设计任务后,根据企业提供的原燃料进行一些性能试验,针对地区海拔高度和设计中设备配置等情况,考虑经济生产因素,向业主提供该生产线在合同保证期内,可达到的能力。

2.影响窑生产线的生产能力因素很多,除设备配置条件外,入窑物料分解率、物料易烧性等因素对产量影响很大,所以采用估算公式中的一些系数,需要随技术条件改善,应有所修正调整。

二、区域环境条件对窑系统产量的影响

区域环境条件主要是表现在高海拔地区和严寒时节。下面进行分述和探讨。

1. 高海拔地区

受地球重力作用,海拔高度越高,空气密度越低,大气压力就越小。高海拔地区,随着大气压力的降低,降低了氧浓度分压和工况风量,不仅影响水泥厂热工设备选型,而且由于高海拔氧含量低,使燃料着火时间延长、燃烧速度变慢及燃烧温度降低,不利于窑内、炉内对流和辐射传热等,从而影响生产。高海拔与大气参数的关系,以及对产量、传热影响等,可以量化,见表 7-2。

表 7-2 海拔高度与大气参数关系 (GB 1920—1980)

参 数	海平面	海拔高度	符 号 含 义
大气温度/℃	$T_0=15+273.15$	$T_H=T_0-6.5H$	H——海拔高度,km;
大气压力/Pa	$p_0=101325$	$p_H=p_0(1-0.022569H)^{5.256}$	$p_H、p_0$——海拔高度为 H 处和海平面的大气压力,Pa
大气密度/(kg/m_N^3)	$\rho_0=1.225$	$\rho_H=\rho_0(1-0.022569H)^{4.256}$	$G_H、G_0$——海拔高度 H 和海平面时的产量,t/h 或 t/d
对烧成系统产量影响(设备规格不变)	G_0	$G_H=\dfrac{p_H}{p_0}G_0$	
对流传热系数 α	α_0	$\alpha_H=\alpha_0\left(\dfrac{p_H}{p_0}\right)^{1.6}$	$\alpha_H、\alpha_0$——海拔高度 H 和海平面时的对流传热系数,$W/(m^2 \cdot ℃)$

注:表中数值为海平面为±0.00,海拔高度为 0~11km 时与大气参数关系。地区海拔高度低于 1000m 时对水泥能耗影响很小,可以不考虑,超过 1000m,特别是 2000m 以上,对能耗影响明显。

2. 高寒地区

何谓高寒地区，从气象角度讲，一般以一年中累计有超过两个月气温低于－20℃的地区，被认为是属于高寒，如我国东北、内蒙古和新疆等地。在工程设计中，将高寒地区分三类：A 类地区为－30～－20℃、B 类地区为－40～－30℃、C 类地区为－50～－40℃。一般讲 A 类地区对生产影响较小，而 B、C 类地区对生产影响程度较大，其影响程度目前尚未见到数学计算模式，但从概念上和实践中认识到对于高寒，只要能保证生料和煤粉正常供应，对水泥窑系统的生产能力不会受到影响。在高寒地区若因严寒烘干能力下降，致使入磨水分高，将导致磨机产量降低，严重时，因供应量不足，间接地影响窑系统的台时产量和总产量。

三、单位产量技术指标

为便于企业之间同类设备技术经济指标对比，在回转窑上采用"单位容积产量"、"单位内表面积产量"和"单位截面积产量"技术指标。指标计算式。

1. 单位窑有效容积产量 G_V

$$G_V = \frac{24G_{sh}}{\frac{\pi}{4}D_i^2 L_i} \tag{7-1}$$

2. 单位窑内表面积产量 G_F

$$G_F = \frac{1000G_{sh}}{\pi D_i L_i} \tag{7-2}$$

3. 单位窑烧成带有效截面积产量 G_A

$$G_A = \frac{4}{\pi} \times \frac{G_{sh}}{D_i^2} \tag{7-3}$$

式中　G_V——单位有效容积产量，kg/(m³·d)；

　　　G_F——单位内表面积产量，kg/(m²·h)；

　　　G_A——单位烧成带有效截面积产量，t/(m²·h)；

　　　G_{sh}——预分解窑生产线台时产量，t/h；

　　　D_i，L_i——回转窑有效内径和长度，m。

不同规格回转窑单位产量技术指标见表 7-3。

表 7-3　不同规格回转窑单位产量技术指标

项　　目	云浮厂	琉璃河厂	琉璃河厂	冀东厂	柳州厂	鹿泉金隅鼎鑫厂	
回转窑规格/m	φ4.0×58	φ4.0×60	φ4.0×60	φ4.7×74	φ4.55×68	φ4.8×72	φ5.0×60
L/D	14.5	15	15	15.75	14.95	16.59	12
有效内径 D_i/m	3.6	3.6	3.6	4.3	4.15	4.34	4.54
有效长度 L_i/m	58	60	60	74	68	72	60
有效容积 V_i/m³	590.37	610.42	610.42	1074.6	919.81	1064.59	970.8
有效内表面积 F_i/m²	655.97	678.24	678.24	999.7	886.56	981.68	855.8
有效烧成带内截面积 A_i/m²	10.1	10.17	10.17	14.52	13.52	14.78	20.61

项　目	云浮厂	琉璃河厂	琉璃河厂	冀东厂	柳州厂	鹿泉金隅鼎鑫厂	
设计能力/(t/d)	2000	2000	2500	4000	3200	5000	5000
单位有效容积产量 G_V/[kg/(m³·h)]	141.15	136.46	170.65	155.1	144.96	195.69	214.59
单位内表面积产量 G_F/[kg/(m²·h)]	127.04	122.82	153.34	166.71	150.39	212.21	243.43
单位烧成带有效截面积产量 G_A/[t/(m²·h)]	8.19	8.19	10.23	11.48	9.86	14.10	10.11

注：1. 资料来源——方景光等. JYDX厂短窑单体考核分析与建议 [J]. 中国水泥，2011，(10)：55.

2. 随着技术装备成熟，控制水平提高，入窑物料分解率高（85%～90%）且稳定，对同样规格回转窑，其设计能力提高是有可能的，如琉璃河水泥厂就是其中一例。

第二节　回　转　窑

回转窑具有热交换、分解、烧结、输送和协同处置废弃物的功能。在预分解窑生产线上，熟料形成所需大量分解效应，已在分解炉内完成，减弱了回转窑需要的分解功能，却需要强化回转窑的燃料燃烧、热量传递等，使入窑生料在窑内高温下煅烧，实现水泥熟料高质下的高产。

一、窑的规格尺寸

回转窑的规格用筒体的直径乘长度表示。在计算窑工艺技术指标，如单位有效容积产量、单位内表面积产量和单位烧成带有效截面积产量及窑热负荷时，要用到筒体的有效尺寸。

1. 窑筒体平均直径

筒体是回转窑的主体，预分解窑生产线所配置的回转窑通常是直筒形，其筒体直径 D 就是平均直径。如果筒体由不同直径组成，则用算术加权平均法计算其平均直径。

$$D_{cp} = \frac{\sum_{j=1}^{n} D_j \times L_j}{\sum_{j=1}^{n} L_j} \qquad (7\text{-}4)$$

式中　D_{cp}——窑筒体平均直径，m；

D_j，L_j——窑筒体各段直径和相对应的长度，m。

2. 窑有效内径和有效长度

窑有效内径 D_i 指扣除窑衬后的直径：D_i＝窑筒体直径（m）－2×衬砖厚度（m）。当窑衬厚度不详时，一般衬砖厚度按 2×0.20＝0.4（m）考虑，对大直径（≥4.8m），则用0.23m。在有窑皮地段如烧成带，窑有效内径 D_i 指扣除窑衬和窑皮厚度后的直径。

窑有效长度 L_i 是指从后窑口至出料口的总长。预分解窑采用篦冷机或单筒冷却机时，窑有效长度与公称长度相等。

3. 窑有效容积

因窑各带窑衬的厚度不同和是否有窑皮等因素，造成各段有效内径不同。根据窑体的有效内径，分别计算有效容积 V_i。

$$V_i = \sum (0.785 D_i^2 L_i) \tag{7-5}$$

式中　V_i——回转窑有效容积，m^3；

D_i，L_i——各带有效内径和相应长度，m。

二、窑内燃烧带、烧成带长度

无论哪一种窑型，在回转窑内部都有燃烧带、分解带、烧成带和冷却带，只不过长度有差别。另外生产处于动态中，生产窑的各带长度会有变动，可通过筒体扫描确定和算式估算。对企业而言，生产管理者必须提出窑内烧成带的位置和长度，以便为砌筑耐火材料时服务。

1. 估算窑内各带长度

表 7-4　预分解窑各带长度估算式

带　别	分解带与过渡带 L_F	烧成带 L_S	冷却带 L_L	资料来源
按吸收热量	$\dfrac{Gq_1 \times 10^3}{4.17 D^{2.29} \pi D \Delta t_1}$	$\dfrac{Gq_2 \times 10^3}{(35\sim40) \pi D \Delta t_2}$	D	参考文献[4]
按停留时间		$0.079899 S D_i n t_2$	$0.084221 S D_i n t_3$	梁镒华，魏波.再谈新型干法回转窑技术进步[J].水泥工程，2011，(5)：16.
按窑长度		$L_s = K_s' L_i = 0.4 L_i$		
按窑直径[①]/m	$2\sim6$	$6\sim8$	$0.5\sim1$	
按窑内径		$L_s = K_s D_s = 5.0 D_s$		
符号含义	L_F，L_S，L_L——回转窑分解过渡带、烧成带和冷却带长度，m；D——预分解窑筒体直径，m；q_1，q_2——物料在分解过渡带和烧成带吸收的热量，kJ/kg_{sh}；Δt_1，Δt_2——各带气体与物料平均温差，℃；K_s，K_s'——计算系数。预分解窑 K_s 取 5.0，K_s' 取 0.40；D_s，L_i，L_r——窑烧成带内径、窑有效长度和火焰长度，m；S——回转窑的斜度，用小数表示			

① 文献［26］中新型干法窑各带长度与直径之比数据如下：分解带为 0.5~4；放热反应带为 2；烧成带为 8；冷却带为 0.5；全窑为 11~14.5。

注：烧成带长度 L_s 是燃烧带中温度最高的部分，烧成带长度主要取决于火焰的温度和长度，一般烧成带长度是燃烧带的 0.60~0.65 倍 [$L_s = (0.60\sim0.65) L_r$]。烧成带长短反映了物料在高温带的停留时间，为使物料在高温下，有足够停留时间完成化学反应，煅烧形成 C_3S 等熟料矿物，故要求烧成带有一定长度。

1000t/d 时，q_1 取 136kJ/kg_{sh}，q_2 取 38.2kJ/kg_{sh}；1000t/d 时，Δt_1 取 275℃，Δt_2 取 300℃。

2. 估算燃烧带长度

燃烧带长度 L_r 是指从煤粉开始燃烧至火焰末端的距离。燃烧带长度或称火焰长度是难以准确测量的，生产企业除量窑皮长度乘以 1/0.65，推算燃烧带长度外，还常用下述公式估算。

$$L_r = K_r D_r \tag{7-6}$$

式中　L_r——燃烧带长度，m；

K_r——窑型系数，预分解窑取 5~6；

D_r——燃烧带内径，m。

$$L_r = 10U_0 = 10 \times (0.7778 + 0.444D_X) \tag{7-7}$$

式中 L_r——燃烧带长度，m；

        U_0——燃烧带标准状况气体流速，m_N/s；

        D_X——燃烧带扣除物料后的有效直径，m。

$$D_X = [D_r^2(1-\Phi)]^{\frac{1}{2}}$$

式中 Φ——燃烧带物料填充率，%。

3. 实践中估定烧成带位置和长度的经验做法

在实际生产中，如何确定烧成带长度，除参考估算值外，有的企业在实践中使用的做法是，记录在不同窑投料量、不同熟料饱和比、不同煤灰含量下观察（从运转时窑筒体扫描温度曲线观察寻找）的烧成带长度和位置数据，以此作为素材，然后取生产工艺正常、熟料质量合格情况下，以投料量最多、熟料饱和比最高、入窑煤粉灰分最大时的烧成带长度和位置，作为提出耐火材料砌筑长度的依据。

三、窑发热能力及燃烧带热力强度

1. 回转窑发热能力 Q_y

回转窑发热能力是指窑作为燃烧炉时，在单位时间内所发出的热量，满足煅烧熟料所需要的热量。对一定产量的窑，必须具有一定的发热能力，其算式如下。

$$Q_y = \frac{G_{sh}qR_Y}{3600} \tag{7-8}$$

若以 $kJ/(kW \cdot h)$ 为单位时，$Q'_y = G_{sh}qR_Y$。

$$Q_y = \frac{BQ_{net,ad}}{3600} \tag{7-9}$$

式中 Q_y——回转窑发热能力，kW（$1kW = 3600kJ/h$）；

      G_{sh}——窑小时产量，kg/h；

        q——熟料烧成热耗，kJ/kg_{sh}；

        B——小时燃料消耗总量（包括窑和分解炉），kg_r/h；

      R_Y——窑用燃料比，以小数表示；

  $Q_{net,ad}$——入窑燃料热值，kJ/kg_r。

2. 燃烧带热力强度

燃烧带热力强度是指回转窑燃烧带承受的热负荷，用三种方式表示。

（1）燃烧带容积热力强度 q_V

$$q_V = \frac{Q_Y}{\frac{\pi}{4}D_f L_f(1-\phi)} \quad (kW/m^3) \tag{7-10}$$

（2）燃烧带表面热力强度 q_F

$$q_F = \frac{Q_Y}{\pi D_f L_f} \quad (kW/m^2) \tag{7-11}$$

（3）燃烧带断面热力强度 q_A

$$q_A = \frac{Q_Y}{\frac{\pi}{4}D_f^2} \quad (kW/m^2) \tag{7-12}$$

式中　ϕ——窑内燃烧带物料填充系数，以小数表示。

四、窑内物料停留时间

窑内物料停留时间是指生料从入窑到质量合格的熟料排出窑口的时间。计算物料在回转窑内停留时间，不仅是设计需要，也是企业窑操作者在窑运转时需要掌握的参数。过去统计资料，预分解窑物料停留时间为 25～30min，如今由于生产技术、工艺装备和系统控制管理水平的提高，停留时间有缩短趋势。统计数据介绍，在窑斜率 3.5％ 时，停留时间可缩短到 19～23min；斜率在 4.0％ 时，停留时间 19～21min。预分解窑物料在窑内烧成带所需停留时间，一般只需 10～20min。

1.计算式

（1）一般计算式

$$T = \frac{1.77\sqrt{\alpha_m}L_i}{SD_i n} \tag{7-13}$$

（2）简易计算式

$$T = \frac{11.4L_i}{nD_i S} \tag{7-14}$$

（3）简化计算式

$$T = \frac{K}{n} \tag{7-15}$$

式中　T——物料在窑内停留时间，min；

α_m——物料自然休止角，（°），窑内物料休止角随各带物料性质不同有差别，如烧成带 $\alpha_m = 50°～60°$，冷却带 $\alpha_m = 45°～50°$，全窑平均一般取 35°；

D_i，L_i——窑有效内径和有效长度，m；

S——窑斜度，（°），通常窑斜度用斜率表示，换算成度数时如下表；

窑斜率/%	3.0	3.5	4.0	4.5
窑斜度/(°)	1.7	2.0	2.3	2.58
窑平均填充率/%	12	11	10	9

n——窑转速，r/min；

K——简化式中比率常数，不同规格和斜率的 K 值见下表。

窑规格/m	φ4.0×60	φ4.0×60	φ4.0×43	φ4.0×64	φ4.0×58	φ4.0×56	φ4.2×48	φ4.2×45
斜度/%	3.5	4.0	3.5	4.0	4.0	4.5	4.0	4.0
K	82.26	75.88	62.54	80.94	73.35	63.14	87.81	53.91

窑规格/m	$\phi 4.8 \times 74$	$\phi 4.8 \times 74$	$\phi 4.8 \times 72$	$\phi 4.7 \times 74$	$\phi 5.2 \times 61$	$\phi 4.8 \times 68$	$\phi 5.2 \times 60$	$\phi 5.2 \times 56$
斜度/%	3.5	4.0	4.0	4.0	3.5	4.5	4.0	4.0
K	89.27	77.63	73.96	79.46	67.38	63.59	57.63	53.79

注：数据来源——梁锰华.再论新型干法回转窑的优化设计与增产节能 [J].水泥工程，2010，(2)：17.

预分解窑各参数见表 7-5～表 7-7。

表 7-5　预分解窑各带长度的划分

回转窑内带别		分解带	过渡带	烧成带	冷却带
物料温度/℃		880～950	950～1300	1300～1450～1300	1300
各带划分		从物料入窑到物料温度为 1300℃ 止，称为过渡带		从物料温度 1300℃ 到前圈	前圈外到前窑口
L_x/D	一般	0.5～4	2～4	6～8	0.5～1
	短窑	1～2	1.8～2.5	5.2～5.5	

注：数据来源——梁锰华. NSP 窑设计参数的优化对传动功耗影响的计算和分析探讨 [J].水泥工程，2010，(6)：2.陶从喜.新型节能环保水泥熟料烧成技术的研发及应用 [J].水泥技术，2011，(1)：27.

表 7-6　预分解窑物料在回转窑内合适的滞留时间

项　目	分解带	过渡带	烧成带	冷却带	合计	
一般/min	2	15	12	2	31	资料来源同表 7-5 梁锰华文
短窑/min	1～2	约 6	约 10	1～2	约 20	

表 7-7　入窑物料分解率与回转窑内分解带长度关系

分解率/%	40～50	60～70	80	85	90	95	100
分解带长度	(6.0～6.5)D	5.0D	4.0D	(3.0～3.5)D	(2.0～2.5)D	1.6D	0

窑内按熟料烧成过程划分为"分解、固相反应、烧结、冷却"；按烧成工艺带划分为"分解带、过渡带、烧成带和冷却带"。

2. 估算停留时间在窑操作中的运用

窑生产操作者必须保证物料在烧成温度下，滞留足够时间，才能满足熟料的产量和质量要求。停留时间不够或过长，造成熟料"欠烧"或"过烧"，均影响产品质量。生产窑在规格、斜率一定时，具有改变转速就能改变物料在窑内停留时间的特性。当入窑物料喂料量或成分、易烧性有变动时，操作员按"料变窑速变"的理念，用调节窑速措施，以获得合格熟料和保证系统稳定运行。所以窑操作者要借助"计算运行时间"，做到操作有预见性，当生产过程出现料变时（难烧或易烧或来料量变动等），能科学地估计生料到达烧成带的时间，提前调整窑速，维持窑内适当的负荷率和热工制度，保证熟料质量。估算停留时间示例如下。

【计算示例 7-1】

某公司 2500t/d 上配置 $\phi 4.0m \times 60m$、$S = 3.5\%$ 回转窑。正常运转，窑速 $n = 3.5r/min$，请预计生料在窑内和到达烧成带的时间以及物料在烧成带停留的时间。

解：(1) 物料在窑内的停留时间 T：窑有效长度 60m，有效内径 3.6m。

$$T = \frac{11.4 L_i}{n D_i S} = \frac{11.4 \times 60}{3.5 \times 3.6 \times 2.006} = 27.06 (min)$$

(2) 物料到达烧成带的时间 T_1：生料进入烧成带的距离 $L_i = 6D = 6 \times 4 = 24$ (m)。

$$T_1 = \frac{11.4L_i}{nD_iS} = \frac{11.4 \times 24}{3.5 \times 3.6 \times 2.006} = 10.82(\text{min})$$

（3）物料在烧成带的停留时间 T_2：烧成带长度 $L_S = 6D = 6 \times 4 = 24$（m），设窑皮厚度为 0.2m。

$$T_2 = \frac{11.4L_S}{n(D_i - 2\delta)S} = \frac{11.4 \times 24}{3.5 \times (3.6 - 2 \times 0.2) \times 2.006} = 12.01(\text{min})$$

（4）当得知入窑生料易烧性变差时，则需延长物料在烧成带的停留时间（凭经验），如约 15min。

在估计物料到烧成带时慢转窑，此时操作者可控制窑速为 $12.01 \times 3.5/15 = 2.80$（r/min）。

五、窑内物料平均负荷率

窑内物料平均负荷率 ϕ 为窑内物料的容积占整个窑筒体容积的百分数。一般 $\phi = 5\% \sim 13\%$。在生产中要求窑内物料负荷率尽量保持不变，以稳定热工制度。

1. 定义式

$$\phi = \frac{G_m}{60\omega_m \frac{\pi}{4} D_i^2 \gamma_m} \times 100\% \tag{7-16}$$

2. 平均负荷率

$$\phi = \frac{1.667TG_{sh}R}{0.785D_i^2 L r_m} \times 100\% \tag{7-17}$$

式中　ϕ——窑内物料平均负荷率，%；

T——物料在窑内停留时间，min；

G_{sh}——窑台时产量，t/h；

R——煅烧1kg熟料所需窑内物料量，$\text{kg}_s/\text{kg}_{sh}$，$R = [(K_S - 0.55\lambda) + 1]/2$；

ω_m——物料在窑内的运行速度，m/min；

D_i、L——窑有效内径和长度，m；

γ_m——窑内物料平均堆积密度，kg/m^3，按日本水泥协会处理方法，$\gamma_m = (\gamma_s + \gamma_{sh})/2 = (0.9 + 1.27)/2 = 1.085(\text{kg/m}^3)$；

K_S——实际料耗，$\text{kg}_S/\text{kg}_{sh}$；

λ——入窑物料表观分解率，%，无生产检验或测定数据时，预分解窑 λ 都为 $0.85\% \sim 0.95\%$，一般按 0.90% 计。

六、窑安全运转周期和窑衬使用周期

1. 窑安全运转周期

窑安全运转是指在运转中不发生下列情况：因红窑、窑内换砖或窑系统发生设备故障等，而停窑 4h 以上，其不中断的运转天数为该窑安全运转周期 T_{AN}。每次中断后安全运转周期都需重新开始计算。若因发生计划检修和因外界因素，如断电、断料、断煤等而停窑，安全运转周期不算中断。其计算式为：

$$T_{AN} = T_2 - T_1 - T_3 \qquad (7\text{-}18)$$

式中　T_{AN}——窑安全运转周期，天；

　　T_1，T_2——该窑安全运转周期起始和终止日历时间，天；

　　　T_3——在此运转周期中，累计所有临时停车时间，天。

2. 窑衬使用周期

窑衬使用周期 T_{CH} 是指开窑点火至停窑检修回转窑烧成带耐火材料时，衬料使用实有天数。非衬料原因造成停窑时间均不影响衬料使用周期的连续性。其计算式为：

$$T_{CH} = (T_T - T_D - T_L) \qquad (7\text{-}19)$$

式中　T_{CH}——记录开窑点火日历时间（年、月、日），天；

　　T_D——记录停窑检修烧成带衬料的日历时间（年、月、日），天；

　　T_L——生产窑停车累计时间，天。

七、入窑物料表观分解率

入窑物料表观分解率是入窑生料分解率加上入窑回灰分解率的总称。入窑物料分解率是考核分解炉运行情况，并对窑内负荷和产量高低产生影响。在热工测定时，用生料烧失量计算入窑物料表观分解率。

$$\lambda = \frac{100(L_0 - L_1)}{(100 - L_1)L_0} \times 100\% \qquad (7\text{-}20)$$

式中　λ——入窑物料表观分解率，%；

L_0，L_1——喂入生料和入窑物料的烧失量，%。

第三节　分　解　炉

分解炉在预分解窑系统中承担对入窑前生料进行分解的任务，也是热工设备。分解功能越强，既减轻后续回转窑的热负荷，又对提高窑生产线能力贡献越大，呈现出预分解的优势。下面简要列出分解炉一些技术指标参数的计算公式。

一、分解炉发热能力

分解炉发热能力 Q_F 指分解炉单位时间发出的热量。数学表达式为：

$$Q_F = \frac{G_{sh} q R_L}{3600} \qquad (7\text{-}21)$$

式中　Q_F——分解炉发热能力，kW；

　　G_{sh}——窑系统熟料台时产量，kg_{sh}/h；

　　q——熟料热耗，kJ/kg_{sh}；

　　R_L——用于分解炉的燃料比，用小数表示。

二、分解炉容积热力强度

分解炉容积热力强度 Q_V 表示分解炉每立方米容积每小时发出的热量。数学表达式为：

$$Q_V = \frac{Q_F}{V_F} \tag{7-22}$$

式中　Q_V——分解炉容积热力强度，kW/m^3；

　　　Q_F——分解炉发热能力，kW；

　　　V_F——分解炉有效容积，m^3。

三、分解炉单位容积产量

分解炉单位容积产量 G_V 指炉体及包括上升管在内的有效容积下的熟料台时产量。数学表达式为：

$$G_V = \frac{G_{sh}}{V_1 + V_2} \tag{7-23}$$

式中　G_V——分解炉单位容积产量，$kg/(m^3 \cdot h)$；

　　　G_{sh}——系统熟料小时产量，kg_{sh}/h；

　　　V_1，V_2——分解炉体和上升管道合计的有效容积，m^3。

四、分解炉有效容积系数

分解炉有效容积系数 $K_{V\phi}$ 指单位产量占有的分解炉容积。分解炉有效容积系数见表 7-8。

表 7-8　分解炉有效容积系数

炉型	计　算　式	炉型示例
同线型	$K_{V\phi}$＝包括管道在内的有效容积(m^3)/窑生产能力(t/h)	TDF、TWD、CDC 等
半离线型	$K_{V\phi}$＝炉有效容积(m^3)/[窑生产能力×炉用燃料比(%)]＋管道有效容积(m^3)/窑生产能力(t/h)	TSD、CDC-S、TFD
离线型	$K_{V\phi}$＝包括管道在内的有效容积(m^3)/[窑生产能力(t/h)×炉用燃料比(%)]	SLC、SCS 等

注：计算 RSP 型炉有效容积时，斜烟道计入炉容积，MC 室计入管道。分解炉有效容积可根据其尺寸，按几何形状计算。

第四节　熟料冷却机

冷却机在预分解窑系统中承担"骤冷、热回收、输送高温熟料"的任务，成为水泥煅烧体系中不可缺少的热工设备，如何评价冷却机性能，所采用的指标如下。

一、冷却机热效率

冷却机热效率 η_C 是指从出窑熟料中回收并用于熟料煅烧过程的热量与出窑熟料带入冷却机热量 Q_1 的比值。在第五章的热工技术指标"热效率"中，除所列公式外，补充如下。

$$\eta_C = \frac{Q_Y + Q_F}{Q_1} \times 100\% \tag{7-24}$$

式中　　η_C——冷却机热效率，%，热效率随各代冷却机有所差异，目前我国第三代篦冷却机热效率为 $70\% \sim 75\%$；

Q_Y，Q_F，Q_1——入窑二次风显热、入炉三次风显热和出窑熟料带入冷却机的热量，kJ/kg_{sh}。

二、冷却效率

冷却机的冷却效率 η_L 指出窑熟料被回收的总热量与出窑熟料带入冷却机的热量比值。

$$\eta_L = \frac{Q_1 - q_m}{Q_1} \times 100\% = 1 - \frac{q_m}{Q_1} \times 100\% \tag{7-25}$$

式中　　η_L——冷却机冷却效率，%，冷却机冷却效率一般为 $80\% \sim 95\%$；

q_m——出冷却机熟料带走热，kJ/kg_{sh}；

Q_1——出窑熟料带入冷却机的热量，kJ/kg_{sh}。

三、单位篦床面积产量

$$M_L = \frac{A_L}{M_{sh}} \tag{7-26}$$

式中　M_L——单位篦床面积产量，$t/(m^2 \cdot d)$，第四代篦冷机 M_L 为 $45 \sim 55 t/(m^2 \cdot d)$；

A_L——篦冷机有效面积，m^2；

M_{sh}——熟料日产量，t_{sh}/d。

四、单位熟料冷却风量

$$F_L = \frac{Q_L}{G_{sh}} \tag{7-27}$$

式中　F_L——篦冷机单位熟料冷却风量（标准状况），m^3/kg_{sh}，第四代篦冷机 F_L 为 $1.5 \sim 2.0 m^3/kg_{sh}$；

Q_L——标准状况冷却风量，m^3/h；

G_{sh}——熟料小时产量，kg_{sh}/h。

第五节　窑废气排放

节能减排和改善环境污染是当今世界共同关注的问题，也是企业应尽的社会责任。企业生产对大气污染的评价因子有：烟尘（TSP、PM_{10}、$PM_{2.5}$）、有害气体（CO_2、SO_2、NO_x）、有害元素和有机物等。水泥窑废气排放中对环境污染的主要污染物 CO_2、SO_2、NO_x 和粉尘等。水泥生产必须执行国家制定的相关标准、规范和限额规定，改善环境质量。

值得提出，CO_2 和 SO_2、NO_x、烟尘，虽然都是大气主要污染物，但在影响层面上有差别。如减排 SO_2、NO_x 等酸性气体，可以明显降低酸雨的危害；烟尘的沉落、飘逸，对生态、人体健康有伤害，这些是一个"谁治理、谁受益"的地区性环境问题。而 CO_2 是温室气体，是使气候变暖的因素之一，是"一方治理，全球受益"的全球性环境问题，所以说减排二氧化碳是全球性的战略议题，要采取措施共同应对恶化的气候。

一、水泥企业 CO_2 生成量和排放量

1. 水泥企业 CO_2 排放源和生成量计算

（1）CO_2 排放源

水泥厂二氧化碳排放源分直接和间接两种。直接排放源指企业拥有或可控制的排放源，有原料（包括传统和替代原料）中碳酸盐、有机碳在高温下煅烧产生的二氧化碳、水泥窑粉尘、水泥窑用燃料（包括传统和替代燃料）、企业自身运输设备能源消耗以及非水泥窑用燃料（如烘干设备）等。间接排放源为水泥生产过程消耗的如外购电力、外购熟料、第三方原材料成品运输等。

（2）CO_2 生成量和排放量

据统计数据：吨硅酸盐水泥熟料二氧化碳排放量一般为 0.83t，其中因工艺因素排放大致占 63%，燃料燃烧排放占 30%，电力消耗排放占 7%。直接和间接排放源的 CO_2 生成量和排放量计算，可通过测定或默认排放因子进行量化计算。因有标准可依——《水泥生产企业二氧化碳排放量计算方法》（制定中），在此以示例方式介绍其要点。

【计算示例 7-2】

以 5000t/d 熟料水泥生产线（设置余热发电）为例，运营边界不包括矿山开采，企业未采用替代燃料、外购熟料、外供热和烘干机，求该企业二氧化碳年排放量。

基础资料如下。

① 企业年产熟料 155 万吨，年产水泥 201.5 万吨。熟料年平均化学成分如下表。

化学成分	烧失量	SiO_2	Al_2O_3	Fe_2O_3	CaO	MgO	SO_3	其他
含量/%	0.015	21.85	5.11	3.45	65.06	2.94	0.40	1.175

② 窑头余风烟气年平均粉尘排放量 P_f 为 $0.1kg_f/kg_{sh}$；生料中有机碳含量为 0.5%；企业年使用实物煤 21 万吨，年平均低位发热量 22.99kJ/kg_r；年生产用柴油 P_T 为 850t（柴油低位热值 $Q_{CY}=42705kJ/kg_{CY}$）；企业余热发电，年发电量 5000 万千瓦时。企业用电情况如下表。

用电部位	总用电量 /×10^4kW·h	其中/×10^4kW·h			
		生料制备	熟料煅烧	水泥粉磨	其他过程
年用电量	15750	4410	4375	6490	475

解：1. 二氧化碳排放量计算

（1）由生料中碳酸盐矿物分解产生

$$T_1 = \left[\left(CaO \times \frac{44}{56}\right) + \left(MgO \times \frac{44}{40}\right)\right] \times 1000$$

$$= \left[\left(65.06\% \times \frac{44}{56} + 2.94\% \times \frac{44}{40} \right) \right] \times 1000 = 543.3 (\text{kg}_{CO_2}/\text{t}_{sh})$$

（2）由窑头排放粉尘产生，因无窑头排放粉尘量测定值，用生料分解产生二氧化碳的 10% 估算。

$$T_2 = \frac{T_1 \times P_f}{1000} = \frac{543.3 \times 0.1}{1000} = 0.0543 (\text{kg}_{CO_2}/\text{t}_{sh})$$

（3）由生料中有机碳燃烧产生

$$T_3 = CY_3 = 0.5 \times 24 = 12 (\text{kg}_{CO_2}/\text{t}_{sh})$$

（4）由生产用的燃料产生

① 熟料综合标准煤耗产生

$$T_4 = E_{cl} Y_4 = 106.28 \times 2.46 = 261.45 (\text{kg}_{CO_2}/\text{t}_{sh})$$

其中 $E_{cl} = \dfrac{210000 \times 22.99 \times 1000}{29.307 \times 1550000} = 106.28 (\text{kg}_{ce}/\text{t})$

② 企业用的柴油产生

$$T_5 = P_T Q_{CY} Y_{rC} = 850 \times 42.750 \times 0.0698 = 2536.35 (\text{t}_{CO_2}/\text{a}) = 2536350 (\text{kg}_{CO_2}/\text{a})$$

$$\frac{2536350}{1550000} = 1.6 \ (\text{kg}_{CO_2}/\text{t}_{sh})$$

③ 由燃料总产生二氧化碳量为 262.34$\text{kg}_{CO_2}/\text{t}_{sh}$。

（5）由企业电力消耗产生，企业年总用电量为 $15750 \times 10^4 \text{kW} \cdot \text{h}$，年余热发电为 $5000 \times 10^4 \text{kW} \cdot \text{h}$，实际外购电量 E_g 为 $10750 \times 10^4 \text{kW} \cdot \text{h}$（$15750 \times 10^4 - 5000 \times 10^4 = 10750 \times 10^4$），年产生的二氧化碳量 P_E：

$$P_E = \text{实际外购电量} \times \text{电力排放因子} = E_g E_r$$
$$= 10750 \times 10^4 \times 0.302 = 3246.5 \times 10^4 \ (\text{kg}_{CO_2}/\text{a})$$

其中生料制备 $4410 \times 10^4 \times 0.302 = 1331.82 \times 10^4 \text{kg}_{CO_2}/\text{a}$；熟料煅烧 $4375 \times 10^4 \times 0.302 = 1321.25 \times 10^4 \text{kg}_{CO_2}/\text{a}$；水泥粉磨 $6490 \times 10^4 \times 0.302 = 1959.98 \times 10^4 \text{kg}_{CO_2}/\text{a}$；其他过程和管理 $475 \times 10^4 \times 0.302 = 143.45 \times 10^4 \text{kg}_{CO_2}/\text{a}$。因余热发电减少二氧化碳排放 $5000 \times 10^4 \times 0.302 = 1510 \times 10^4 \text{kg}_{CO_2}/\text{a}$

① 以生产熟料计。因熟料系统用电量，年排放二氧化碳量为：

$$X_{CO_2 sh} = (1331.82 + 1321.25 + 143.45 - 1510) \times 10^4 = 1286.52 \times 10^4 \ (\text{kg}_{CO_2}/\text{a})$$

② 以生产水泥计。因全厂综合总用电量，年排放二氧化碳量为：

$$X_{CO_2 sn} = 1286.52 \times 10^4 + 1959.98 \times 10^4 = 3246.50 \times 10^4 \ (\text{kg}_{CO_2}/\text{a})$$

2. 单位产品二氧化碳排放量

（1）水泥熟料

$$E_{CO_2 sh} = P_{rc} + P_{rt} + P_{rT} + F_1 + F_2 + X_{CO_2 sh}$$
$$= 543.3 + 12 + 0.0543 + 261.45 + \frac{2536350}{1550000} + \frac{12865200}{1550000} = 826.10 (\text{kg}_{CO_2}/\text{t}_{sh})$$

（2）水泥

$$E_{CO_2 sn} = \frac{E_{CO_2 sh} Y_{sh}}{Y_{sn}} + \frac{1959.98 \times 10^4}{Y_{sn}} = \frac{826.1 \times 155 \times 10^4}{201.5 \times 10^4} + \frac{19599800}{2015000} = 645.19 (\text{kg}_{CO_2}/\text{t}_{sn})$$

3. 产品年排放量

（1）单位水泥熟料二氧化碳年排放量

$$Y_{CO_2 sh} = 826.10 \times 1550000 = 1280455000 (kg_{CO_2}/t_{sh}) = 128.046 \times 10^4 (t_{CO_2}/t_{sh})$$

（2）单位水泥二氧化碳年排放量

$$Y_{CO_2 sn} = 645.19 \times 2015000 = 1300057850 (kg_{CO_2}/t_{sn}) = 130 \times 10^4 (t_{CO_2}/t_{sh})$$

2. 余热发电减排指标算式

（1）年减排 CO_2 简化算式

$$P_{CO_2} = E \times \left(\frac{EF_{grid,OMY} + EF_{grid,BMY}}{2} \right)$$

式中　　　　P_{CO_2}——纯低温余热发电系统年减排 CO_2 数量，t；

E——纯低温余热发电系统年供电量，MW·h，年供电量等于年发电量减去电站自用电量，一般情况，电站自用电量为发电量的 7% 左右；

$EF_{grid,OMY}$，$EF_{grid,BMY}$——电量边际和容量边际的排放因子，以国家发布的排放因子为准，2010 年发布的排放因子数值见表 7-9，$t_{CO_2}/(MW·h)$。

（2）年供电量折标煤量

$$Q_{ce} = Eq_a \times 10^{-6}$$

式中　Q_{ce}——供电量折算的标煤量，t；

q_a——国内 6000kW 及以上电厂某年供电标准煤耗，g/(kW·h)，此值根据中电联发布的"统计年报"数据，2008 年为 345g/(kW·h)。

计算二氧化碳排放相关用表见表 7-9。

表 7-9　计算二氧化碳排放相关用表
表 7-9(1)　二氧化碳排放因子
表 7-9(1a)　燃料类　　　　　　　　　　　　单位：kg_{CO_2}/GJ

化石燃料	缺省值 Y_Q		化石燃料	缺省值 Y_Q		替代化石燃料	缺省值 Y_Q
	IPCC	CSI		IPCC	CSI		CSI
煤、无烟煤	96		干缩污泥	110	110	废油	74
焦炭		92.8	木材、锯末	110	110	轮胎	85
重油	77.3		纸、纸箱	110	110	塑料	75
柴油	74.0		动物粉		89	溶剂	74
天然气(干)	56.1		动物骨料		89	锯灰	75
油页岩	107		动物脂肪		89	工业废物的混合物	83
褐煤	101		农业废物	110	110	其他化石基废物	80
汽油	69.2		其他生物质	110	110		

注：数据来源——何宏涛. 水泥生产二氧化碳排放分析和定量化探讨 [J]. 水泥工程，2009，(1)：63-64.

IPCC——政府间气候变化专门委员会。由该委员会提出的"国家温室气体清单指南"。

CSI——世界水泥可持续发展倡议组织。由该组织编制的"水泥工业二氧化碳计算和报道标准"。

应用示例：设煤低位发热量为 23000kJ/kg，按 IPCC 缺省值计算该煤的排放因子 $Y_Q = 23000 \times 10^{-6} \times 96 = 2.208 (kg_{CO_2}/t_r)$。

表 7-9(1b)　传统化石燃料的二氧化碳排放因子

燃料类型	缺省值/(kJ/GJ)		排放因子(95％置信区)	
	碳含量	有机物	较低	较高
原煤	20.0	73.3	71.1	75.5
车用汽油	18.9	69.3	67.5	73.0
汽油/柴油	20.2	74.1	72.6	74.8
无烟煤	26.8	98.3	94.6	101.0
次烟煤	26.2	96.1	92.8	100.0
其他烟煤	25.8	94.6	89.5	99.7
褐煤	27.6	101.0	90.9	115.0

注：数据来源——汪澜.水泥生产二氧化碳排放量计算方法及评述 [J].中国水泥，2011，(8).

表 7-9(1c)　本计算中用 CO_2 排放因子默认值

品名	标煤	有机碳	替代燃料	柴油	电力	外购熟料
代码	Y_4	Y_3	Y_{rT}	Y_{rC}	E_r	
排放因子	2.46	24	0.07～0.08	0.0698	0.302	0.862
单位	kg_{CO_2}/kg_{ce}	kg_{CO_2}/t	kg_{CO_2}/MJ	kg_{CO_2}/MJ	$kg_{CO_2}/kW \cdot h$	kg_{CO_2}/t_{sh}

表 7-9(2)　2010 年中电联发布的中国区域基准线排放因子

区域电网	覆盖省、市、自治区	排放因子/$[t_{CO_2}/(MW \cdot h)]$	
		$EF_{grad,OM,y}$	$EF_{grad,BM,y}$
华北区域电网	北京、天津、河北、山西、山东、内蒙古	0.9914	0.7495
东北区域电网	辽宁、吉林、黑龙江	1.1109	0.7086
华东区域电网	上海、江苏、浙江、安徽、福建	0.8592	0.6789
华中区域电网	河南、湖北、湖南、江西、四川、重庆	1.0871	0.4543
西北区域电网	陕西、甘肃、青海、宁夏、新疆	0.9947	0.6878
南方区域电网	广东、广西、云南、贵州	0.9762	0.4506
海南省电网	海南	0.7972	0.7328

注：数据来源同表 7-9(1b)。

水泥窑废气排放有害气体见表 7-10。

表 7-10　水泥窑废气排放有害气体
表 7-10(1)　水泥熟料主要矿物的形成热和二氧化碳排放量

熟料矿物	C_3S	βC_2S	CA	$C_4A_3 \cdot SO_3$
形成热/(kJ/kg_{sh})	1848.1	1336.8	1030.2	约800
CO_2 排放量/(kg/kg_{sh})	0.578	0.511	0.278	0.216

表 7-10(2)　水泥窑 NO_x 排放监测值

窑型	预分解窑			机立窑	标准要求 GB 4915—2004
	≥5000t/d	≥2500t/d	≤1500t/d		
NO_x/(mg/m_N^3)	600	1100	1600	一般 300	≤800(O_2 含量 10％)
NO_x/(kg/t_{sh})				约 0.5	≤2.4

注：2009 年中国建材科研总院和合肥水泥研究设计院共同对水泥窑 NO_x 排放监测结果。

二、水泥窑 SO$_2$ 排放量测算

水泥生料和燃料煤中都含有硫分，在窑煅烧过程，由原料中硫铁矿和燃料中硫化物，分解或燃烧生成 SO$_2$ 气体，由于水泥生产工艺具有自吸硫功能，如碳酸盐分解产生的氧化钙，能将大部分硫固化留在熟料中，只有少量随窑气排放。所以新型干法生产工艺中 SO$_2$ 排放量较低，一般均能符合排放标准要求。

1. 用生料中二氧化硫含量测算

$$P_{1SO_2} = \frac{64}{80} \times m_S SO_{3S}(1-X) \times 10^3 \tag{7-28}$$

式中　P_{1SO_2}——按生料 SO$_2$ 计排放量，kg$_{SO_2}$/t$_{sh}$；

　　　64/80——SO$_2$/SO$_3$ 分子量比；

　　　m_S——熟料料耗，t$_s$/t$_{sh}$；

　　　SO$_{3S}$——生料中 SO$_3$ 含量，%；

　　　X——生料对 SO$_3$ 吸收率，用小数表示，在氧化气氛下，生料对 SO$_3$ 吸收率为 88%～100%，计算时取 88%。

2. 按熟料中二氧化硫含量测算

$$P_{SO_2} = Y_{硫}(m_r P_{rSO_2} - Y_{SO_3} S_{sh} - Y_{SO_3} m_f SO_{3f})$$

式中　P_{SO_2}——单位熟料生成二氧化硫量，kg$_{SO_2}$/kg$_{sh}$；

　　　$Y_{硫}$——硫燃烧生成二氧化硫的排放因子，kg$_{SO_2}$/kg$_{硫}$；

　　　m_r——单位熟料耗煤量，kg$_r$/kg$_{sh}$；

　　　P_{rSO_2}——煤燃烧产生二氧化硫量，kg$_{SO_2}$/kg$_r$；

　　　Y_{SO_3}——三氧化硫与硫转换因子，kg$_{SO_3}$/kg$_{硫}$，Y_{SO_3} 数值为 0.4kg$_{硫}$/kg$_{SO_3}$；

　　　SO$_{3sh}$——熟料中 SO$_3$ 含量，%或 kg$_{SO_3}$/kg$_{sh}$；

　　　m_f——煅烧熟料产生的单位窑灰量，kg$_f$/kg$_{sh}$；

　　　SO$_{3f}$——窑灰中 SO$_3$ 含量，%或 kg$_{SO_3}$/kg$_f$。

3. 按转化率测算

$$P_{3SO_2} = 2.0(G_r S_r + G_S S_S)KK_P$$

式中　P_{3SO_2}——二氧化硫排放量，t$_{SO_2}$/d；

　　　2.0——硫燃烧生成二氧化硫的排放因子，为 2kg$_{SO_2}$/kg$_{硫}$；

　　　G_r、G_S——耗煤量和生料耗量，t/d；

　　　S_r、S_S——煤和生料中 S 含量，%；

　　　K——硫生成二氧化硫的转化率，一般为 0.8～0.9；

　　　K_P——二氧化硫排入大气的比率，用小数表示，预分解窑与生料磨一体机，吸硫率高，一般大于 95%，故 K_P 值小于 0.05。

4. 按排放系数估算

在《污染减排工作手册》（中国环境科学出版社 2009 年出版）中对水泥等非电二氧化硫排放量采取排放强度方法核算，用排放系数校核，将算出的值进行比较，按取大数原则

确定二氧化硫排放量。水泥窑二氧化硫排放系数平均值见表 7-11。

表 7-11　水泥窑二氧化硫排放系数（排污系数）平均值　　单位：kg_{SO_2}/t_{sh}

水泥窑名称	预分解窑	悬浮预热器窑	湿法窑	余热发电干法窑	立波尔窑	机立窑
排放系数	0.311	0.514	2.638	3.449	0.379	0.635

注：资料来源——朱京海等.污染减排工作手册［M］.北京：中国环境科学出版社，2009.

三、水泥窑炉 NO_x 排放量测算

煤粉在水泥窑炉煅烧过程中，燃料中的氮（主要因素）或原料中的氮化合物和空气中的氧在高温下燃烧反应产生 NO_x。按其生成机理可分燃料型 NO_x 和热力型 NO_x。当燃烧温度为 1600℃时（窑内），NO_x 产生量约为 $16kg/t_r$；当燃烧温度为 900℃时（炉内），NO_x 产生量约为 $7kg/t_r$。使用的燃料在高温下燃烧，生成 NO_x 数量估算值以此为基数来测算。

$$P_{NO_x}=(R_Y\times16+R_L\times9)\times m_r\times10^3 \tag{7-29}$$

式中　P_{NO_x}——NO_x 的排放量，kg_{NO_x}/t_{sh}；

　　　R_Y，R_L——窑炉燃料比，用小数值；

　　　m_r——熟料煤耗，kg_r/t_{sh}。

四、粉尘排放浓度和量

水泥企业在破碎、粉磨、热工设备煅烧和包装、装卸、运输等过程中都会产生颗粒物，通过除尘器除尘后的有组织排放或自由散发的无组织排放微细颗粒（俗称粉尘），均有碍人体健康和恶化周围环境。对此，国家标准 GB 4915—2004 中规定水泥生产设备向大气排放颗粒物的排放浓度和单位产品排放量限额指标。

1. 废气中粉尘的排放浓度

烟气的排放浓度是指经除尘后，排出每立方米标准状况烟气中所含的粉尘量，通过测量计算求得。基本步骤：①测量出通过流量计的气体量 V；②换算成标准状况下风量 V_N；③计算工况下管道气体量 V_t；④根据测量抽取的时间，计算所抽取的气体量 V_0；⑤计算出烟气含尘浓度 K（工况）和 K_N（标况）。计算废气中含尘浓度，见表 5-9，这里举例来介绍。

【计算示例 7-3】

某厂烟道含尘测定数据如下：烟道处烟气温度 $t=240℃$；流量计处温度 $t_a=70℃$；通过流量计的气体量为 $V=3.76m^3/h$；测定时间 $T=15min$；收尘总量 $G=24.5g$。求废气含尘浓度是多少？

① 通过流量计的标况风量 V_N

$$V_N=\frac{V\times273.15}{273.15+t_a}=\frac{3.76\times273.15}{273.15+70}=2.99（m^3/h）$$

② 工况下通过烟气的风量 V_t

$$V_t=\frac{V_N\times(273.15+t)}{273.15}=\frac{2.99\times(273.15+240)}{273.15}=5.61（m^3/h）$$

③ 测量时抽取气体量 V_0

$$V_0 = \frac{V_N T}{60} = \frac{2.99 \times 15}{60} = 0.747 \ (\text{m}^3)$$

$$V_{t1} = \frac{V_N \times (273.15 + t)}{273.15} = 1.4 \ (\text{m}^3)$$

④ 烟气含尘量

$$K = \frac{G}{V_0} = \frac{24.5}{0.747} = 32.8 \ (\text{g/m}^3)$$

$$K_t = \frac{G}{V_{t1}} = \frac{24.5}{1.4} = 17.5 \ (\text{g/m}^3)$$

2. 岗位无组织粉尘排放浓度

粉尘浓度：

$$c = \frac{m_2 - m_1}{Qt} \times 1000 \tag{7-30}$$

粉尘浓度超标倍数：

$$N = \frac{c - c_0}{c_0} \tag{7-31}$$

式中　c——岗位测定的粉尘浓度，g/L 或 g/m^3；

　　　c_0——国家卫生标准浓度，g/L 或 g/m^3；

m_1，m_2——采样前后岗位粉尘含量，mg；

　　　Q——采样的流量，L/min 或 m^3/min；

　　　t——采样时间，min。

3. 粉尘排放量

　　污染物排放量的测算，从方式上主要有三种：一是物料测算法——投料量扣除转化为副产品量和废气之后的物料量；二是排污系数法——用单位产品的排放量和产品量计算；三是实测法——按照监测规范，连续或间断采集样品，测定该设备或车间外排的粉尘量。表示水泥企业粉尘排放量的参数有：GB 4915—2004《水泥工业大气污染物排放标准》中规定吨产品粉尘排放量；从环境卫生和工程消耗观点的小时及年排放量。前者以环境监测求得粉尘排放浓度，然后根据处理风量计算小时粉尘排放量；后者以平均粉尘排放浓度和运转时间为基础，并计算年粉尘排放量。生产企业通常采用实测法，辅以该段时间产品量，计算粉尘排放量。我国在 GB 4915—2004 中"禁止电除尘器非正常排放"和除尘处理系统应保证与主机同步运行，为简化起见，粉尘排放量，可按除尘器正常运转的实测值计算。

　　单位产品排放量是指设备生产每吨产品所排放的粉尘质量。根据 GB 4915—2004《水泥工业大气污染物排放标准》中规定以测定粉尘排放浓度值 c_2 和污染监测时段的设备实际产出量计算。设备的产品和产量值应分别对待，如水泥窑以熟料产出量计算，对窑磨一体机，在窑磨联合运转时以磨机产生的物料量计算，在水泥窑单独运转时，用水泥窑产出熟料量计算。其他磨机、烘干机等均以产出量计算。

　　① 吨产品粉尘排放量 P_t 的计算式：

$$P_t = \frac{c_2 Q_N \times 10^{-9}}{G} \tag{7-32}$$

　　② 小时粉尘排放量 P_h 的计算式：

$$P_h = c_2 Q_N \times 10^{-6} \tag{7-33}$$

③ 年粉尘排放量 P_N 的计算式：

$$P_N = G_a c (1 - \eta_c \eta_f) \tag{7-34}$$

式中　P_t、P_h、P_N——吨产品、小时和年的粉尘排放量，kg/t、kg/h、kg/年；

c_2——监测的平均粉尘排放浓度（年报时可用多次监测的平均数据），mg/m³；

Q_N——除尘器处理的平均废气量（标况）（年报时可用多次监测的平均数据），m³/h；

G——污染监测时段的设备实际产出量，t/h；

G_a——统计期（年）主机产量，t/年；

c——进除尘器污染源的平均含尘浓度，kg/t；

η_c、η_f——在统计期间（年）收尘设备平均收尘效率、使用率，%。

4. 除尘效率

除尘效率 η 可通过采用"质量法"和"浓度法"进行计算，企业通常采用浓度法。

（1）单机除尘效率

① 质量法

$$\eta = \frac{G_2}{G_1} \times 100\% \tag{7-35}$$

② 浓度法

$$\eta = \left(1 - \frac{c_2 Q_2}{c_1 Q_1}\right) \times 100\% \tag{7-36}$$

（2）综合除尘效率

以两级为例

$$\eta = \eta_1 + \eta_2(1 - \eta_1) \tag{7-37}$$

（3）分级除尘效率

$$\eta_d = \frac{Q_1 g_{d1} c_1 - Q_2 g_{d2} c_2}{Q_1 g_{d1} c_1} \times 100\% \tag{7-38}$$

不漏风时：

$$\eta_d = \left(1 - \frac{g_{d2} c_2}{g_{d1} c_1}\right) \times 100\% \tag{7-39}$$

（4）分级除尘总效率

$$\eta_Z = \sum_{i=1}^{n}(g_{di} \eta_{di}) \times 100\% \tag{7-40}$$

式中　η，η_d，η_Z——单机、分级除尘效率和分级的总除尘效率，%；

G_1，G_2——除尘器进出口含尘量，g；

c_1，c_2——除尘器进出口含尘浓度，g/m³；

Q_1，Q_2——除尘器进出口风量，m³/h；

g_{d1}，g_{d2}——除尘器进出口粉尘中粒径 d 的粉尘质量分数，%。

【计算示例 7-4】
某水泥生产企业对袋除尘器进行测定，其进出口废气中含尘浓度分别 c_1 为 32000mg/

m_N^3，c_2 为 $48mg/m_N^3$，粉尘的粒径分布如下表。

粉尘粒径 $d/\mu m$		$0\sim5$	$5\sim10$	$10\sim20$	$20\sim40$	>40
粉尘含量（质量分数）/%	除尘器进口	20	10	15	20	35
	除尘器出口	78	14	7.4	0.6	0

计算该除尘器的分级效率和总除尘效率是多少？并对该除尘器工作效率进行评价。

解：1. 分级效率

按不漏风计，以 $0\sim5\mu m$ 粒径范围为例：

$$\eta_d = 1 - \frac{g_{d2}c_2}{g_{d1}c_1} = 1 - \frac{78\times48}{20\times32000} = 0.9941 = 99.41\%$$

计算结果见下表：

$d_P/\mu m$	$0\sim5$	$5\sim10$	$10\sim20$	$20\sim40$	>40
η_d/%	99.41	99.79	99.93	99.99	100

2. 总除尘效率

（1）按分级效率计，总除尘效率：

$$\eta_Z = \sum_{i=1}^{n}(g_{di}\eta_{di})\times100\%$$
$$= [20\times0.9941 + 10\times0.9979 + 15\times0.9993 + 20\times0.9999 + 35\times1]\times100\% = 99.85\%$$

（2）按监测的出口浓度计，当除尘器不漏风时，即 $Q_1=Q_2$，总除尘效率：

$$\eta_Z = \frac{c_1-c_2}{c_1} = \frac{32000-48}{32000} = 0.9983 = 99.83\%$$

3. 评价

从测定结果通过计算认为：①该除尘器对大于 $20\mu m$ 的粉尘具有很高的除尘效率，对 $5\mu m$ 以下粉尘的除尘效率低些；②从环保角度用排放浓度评价，经此除尘器除尘后的排放浓度符合标准 GB 4915—2004 要求，若执行比国标严格的地方标准时（$\leqslant30mg/m^3$，标准状况），此排放浓度不能达标；③从工程而言，用净化效率评价，一般高效袋除尘器的除尘效率在 99.9% 以上，而该除尘器收尘只有 99.85%，说明其工作状况尚不是很理想，需要从滤袋或在操作参数，或在设备状况方面查找原因，进行调整或处理。

五、SO_2、NO_x 排放浓度单位换算

SO_2、NO_x 排放浓度的单位各国使用不完全相同，其中最常用的是 mg/m^3 和 $\mu mol/mol$（ppm，即 10^{-6}），英国用 ppm 表示，我国采用 mg/m^3（指标准状况，下同）。由于单位不一致，阅读或比较时会涉及换算问题，其换算系数见表 7-12。

表 7-12　大气污染物 SO_2、NO_x 排放浓度单位换算系数

排放浓度单位	标况浓度 /(mg/m^3)	NO_x /$(\mu mol/mol)$	SO_2 /$(\mu mol/mol)$	备　　注
标况浓度/(mg/m^3)	1.0	0.487	0.350	当监测的成分为 NO 时，需将 NO 换算成 NO_2。此时 NO_x=($NO\times1.53+NO_2$) NO_x 校正到 O_2 为 10%，其校正式见(7-41)
NO_x/$(\mu mol/mol)$	2.05	1		
SO_2/$(\mu mol/mol)$	2.86		1	

注：如对 SO_2 浓度要从 mg/m^3 换算成 $\mu mol/mol$(ppm) 要乘以系数 0.35，从 $\mu mol/mol$(ppm) 换算成 mg/m^3 要乘以系数 2.86；NO_x 从 mg/m^3 换算成 $\mu mol/mol$(ppm) 要乘系数 0.487，从 $\mu mol/mol$ 换算成 mg/m_N^3 要乘以 2.05。

此外，NO_x 排放标准中规定 NO_x 用 NO_2 表示，并以 O_2 含量10％为准数，不同氧含量下的 NO_x 值的换算公式见式(7-41)。排放浓度单位使用单位换算方法见下面示例。

$$(NO_x)_d = (NO_x)_c \times \frac{20.95 - (O_2\%)_d}{20.95 - (O_2\%)_c} \quad (7-41)$$

式中 $(NO_x)_d$、$(NO_x)_c$——NO_x 的待算值和测量值，$\mu mol/mol$ 或 mg/m^3；

$(O_2\%)_d$、$(O_2\%)_c$——O_2 的待算值和测量值，％。

例如：如在氧含量为5％的烟气中，测得 NO 为 $200\mu mol/mol$，换算到氧含量为10％为基准时数值：

$$NO_x = NO \times 2.05 = 200 \times 2.05 \times 10^{-6} = 410 \ (mg/m^3)$$

$$(NO_x)_d = (NO_x)_c \times \frac{20.95 - (O_2\%)_d}{20.95 - (O_2\%)_c} = 410 \times \frac{20.95 - 10}{20.95 - 5} = 218 (mg/m^3)$$

附表7-1　水泥工业清洁生产对污染物产生指标要求

清洁生产指标等级		一级	二级	三级
二氧化硫产生量 /(kg/t)	燃料用煤的全硫量≤1.5％	≤0.20	≤0.30	
	燃料用煤的全硫量>1.5％	≤0.30	≤0.50	
氮氧化物(以 NO_2 计)产生量/(kg/t)		≤2.00	≤2.40	
氟化物(以总氟计产生量)/(kg/t)		≤0.006	≤0.008	≤0.010

注：1. 数据来源——李立光.水泥行业清洁生产标准介绍［J］.中国水泥，2010，(6)：35.

2. 污染物产生指标是按水泥窑及窑磨一体机时污染物的产生量。

附表7-2　水泥生产 CO_2 排放量计算项目

生产工艺	计算项目	CO_2 排放量代码	说　明
1. 矿山开采	社会车辆运输燃油消耗	P_{si}	直接 CO_2 排放——生产企业拥有的 CO_2 排放源产生的排放。在水泥生产企业有窑炉中碳酸盐矿物的分解，各生产工艺过程燃料的燃烧
	自有车辆运输燃油消耗	P_{oi}	
	生产工艺过程电力消耗	P_{ei}	
2. 生料和熟料制备	自有车辆运输燃油消耗	P_{oi}	间接 CO_2 排放——生产企业外购电网电力、外购水泥熟料及租用社会车辆进行运输等产生的排放
	生产工艺过程电力消耗	P_{ei}	
	生料中碳酸盐矿物分解	P_{rc}	
	生料中有机碳燃烧	P_{ro}	
	工艺过程实物煤耗	P_{ci}	
	生产工艺过程替代燃料消耗	P_{ai}	
	窑、磨启动、点火时燃油消耗	P_{oi}	
	余热利用	P_g	
	外购水泥熟料	P_{ki}	
3. 水泥制备及烘干	自有车辆运输燃油消耗	P_{oi}	CO_2 绝对排放量——与水泥生产活动有关的生产 CO_2 量总和
	生产工艺过程电力消耗	P_{ei}	
	生产工艺过程实物煤耗	P_{ci}	
4. 生产管理	自有车辆运输燃油消耗	P_{oi}	熟料煅烧及窑炉废气余热利用输送到营运边界外，如生活小区供暖，应统计计算相应的余热利用 CO_2 排放量，并在计算水泥生产燃料 CO_2 排放量时扣除。用于营运边界内的余热发电应在计算生产总耗电量时扣除减排量。用于营运边界内的原燃料烘干等相应的余热利用 CO_2 排放量，不再分摊到生料制备和水泥制备单元。如拥有单独的燃烧炉，其相关的 CO_2 排放量，应计入生料制备单元或水泥制备单元中
	生产工艺过程电力消耗	P_{ei}	

注：数据来源同表7-9(1b)。

附表 7-3　水泥窑主要污染物的排放控制可行技术
附表 7-3(1)　水泥工业低碳技术

技术	CO_2 减排技术	预计减排效果概数
现有技术	1. 使用提高水泥生产能效(电能和热能)技术。如采用新型干法水泥生产煅烧工艺;采用辊压机、辊式磨等料床粉磨设备及预粉磨技术;采用低温余热发电、变频调速技术及配置高效电机等,可大幅度降低烧成热耗和生产电耗	降低煤耗,吨煤减排 $0.7857t_{CO_2}$。降低电耗,每节电 $1kW \cdot h$,可减排 $0.302kg_{CO_2}$。低温余热发电量 $1kW \cdot h$,可减排 $0.847kg_{CO_2}$
	2. 利用工业废渣作为替代原料和燃料。用含有氧化钙或氢氧化钙的工业废渣作为原料;用排放因子比燃料煤低的替代燃料;用虽排放 CO_2,但可不计 CO_2 排放的生物质燃料,均可显著降低 CO_2 排放量	使用工业废渣。每提供 $1t$ CaO 则减排 $0.7857t_{CO_2}$
	3. 减少水泥中熟料用量。以降低熟料系数,获得单位水泥 CO_2 减排量	降低熟料系数 1%,吨水泥减排 $0.865kg_{CO_2}$
	4. 开发生产节能、低排放、低钙型水泥熟料品种。如生产使用高贝利特水泥熟料、硫铝酸盐水泥熟料、氧化镁水泥等	贝利特水泥熟料碳酸盐分解产生排放的 CO_2 为 $0.45t_{CO_2}/t_{sh}$;硫铝酸盐水泥熟料为 $0.53t_{CO_2}/t_{sh}$
未来技术	碳捕获、碳贮存技术以及富氧燃烧技术和利用太阳能生化制藻技术等	

注:硅酸盐水泥熟料为 $0.53t_{CO_2}/t_{sh}$。数据来源——陈永贤,李湘洲.浅析水泥工业的低碳之路 [J].中国水泥,2010,(8):28.

附表 7-3(2)　不同水泥粉磨系统电耗比较 (粉磨普通水泥,产品比表面积 $350m^2/kg$)

水泥粉磨系统	圈流球磨	辊压机预粉磨	辊压机联合粉磨	辊式磨终粉磨
系统电耗/$(kW \cdot h/t)$	40	35	30	25

注:资料来源——袁风宇等.制备水泥设备选型将趋向立磨 [J].中国水泥,2011,(1):71.

附表 7-3(3)　SO_2 排放控制可行技术

方式	可行技术	减排水平/%
一次减排技术	限制物料(原燃料)中有机硫和无机硫化物的硫含量小于 0.028%	50~70
	控制配料后合适的硫碱比	
	采用窑磨一体机运行	
	优化燃烧器设计	
	使用袋除尘器,利用滤袋表面收集碱性物质的吸收作用,降低 SO_2	
二次治理	采用吸收剂喷注法,在预热器 350~500℃ 区间,均匀喷入 $Ca(OH)_2$	50~70
	控制合适的钙硫比,脱硫效果明显	

注:资料来源——康宏,袁文献,曹晓凡.新型干法水泥生产气态污染物产排放量核算研究 [J].中国水泥,2011,(11).

附表 7-3(4)　NO_x 排放控制可行技术

方式	可行技术	减排水平/%
一次减排技术	采用低 NO_x 燃烧器,减少燃料在高温区停留时间	5~20
	保持全窑系统稳定均衡运行;减少过剩空气量;确保喂料、喂煤量准确、均匀、稳定	10~50
	分解炉采用阶段燃烧。燃料先在空气不足的环境中燃烧,后在空气充分的环境中燃烧	20~50
二次治理	SNCR 选择性非催化还原法。在窑尾管道某些部位喷入氨水或尿素等溶液,使其与烟气中 NO_x 化合,并将其还原成氮气和水	30~85

注:资料来源同附表 7-3(3)。

附表 7-3(5)　水泥企业烟尘、粉尘排放控制可行技术

项　目		主　要　尘　源
尘源	生料制备	石灰石等原料在输送、卸车和破碎过程中;湿物料在烘干过程中随烟气携带
	熟料煅烧	原燃料在制作过程中产生浮尘,以及水泥窑煅烧随废气携带
	水泥制备	在水泥粉磨、输送、贮存工序上产生
	成品出厂	在水泥包装、散装工序中产生粉尘
	扬尘点	原燃料堆场中被风吹而扬尘;装卸过程扬尘;设备不严密处正压冒灰;输送中撒落等
措施	有组织排放	采用除尘器捕集
	无组织排放	在工艺布置上,尽量减少物料转运点;物料在装卸过程中,尽量降低落料点;在干燥季节,对物料堆放场地和物料运输道路进行喷水降尘;在物料进料口、卸料口和管道连接处,加强密闭,防止粉尘外泄等

注:水泥行业的烟尘排放标准严格执行 GB 4915—2004 规定,至于对人体健康危害很大的 PM2.5 颗粒排放标准,国家正在制订中。

附表 7-4　水泥中重金属含量限值(《水泥窑协同处置工业废物设计规范》GB 50634—2010)

重金属元素	在熟料中固化率/%	含量限值/(mg/kg)		
		生料中	熟料中	水泥中
砷(As)	83~91	20	40	0.05
铅(Pb)	72~95	60	100	0.1
镉(Cd)	80~99	1.0	1.5	0.01
铬(Cr)	91~97	90	150	0.1
铜(Cu)	80~99	60	100	1.5
镍(Ni)	87~97	60	100	0.1
锌(Zn)	74~88	300	500	5.0
钡(Ba)	80~99	200	400	4.0
锰(Mn)	80~99	60	100	1.0

注:资料来源——颜碧兰,汪澜,魏丽颖.我国水泥窑协同处置废弃物技术规范研究进展 [J].中国水泥,2012,(1):46-47.

附录

计算常用资料

附录一　料堆体体积计算式

料堆型式	计算式	符号说明
条形	$V = abH - H^2 \times \cot\alpha(a + b - H\cot\alpha)$	V——料堆体积
锥形	$V = \dfrac{aH}{b(3b-a)} = \dfrac{H^2}{3\tan\alpha}\left(3b - \dfrac{2H}{\tan\alpha}\right)$	H——料堆高度 a——料堆宽
长形	$V = V_1 + V_2 = \dfrac{BHL_N}{2} + \dfrac{\pi B^2 H}{12}$	b——料堆长 α——物料堆积自然休止角
预均化堆场（长形）	$V = B^2\tan\alpha(0.25L - 0.1191B)$	B、L——长形料堆宽和总长 L_N——长形料堆上顶宽
预均化堆场（圆形）	$V = B^2\tan\alpha(0.25L_{HU} - 0.1191B)$ $= B^2\tan\alpha(0.25 \times 2\pi R - 0.1191B)$	L_n——长形均化堆场上顶宽 L_{HU}——圆形料堆中心弧长 R——圆形料堆顶部半径
图形	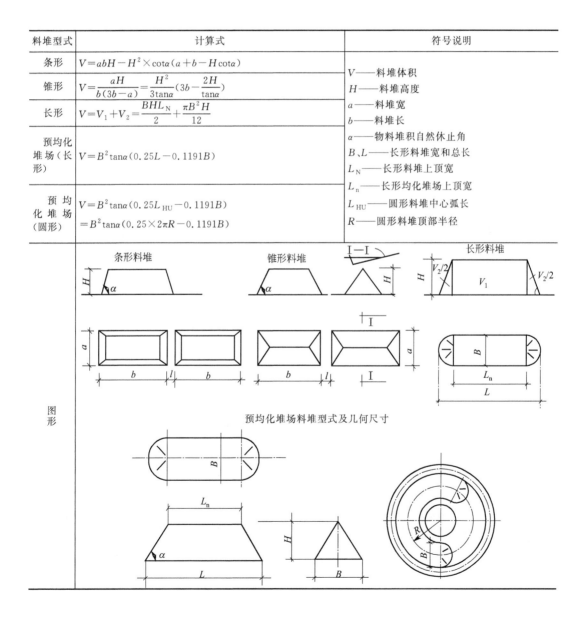 预均化堆场料堆型式及几何尺寸	

附录二 常用物料堆积密度和休止角（堆积角）

物料名称	堆积密度/(t/m³)	休止角/(°)	物料名称	堆积密度/(t/m³)	休止角/(°)
生产用干黏土	1.4～1.6	40	干的碱性粒状高炉矿渣	0.4～0.6	35～45
含水25%，粒度300mm黏土	1.7	45	含水分30%的高炉矿渣	0.65	
湿黏土	2.0	25	含水分10%的高炉矿渣	0.6	
湿的松散黄土	1.6		干的酸性粒状高炉矿渣	0.6～0.8	
350mm以下块状石灰石	1.6～2.0	39	含水分30%的酸性高炉矿渣	0.7～0.9	
30mm以下块状石灰石	1.2～1.5	30	石膏	1.3～1.4	
碎状铁矿石	2.0～2.4		窑皮	2.1～2.3	
粉状铁矿石	1.5		回转窑熟料	1.45	33
铁粉	2.21～2.43		粉磨后的硅酸盐水泥	1.1	35
电石渣干粉	0.6		存放在库内的硅酸盐水泥	1.45	30
粉磨后生料粉	1.0～1.1	35	松散的铝酸盐水泥	1.1	
库内存放生料粉	1.3	35	密实的铝酸盐水泥	1.6	
块煤	0.85	27	矿渣水泥	1.1～1.4	
煤粉	0.4～0.7	0	火山灰水泥	1.2	
无烟煤粉	0.84～0.98	30	水泥原料粉尘	0.29	
焦炭	45		水泥干燥室粉尘	0.60	

注：物料堆积密度与物料的密实度有关，企业可取样测定实际的物料密度和休止角。当无测定值时，上述数据供参考。物料堆积密度＝（1-空隙率）×物料真密度。

附录三 部分水泥熟料矿物相对分子质量

熟料矿物简称	C_3S	C_2S	C_3A	C_4AF	f-CaO	$C_4A_3 \cdot SO_3$
相对分子质量	228.33	172.25	270.20	485.98	56.07	1408.68
熟料矿物简称	C_2F	CA	CA_2	$CaSO_4$	MgO	$C_{11}A_7 \cdot CaF_2$
相对分子质量	271.88	158.04	260.00	260.30	40.30	1408.66

附录四　气体的基本常数

气体名称	相对分子质量	密度（标准状态）/(kg/m³)	气体常数/[J/(kg·K)]	气体名称	相对分子质量	密度（标准状态）/(kg/m³)	气体常数/[J/(kg·K)]
干空气	28.97	1.293	287.0	一氧化二氮(N_2O)	44.01	1.977	188.9
水蒸气(H_2O)	18.02	0.804	461.4	氨气(NH_3)	17.03	0.7708	488.2
氢气(H_2)	2.016	0.0899	4124.7	二氧化硫(SO_2)	64.06	2.927	129.8
氮气(N_2)	28.01	1.251	296.8	三氧化硫(SO_3)	80.06		103.9
氧气(O_2)	32.00	1.429	259.8	硫化氢(H_2S)	34.08	1.539	244.0
一氧化碳(CO)	28.01	1.250	296.8	二硫化碳(CS_2)	76.14		109.2
二氧化碳(CO_2)	44.02	1.977	188.9	氯气(Cl_2)	70.91	3.214	117.3
一氧化氮(NO)	30.01	1.340	277.1	氯化氢(HCl)	36.46	1.639	228.0

附录五　烟气的物理参数

温度/℃	密度/(kg/m³)	比热容		热导率		热扩散系数	
		/[kJ/(kg·K)]	/[kJ/(m³·℃)]①（标准状态）	/[×10⁻²W/(m·K)]	/[×10⁻²kcal/(m·h·℃)]	/(×10⁶m²/s)	/(×10²m²/h)
0	1.295	1.042		2.28	8.207	16.9	6.08
100	0.950	1.068	0.33	3.13	11.263	30.8	11.10
200	0.748	1.097	0.335	4.01	14.445	48.9	17.60
300	0.617	1.122	0.340	4.84	17.418	69.9	25.16
400	0.525	1.151	0.344	5.70	20.516	94.3	33.94
500	0.457	1.185	0.350	6.56	23.615	121.1	43.61
600	0.405	1.214	0.354	7.42	26.713	150.9	54.32
700	0.363	1.239	0.359	8.27	29.770	183.8	66.17
800	0.330	1.264	0.364	9.15	32.952	219.7	79.09
900	0.301	1.290	0.368	10.00	36.050	258.0	92.87
1000	0.275	1.306	0.372	10.90	39.232	303.4	109.21
1100	0.257	1.323	0.376	11.75	42.269	345.5	124.37
1200	0.240	1.340	0.380	12.62	45.429	392.4	141.27

① 资料来源——杨申仲等.行业节能减排技术与能源考核［M］.北京：机械工业出版社，2011.
注：本表略去动力黏度、运动黏度、普朗特数项目的数据。

附录六　水在不同温度下的汽化热

单位：kJ/kg

温度/℃	汽化热	温度/℃	汽化热	温度/℃	汽化热	温度/℃	汽化热	温度/℃	汽化热
0	2497.5	35	2415.1	70	2331.0	105	2239.9	140	2140.8
5	2485.8	40	2403.1	75	2318.5	110	2226.5	145	2125.3
10	2474.1	45	2391.3	80	2305.5	115	2212.7	150	2110.2
15	2462.4	50	2380.0	85	2292.6	120	2198.5	200	1957.2
20	2450.7	55	2367.4	90	2279.6	125	2184.7		
25	2438.9	60	2355.7	95	2266.6	130	2170.0		
30	2427.2	65	2343.2	100	2253.7	135	2155.0		

注：数据摘自 JC/T 730—2007 附录 C。

附录七　不同温差与不同风速下筒体散热系数

用于计算回转窑、单筒冷却机等转动设备的散热系数　单位：kJ/(m²·h·℃)

温差/℃	风速/(m/s)								
	0	0.24	0.48	0.69	0.90	1.20	1.50	1.75	2.0
40	45.16	50.60	56.03	61.47	66.92	75.69	84.47	93.25	102.03
50	47.67	53.11	58.54	63.98	69.42	78.61	87.40	96.18	104.54
60	50.18	56.03	61.47	66.91	71.92	81.42	89.90	98.69	107.47
70	52.69	58.54	64.40	69.83	74.85	84.05	92.83	101.61	110.39
80	54.78	61.05	66.91	72.34	77.36	86.56	95.34	104.12	112.90
90	57.29	63.56	69.42	74.85	79.87	89.07	97.85	106.63	115.83
100	59.80	66.07	72.34	77.78	82.80	92.00	100.78	109.56	118.34
110	62.31	68.58	74.85	80.29	85.31	94.50	103.29	112.07	120.85
120	64.82	71.09	77.36	82.80	88.23	97.43	106.21	114.99	123.30
130	67.32	74.01	80.29	85.72	90.74	99.94	109.14	117.50	124.19
140	70.25	76.52	82.80	88.23	93.25	102.45	111.23	120.01	124.61
150	72.34	79.03	85.72	91.16	96.18	105.38	114.58	120.85	125.45
160	74.85	81.54	88.23	93.67	99.10	108.30	115.83	121.27	125.87
170	76.94	84.05	91.16	96.60	101.61	110.81	116.25	121.69	126.28
180	79.45	86.56	93.67	99.10	104.54	111.23	116.67	122.10	126.70
190	82.00	89.07	96.18	101.61	106.63	112.07	117.09	122.52	127.12
200	84.47	92.00	99.10	104.12	107.05	112.90	117.92	122.94	127.54
210	86.98	94.50	101.61	104.54	107.89	113.32	118.34	123.36	127.90
220	89.49	97.01	102.03	105.38	108.72	114.16	118.76	123.78	128.30
230	92.00	97.85	102.49	105.79	109.14	114.58	119.18	124.19	128.79
240	94.50	98.69	102.87	106.21	109.56	114.99	119.59	124.61	129.63

续表

温差/℃	风 速/(m/s)								
	0	0.24	0.48	0.69	0.90	1.20	1.50	1.75	2.0
250	96.88	99.53	103.31	106.62	109.98	115.41	120.01	125.03	130.08
260	99.34	100.37	103.73	107.04	110.40	115.82	120.42	125.44	130.64
270	101.73	101.21	104.16	107.45	110.82	116.24	120.84	125.86	131.21
280	104.26	102.05	104.58	107.87	111.24	116.65	121.25	126.27	131.78
290	106.73	102.89	105.01	108.28	111.66	117.07	121.67	126.69	132.35
300	109.19	103.73	105.43	108.70	112.08	117.48	122.08	127.11	132.92

注: 1.摘自 GB/T 26282—2010 附录 C。

2.计算转动设备散热时还需对空气冲击角的影响加以修正。冲击角校正系数与不同冲击角散热系数关系为 $\varepsilon_\phi = \alpha_\phi / \alpha_{90}$, 具体见下表:

冲击角 (φ) 与校正系数 (εφ) 关系

$\phi/(°)$	10	15	20	25	30	35	40	45	50	55~90
ε_ϕ	0.75	0.80	0.83	0.86	0.90	0.93	0.96	0.97	0.98	1.00

单窑时 $\alpha_\phi = \alpha\varepsilon_\phi [kJ/(m^2 \cdot h \cdot ℃)]$, 多窑并列时 $\alpha' = 0.8\alpha_\phi [kJ/(m^2 \cdot h \cdot ℃)]$。

用于计算预热器、分解炉等不转动设备的散热系数 单位: $kJ/(m^2 \cdot h \cdot ℃)$

温差/℃	风 速/(m/s)					温差/℃	风 速/(m/s)				
	0.0	2.0	4.0	6.0	8.0		0.0	2.0	4.0	6.0	8.0
40	35.13	75.27	96.18	113.74	129.67	150	62.72	105.79	130.47	148.03	164.76
50	37.63	78.20	99.10	116.67	132.98	160	65.23	109.56	133.81		
60	40.14	81.12	102.03	119.18	135.48	170	67.74	112.49	136.74		
70	42.65	83.63	104.96	122.52	138.83	180	70.25	115.41	140.08		
80	45.16	86.14	108.30	125.45	142.17	190	72.76	117.92	143.01		
90	47.67	89.49	111.23	128.79	145.10	200	75.27	120.85	146.36		
100	50.18	92.00	114.58	132.14	148.03	210	77.78				
110	52.69	94.92	117.92	135.07	151.79	220	80.28				
120	55.20	97.85	120.85	138.41	155.14	230	82.80				
130	57.71	100.78	124.19	141.34	158.04	240	85.31				
140	60.22	103.70	127.12	144.68	160.99	250	87.81				

注:摘自 GB/T 26282—2010 中附录 C。

用于计算回转烘干机筒体的散热系数 单位: $kJ/(m^2 \cdot ℃)$

回 转 烘 干 机						生料烘干磨			
温差/℃	风 速/(m/s)					温差/℃	风 速/(m/s)		
	0	2	4	6	8		0	0.5	1.0
40	35 (9.78)	75 (20.93)	96 (26.75)	114 (31.63)	130 (36.05)	50	46.035	57.335	68.216
50	39 (10.47)	81 (22.58)	99 (27.56)	117 (32.45)	133 (36.98)	60	49.383	60.264	71.145
100	50 (13.96)	92 (25.59)	115 (31.89)	132 (36.75)	148 (41.17)	70	51.476	62.775	74.075
150	63 (17.45)	106 (29.62)	131 (30.29)	148 (41.17)	164 (45.47)	80	53.987	65.075	77.004
200	75 (20.93)	121 (33.05)	147 (40.71)	—	—	90	56.498	67.707	79.934
250	88 (24.54)	—	—	—	—	100	59.427	70.727	82.863

注:多筒冷却机的散热系数 $\alpha' = 0.8\alpha$。括号内的数据单位为 $W/(m^2 \cdot K)$。

附录八　部分气体及干空气比热容

单位：kJ/(L·℃)

温度/℃	CO_2	N_2	O_2	H_2O	干空气	H_2	CO	H_2S	SO_2
0	1.5931	1.2929	1.3046	1.4943	1.2950	1.2770	1.3021	1.2644	1.7333
100	1.7132	1.2962	1.3167	1.5056	1.3004	1.2895	1.3021	1.5407	1.8129
200	1.7961	1.3004	1.3381	1.5219	1.3075	1.2979	1.3105	1.5742	1.8882
300	1.8711	1.3063	1.3365	1.5424	1.3176	1.3001	1.3188	1.6077	1.9594
400	1.9377	1.3172	1.3779	1.5654	1.3293	1.3021	1.3314	1.6454	2.0180
500	1.9967	1.3285	1.3980	1.6128	1.3427	1.3063	1.3440	1.6831	2.0725
600	2.0494	1.3410	1.4172	1.6412	1.3569	1.3105	1.3607	1.7208	2.1143
700	2.0967	1.3544	1.4319	1.6684	1.3712	1.3147	1.3733	1.7585	2.1520
800	2.1395	1.3674	1.4503	1.6984	1.3846	1.3188	1.3900	1.3961	2.1143
900	2.1785	1.3804	1.4645	1.6957	1.3976	1.3230	1.4026	1.8296	2.1520
1000	2.2140	1.3921	1.4775	1.7220	1.4097	1.3272	1.4151	1.8631	2.1855
1100	2.2454	1.4043	1.4897	1.7501	1.4218	1.3356	1.4277	1.8924	2.2148
1200	2.2747	1.4151	1.5005	1.7769	1.4327	1.3440	1.4403	1.9217	2.2399
1300	2.3006	1.4260	1.5106	1.8028	1.4436	1.3523	1.4486	1.9469	202609
1400	2.3249	1.4361	1.5202	1.8242	1.4537	1.3607	1.4612	1.9720	2.2776
1500	2.3446	1.4457	1.5294	1.8527	1.4629	1.3691	1.4654	1.9971	
1600	2.3676	1.4541	1.5378	1.8765	1.4717	1.3775	1.4696		
1700	2.3869	1.4583	1.5462	1.8996	1.4796	1.3858	1.4779		
1800	2.4049	1.4700	1.5541	1.9217	1.4872	1.3942	1.4863		
1900	2.4221	1.4775	1.5617	1.9427	1.4947	1.3984	1.4947		
2000	2.4367	1.4842	1.5668	1.9632	1.5014	1.4068	1.5072		
2100	2.4514	1.4905	1.5747	1.9829	1.5081	1.4151	1.5144		
2200	2.4948	1.4964	1.5830	2.0013	1.5139	1.4235	1.5198		
2300	2.4782	1.5022	1.5893	2.0189	1.5202	1.4319	1.5240		
2400	2.4899	1.5077	1.5952	2.0365	1.5257	1.4403	1.5282		
2300	2.5012	1.5127	1.6015	2.0528	1.5311	1.4486	1.5366		

附录九　燃料燃烧产物平均比热容

单位：kJ/(L·℃)

燃料	温　度/℃						
	0	200	400	600	800	1000	1200
煤	1.3649	1.4110	1.4528	1.4947	1.5282	1.5617	1.5952
重油	1.3649	1.4110	1.4444	1.4719	1.5156	1.5491	1.5868

燃料	温　度/℃						
	1400	1600	1800	2000	2200	2400	
煤	1.6245	1.6496	1.6789	1.6915	1.7040	1.7208	
重油	1.6161	1.6329	1.6538	1.6747	1.6915	1.7082	

附录十 部分气体和部分物料的平均比热容

各种气体的平均比热容

温度 /℃	平均比热容/[kJ/(m³·℃)]									平均比热容/[kJ/(kg·℃)]		
	CO₂	H₂O	空气	CO	N₂	O₂	H₂	SO₂	H₂S	水蒸气	干空气	烟气
0	1.606	1.489	1.296	1.296	1.296	1.305	1.280	1.736	1.464	1.8575	1.0015	1.042
100	1.736	1.497	1.301	1.301	1.301	1.313	1.292	1.819	1.510	1.8119	1.0057	1.068
200	1.802	1.514	1.309	1.305	1.305	1.334	1.296	1.894	1.552	1.8922	1.0112	1.097
300	1.878	1.535	1.317	1.317	1.313	1.355	1.301	1.961	1.598	1.9177	1.0196	1.122
400	1.940	1.556	1.330	1.330	1.332	1.376	1.301	2.024	1.644	1.9463	1.0281	1.151
500	2.007	1.581	1.342	1.342	1.334	1.397	1.305	2.074	1.681	1.9760	1.0384	1.185
600	2.058	1.606	1.355	1.355	1.347	1.414	1.309	2.116	1.719	2.0072	1.0495	1.214
700	2.104	1.631	1.372	1.372	1.355	1.434	1.313	2.154	1.756	2.0406	1.0650	1.239
800	2.145	1.660	1.384	1.388	1.356	1.451	1.317	2.187	1.794	2.0744	1.0708	1.264
900	2.183	1.685	1.397	1.401	1.384	1.464	1.322	2.216	1.828	2.1082	1.0809	1.290
1000	2.216	1.715	1.409	1.414	1.397	1.476	1.330	2.242	1.861	2.1421	1.0903	1.306
1100	2.233	1.748	1.422	1.426	1.405	1.489	1.334	2.258		2.1759	1.0996	1.323
1200	2.258	1.777	1.434	1.439	1.418	1.501	1.338	2.279		2.2092	1.1080	1.340
1300	2.292	1.802	1.443	1.451	1.430	1.510	1.347			2.2418	1.1165	
1400	2.313	1.823	1.455	1.460	1.439	1.518	1.355			2.2733	1.1243	
1500	2.334	1.848	1.464	1.468	1.447	1.531	1.363			2.3039	1.1314	
1600										2.3311	1.1382	
1700										2.3617	1.1443	
1800										2.3893	1.1502	
1900										2.4156	1.1560	
2000										2.4409	1.1612	

注：1. 烟气中气体成分为 $V_{CO_2}=13\%$、$V_{H_2O}=11\%$、$V_{N_2}=76\%$。

2. 摘自 JC/T 730—2007（但略去 CH_4、C_2H_2、C_2H_4、C_2H_6、C_3H_8 数据）；姜金宁. 硅酸盐工业热工过程及设备. 北京：冶金工业出版社，2011.

物料成分的平均比热容

温度 /℃	平均比热容/[kJ/(kg·℃)]							
	SiO₂	CaO	CaCO₃	MgO	MgCO₃	高岭土	脱水高岭土	矿渣
100	0.799 (0.197)	0.786 (0.188)	0.874 (0.209)	0.979 (0.234)	1.075 (0.257)	0.991 (0.237)	0.841 (0.201)	

温度 /℃	平均比热容/[kJ/(kg·℃)]							
	SiO$_2$	CaO	CaCO$_3$	MgO	MgCO$_3$	高岭土	脱水高岭	矿渣
200	0.824 (0.197)	0.820 (0.196)	0.928 (0.222)	1.004 (0.240)	1.154 (0.276)	0.0166 (0.255)	0.899 (0.215)	
300	0.920 (0.220)	0.841 (0.201)	0.979 (0.234)	1.029 (0.246)	1.217 (0.291)	1.121 (0.268)	0.941 (0.225)	0.903 (0.216)
400	0.970 (0.232)	0.853 (0.204)	1.020 (0.244)	1.054 (0.252)	1.267 (0.303)	1.158 (0.277)	0.979 (0.234)	0.933 (0.223)
500	1.025 (0.245)	0.861 (0.206)	1.050 (0.251)	1.079 (0.258)	1.313 (0.314)	1.184 (0.283)	1.008 (0.241)	0.945 (0.226)
600	1.066 (0.255)	0.870 (0.208)	1.079 (0.258)	1.100 (0.263)	1.347 (0.322)		1.029 (0.246)	0.962 (0.230)
700	1.083 (0.269)	0.878 (0.210)	1.096 (0.262)	1.121 (0.268)	1.368 (0.327)		1.046 (0.250)	0.991 (0.237)
800	1.092 (0.261)	0.887 (0.212)	1.104 (0.264)	1.142 (0.273)	1.380 (0.330)		1.062 (0.254)	1.008 (0.241)
900	1.100 (0.263)	0.891 (0.231)	1.112 (0.266)	1.158 (0.277)			1.079 (0.258)	1.016 (0.243)
1000	1.108 (0.265)	0.895 (0.214)		1.171 (0.280)			1.092 (0.261)	1.029 (0.246)
1100	1.112 (0.266)	0.899 (0.215)					1.108 (0.265)	1.046 (0.250)
1200	1.117 (0.256)	0.903 (0.216)					1.117 (0.267)	1.075 (0.257)
1300	1.129 (0.270)	0.907 (0.217)					1.121 (0.268)	1.158 (0.277)
1400	1.133 (0.271)	0.912 (0.218)					1.129 (0.270)	
1500	1.138 (0.272)	0.916 (0.219)						

烘干物料名称	石灰石	黏土	无烟煤	矿渣	烟煤
比热容/[kJ/(kg·℃)]	0.92	0.88	1.26	0.84	1.34

熟料、窑灰、生料的平均比热容/[kJ/(kg·℃)]

温度/℃		0	20	100	200	300	400	500	600	700
物料	熟料	0.736	0.736	0.782	0.824	0.861	0.895	0.916	0.937	0.953
	窑灰			0.836	0.878	0.878	0.920	0.962	0.962	1.004
	生料			0.899			1.058			

温度/℃		800	900	1000	1100	1200	1300	1400	1500	
物料	熟料	0.970	0.979	0.991	1.008	1.033	1.058	1.092	1.121	
	窑灰	1.004	1.046	1.046						
	生料						1.033			

注：1. 摘自 JC/T 730—2007。

2. 括号内数据单位为 kcal/(kg·℃)。

3. 1200℃以上的比热容已包括熔融热；窑灰的比热容按一般成分概算。

燃料的平均比热容　　　　　　　单位：kJ/（kg·℃）

温度/℃	煤的比热容						燃油的比热容		
	煤的挥发分/%						油的容积密度/（kg/L）		
	10	15	20	25	30	35	0.8	0.9	1.0
0	0.953 (0.228)	0.897 (0.236)	1.025 (0.245)	1.058 (0.253)	1.096 (0.262)	1.129 (0.270)	1.882 (0.450)	1.756 (0.420)	1.673 (0.400)
10	0.966 (0.231)	0.999 (0.239)	1.037 (0.248)	1.075 (0.257)	1.112 (0.266)	1.146 (0.274)	1.899 (0.454)	1.773 (0.424)	1.690 (0.404)
20	0.979 (0.234)	1.016 (0.243)	1.054 (0.252)	1.092 (0.261)	1.125 (0.269)	1.163 (0.278)	1.915 (0.458)	1.790 (0.428)	1.706 (0.408)
30	0.991 (0.237)	1.033 (0.247)	1.071 (0.256)	1.108 (0.265)	1.142 (0.273)	1.179 (0.282)	1.932 (0.462)	1.807 (0.432)	1.723 (0.412)
40	1.008 (0.241)	1.046 (0.250)	1.083 (0.259)	1.121 (0.268)	1.158 (0.277)	1.196 (0.286)	1.949 (0.466)	1.823 (0.436)	1.740 (0.416)
50	1.025 (0.245)	1.062 (0.254)	1.100 (0.263)	1.138 (0.272)	1.175 (0.281)	1.213 (0.290)	1.966 (0.470)	1.840 (0.440)	1.756 (0.420)
60	1.037 (0.248)	1.079 (0.258)	1.112 (0.266)	1.154 (0.276)	1.192 (0.285)	1.230 (0.294)	1.982 (0.474)	1.857 (0.444)	1.773 (0.424)
70	1.050 (0.251)	1.08 (0.260)	1.129 (0.270)	1.167 (0.279)	1.209 (0.289)	1.246 (0.298)	1.999 (0.478)	1.874 (0.448)	1.790 (0.428)
80	1.066 (0.255)	1.104 (0.264)	1.146 (0.274)	1.184 (0.283)	1.225 (0.293)	1.267 (0.303)	2.016 (0.482)	1.890 (0.452)	1.807 (0.432)
90	1.079 (0.258)	1.121 (0.268)	1.158 (0.277)	1.200 (0.287)	1.242 (0.297)	1.284 (0.307)	2.032 (0.486)	1.907 (0.456)	1.823 (0.436)
100	1.092 (0.261)	1.133 (0.271)	1.175 (0.281)	1.217 (0.291)	1.259 (0.301)	1.301 (0.311)	2.049 (0.490)	1.924 (0.460)	1.840 (0.440)
110	1.108 (0.265)	1.150 (0.275)	1.192 (0.285)	1.234 (0.295)	1.276 (0.305)	1.317 (0.315)	2.066 (0.494)	1.940 (0.464)	1.857 (0.444)
120	1.121 (0.268)	1.163 (0.278)	1.209 (0.289)	1.250 (0.299)	1.288 (0.308)	1.334 (0.319)	2.083 (0.498)	1.957 (0.468)	1.874 (0.448)
130	1.138 (0.272)	1.179 (0.282)	1.225 (0.293)	1.267 (0.303)	1.305 (0.312)	1.351 (0.323)	2.099 (0.502)	1.974 (0.472)	1.890 (0.452)
140	1.154 (0.276)	1.196 (0.286)	1.242 (0.297)	1.284 (0.307)	1.322 (0.316)	1.368 (0.327)	2.116 (0.506)	1.991 (0.476)	1.907 (0.456)
150	1.167 (0.279)	1.209 (0.289)	1.255 (0.300)	1.296 (0.310)	1.338 (0.320)	1.384 (0.331)	2.133 (0.510)	2.007 (0.480)	1.924 (0.460)
160	1.184 (0.283)	1.225 (0.293)	1.271 (0.304)	1.313 (0.314)	1.355 (0.324)	1.401 (0.335)			
170	1.196 (0.286)	1.242 (0.297)	1.284 (0.307)	1.330 (0.318)	1.372 (0.328)	1.418 (0.339)			

注：烟气中所含气体成分为 $V_{CO_2}=13\%$、$V_{H_2O}=11\%$、$V_{N_2}=76\%$；表中数据摘自 JC/T 730—2007；括号内数值单位为 kcal/（kg·℃）。

熟料矿物成分的平均比热容　　　　　　单位：kJ/(kg·℃)

成分	温度/℃								
	100	200	300	400	450	500	600	675	700
C_3S			0.866	0.891	0.903	0.912	0.933	0.945	0.949
$\beta\text{-}C_2S$						0.933	0.949	0.966	0.974
$\gamma\text{-}C_2S$	0.790		0.866	0.891	0.903	0.916	0.933	0.949	
C_3A		0.887				0.924			0.945

成分	温度/℃								
	800	900	1000	1100	1200	1300	1400	1500	
C_3S	0.966	0.979	0.995	1.008	1.012	1.020	1.020	1.037	
$\beta\text{-}C_2S$	0.995	1.012	1.025	1.041	1.054	1.062			
$\gamma\text{-}C_2S$									
C_3A		0.958		0.970		0.983			

注：摘自 JC/T 730—2007。

附录十一　烟气组分、空气及灰的热焓

温度 /℃	热焓 $H/(kJ/m^3)$						$H_{灰}/(kJ/kg)$	c_{HUI}[①] /[kJ/(kg·℃)]
	SO_2	CO_2	N_2	O_2	水蒸气	空气		
100	136.0	170.5	130.2	132.3	251.2	132.7	81.1	0.808
200	223.3	358.7	260.8	268.0	305.3	267.1	169.7	0.846
300	286.6	560.7	393.1	408.2	464.1	404.0	264.6	0.879
400	335.3	774.5	528.4	552.7	628.3	543.5	361.2	0.900
500	374.4	999.6	666.1	701.4	797.2	686.5	459.9	0.917
600	405.9	1266.4	806.4	852.6	970.2	832.4	562.0	0.934
700	433.0	1465.8	979.2	1008.0	1150.8	982.8	664.4	0.946
800	455.3	1709.4	1096.2	1163.4	1339.8	1134.0	769.4	0.950
900	475.0	1957.2	1247.4	1323.0	1528.8	1285.2	877.8	0.971
1000	481.5	2209.2	1398.6	1482.6	1730.4	1440.6	987.0	0.984
1100	506.4	2465.4	1549.8	1642.2	1932.0	1600.2	1100.4	0.997
1200	419.1	2725.8	1301.0	1806.0	2137.8	1759.8	1209.6	1.010
1300	—	2986.2	1856.4	1969.8	2352.0	1919.4	1365.0	1.05
1400	—	3250.8	2016.0	2133.6	2566.2	2083.2	1587.6	1.13
1500	551.4	3515.4	2171.4	2301.6	2788.8	2247.0	1764.0	1.17
1600	—	3780.0	2331.0	2469.6	3011.4	2410.8	1881.0	1.17

温度 /℃	热熔 H/(kJ/m³)							c_{HUI}① /[kJ/(kg·℃)]
	SO_2	CO_2	N_2	O_2	水蒸气	空气	$H_{灰}$/(kJ/kg)	
1700	—	4048.8	2490.6	2637.6	3238.2	2574.6	2070.6	1.20
1800	—	4317.6	2650.2	2805.6	3469.2	2738.4	2192.4	1.21
1900	—	4586.4	2814.0	2977.8	3700.2	2906.4	2394.0	1.26
2000	568.8	4859.4	2973.6	3150.0	3939.8	3074.4	2520.6	1.26

① 灰渣比热容数据来源——李沪萍等.热工设备节能技术［M］.北京：化学工业出版社，2010.

注：数据来源——中国石化集团上海工程有限公司.化工工艺设计手册［M］.第4版.北京：化学工业出版社，2009.

附录十二　球磨机研磨体计算用表

弓形函数

Ω/(°)	0	0.1	0.2	0.3	0.4	0.5	0.6	0.7	0.8	0.9
70	0.28204	0.28319	0.28434	0.28550	0.28665	0.28782	0.28898	0.29015	0.29132	0.29249
71	0.29367	0.29484	0.29603	0.29721	0.29840	0.29959	0.30078	0.30198	0.30317	0.30438
72	0.30558	0.30679	0.30800	0.30921	0.31043	0.31165	0.31287	0.31409	0.31532	0.31655
73	0.31779	0.31902	0.32026	0.32150	0.32275	0.32400	0.32525	0.32650	0.32776	0.32902
74	0.33028	0.33155	0.33282	0.33409	0.33536	0.33664	0.33792	0.33920	0.34049	0.34178
75	0.34307	0.34437	0.34566	0.34697	0.34827	0.34958	0.35089	0.35220	0.35351	0.35483
76	0.35615	0.35748	0.35881	0.36014	0.36147	0.36281	0.36415	0.36549	0.36683	0.36818
77	0.36953	0.37089	0.37224	0.37360	0.37497	0.37633	0.37770	0.37908	0.38045	0.38183
78	0.38321	0.38459	0.38598	0.38737	0.38876	0.39016	0.39156	0.39296	0.39436	0.39577
79	0.39718	0.39860	0.40001	0.40143	0.40286	0.40428	0.40571	0.40714	0.40858	0.41001
80	0.41146	0.41290	0.41435	0.41580	0.41725	0.41870	0.42016	0.42162	0.42309	0.42456
81	0.42603	0.42750	0.42898	0.43046	0.43194	0.43343	0.43492	0.43641	0.43790	0.43940
82	0.44090	0.44240	0.44391	0.44542	0.44694	0.44845	0.44997	0.45149	0.45302	0.45455
83	0.45608	0.45761	0.45915	0.46069	0.46223	0.46378	0.46533	0.46688	0.46843	0.46999
84	0.47155	0.47312	0.47469	0.47626	0.47783	0.47940	0.48099	0.48257	0.48415	0.48574
85	0.48734	0.48893	0.49053	0.49213	0.49373	0.49534	0.49695	0.49856	0.50018	0.50180
86	0.50342	0.50504	0.50667	0.50830	0.50994	0.51158	0.51322	0.51486	0.51651	0.51815
87	0.51981	0.52146	0.52312	0.52478	0.52645	0.52811	0.52979	0.53146	0.53314	0.53482
88	0.53650	0.53818	0.53987	0.54157	0.54326	0.54496	0.54666	0.54836	0.55007	0.55178
89	0.55350	0.55521	0.55693	0.55865	0.56038	0.56211	0.56384	0.56557	0.56731	0.56905
90	0.57080	0.57254	0.57429	0.57605	0.57780	0.57956	0.58132	0.58309	0.58486	0.58663
91	0.58840	0.59018	0.59196	0.59374	0.59553	0.59732	0.59911	0.60091	0.60271	0.60451
92	0.60631	0.60812	0.60993	0.61174	0.61356	0.61538	0.61720	0.61903	0.62086	0.62269

$\Omega/(°)$	0	0.1	0.2	0.3	0.4	0.5	0.6	0.7	0.8	0.9
93	0.62453	0.62636	0.62821	0.63005	0.63190	0.63375	0.63560	0.63746	0.63932	0.64118
94	0.64305	0.64491	0.64679	0.64866	0.65054	0.65242	0.65430	0.65619	0.65808	0.65997
95	0.66187	0.66377	0.66567	0.66757	0.66948	0.67139	0.67331	0.67522	0.67714	0.67907
96	0.68099	0.68292	0.68486	0.68679	0.68873	0.69067	0.69262	0.69456	0.69651	0.69847
97	0.70042	0.70238	0.70435	0.70631	0.70828	0.71025	0.71223	0.71420	0.71618	0.71817
98	0.72015	0.72214	0.72414	0.72613	0.72813	0.73013	0.73214	0.73415	0.73616	0.73817
99	0.74019	0.74221	0.74423	0.74626	0.74829	0.75032	0.75235	0.75439	0.75643	0.75847
100	0.76052	0.76257	0.76462	0.76668	0.76874	0.77080	0.77287	0.77493	0.77700	0.77908
101	0.78116	0.78324	0.78532	0.78740	0.78949	0.79158	0.79368	0.79578	0.79788	0.79998
102	0.80209	0.80420	0.80631	0.80843	0.81054	0.81267	0.81479	0.81692	0.81905	0.82118
103	0.82332	0.82546	0.82760	0.82975	0.83189	0.83405	0.83620	0.83836	0.84052	0.84268
104	0.84485	0.84702	0.84919	0.85136	0.85354	0.85572	0.85791	0.86009	0.86228	0.86447
105	0.86667	0.86887	0.87107	0.87327	0.87548	0.87769	0.87991	0.88212	0.88434	0.88656
106	0.88879	0.89102	0.89325	0.89548	0.89772	0.89996	0.90220	0.90444	0.90669	0.90894
107	0.91120	0.91345	0.91571	0.91798	0.92024	0.92251	0.92478	0.92706	0.92934	0.93162
108	0.93390	0.93619	0.93847	0.94077	0.94306	0.94536	0.94766	0.94996	0.95227	0.95458
109	0.95689	0.95921	0.96152	0.96384	0.96617	0.96849	0.97082	0.97316	0.97549	0.97783
110	0.98017	0.98251	0.98486	0.98721	0.98956	0.99192	0.99427	0.99664	0.99900	1.00137
111	1.00374	1.00611	1.00848	1.01086	1.01324	1.01562	1.01801	1.02040	1.02279	1.02519
112	1.02758	1.02999	1.03239	1.03480	1.03720	1.03962	1.04203	1.04445	1.04687	1.04929
113	1.05172	1.05415	1.05658	1.05901	1.06145	1.06389	1.06633	1.06878	1.07123	1.07368
114	1.07613	1.07859	1.08105	1.08351	1.08597	1.08844	1.09091	1.09338	1.09586	1.09834
115	1.10082	1.10331	1.10579	1.10828	1.11077	1.11327	1.11577	1.11827	1.12077	1.12328
116	1.12579	1.12830	1.13081	1.13333	1.13585	1.13837	1.14090	1.14343	1.14596	1.14849
117	1.15103	1.15357	1.15611	1.15865	1.16120	1.16375	1.16630	1.16886	1.17142	1.17398
118	1.17654	1.17911	1.18168	1.18425	1.18682	1.18940	1.19198	1.19456	1.19714	1.19973
119	1.20232	1.20491	1.20751	1.21011	1.21271	1.21531	1.21792	1.22053	1.22314	1.22575
120	1.22837	1.23099	1.23361	1.23624	1.23886	1.24149	1.24413	1.24676	1.24940	1.25204
121	1.25468	1.25733	1.25997	1.26263	1.26538	1.26793	1.27059	1.27325	1.27592	1.27858
122	1.28125	1.28393	1.28660	1.28928	1.29196	1.29464	1.29732	1.30001	1.30270	1.30539
123	1.30808	1.31078	1.31348	1.31618	1.31889	1.32160	1.32431	1.32702	1.32973	1.33245
124	1.33517	1.33789	1.34062	1.34335	1.34608	1.34881	1.35164	1.25428	1.35702	1.35976
125	1.36251	1.36526	1.36801	1.37076	1.37352	1.37627	1.37903	1.38180	1.38456	1.38733
126	1.39010	1.39287	1.39565	1.39842	1.40120	1.40398	1.40677	1.40956	1.41235	1.41514
127	1.41793	1.42073	1.42353	1.42633	1.42913	1.43194	1.43475	1.43456	1.44038	1.44319
128	1.44601	1.44883	1.45166	1.45448	1.45731	1.46014	1.46297	1.46581	1.46865	1.47149
129	1.47433	1.47717	1.48002	1.48287	1.48572	1.48858	1.49143	1.49429	1.49715	1.50002

Ω/(°)	0	0.1	0.2	0.3	0.4	0.5	0.6	0.7	0.8	0.9
130	1.50288	1.50575	1.50862	1.51150	1.51437	1.51725	1.52013	1.52301	1.52590	1.52878
131	1.53167	1.53456	1.53746	1.54035	1.54325	1.54615	1.54906	1.55196	1.55487	1.55778
132	1.56069	1.56360	1.56652	1.56944	1.57236	1.57528	1.57821	1.58114	1.58407	1.58700
133	1.58993	1.59287	1.59581	1.59875	1.60169	1.60464	1.60759	1.61054	1.61349	1.61644
134	1.61940	1.62236	1.62532	1.62828	1.63125	1.63422	1.63719	1.64016	1.64313	1.64611
135	1.64909	1.65207	1.65505	1.65804	1.66102	1.66401	0.66700	0.67000	1.67299	1.67599
136	1.67899	1.68199	1.68500	1.68800	1.69101	1.69402	1.96703	1.70005	1.70306	1.70608
137	1.70910	1.71213	1.71515	1.71818	1.72121	1.72424	1.72727	1.73031	1.73340	1.73638
138	1.73942	1.74247	1.74551	1.74856	1.75161	1.75466	1.75771	1.76077	1.76383	1.76689
139	1.76995	1.77501	1.77608	1.77915	1.78221	1.78529	1.78836	1.79144	1.79451	1.79759
140	1.80201	1.80376	1.80684	1.80993	1.81302	1.81611	1.81920	1.82230	1.82539	1.82849
141	1.83159	1.83470	1.83780	1.84091	1.84402	1.84713	1.85024	1.85335	1.85647	1.85959
142	1.86271	1.86583	1.89895	1.87208	1.87520	1.87833	1.88146	1.88460	1.88773	1.89087
143	1.89401	1.89715	1.90029	1.90343	1.90658	1.90972	1.91287	1.91602	1.91918	1.92233
144	1.92549	1.92865	1.93181	1.93497	1.93813	1.94130	1.94446	1.94763	1.95080	1.95398
145	1.95715	1.96033	1.96350	1.96668	1.96986	1.97305	1.97623	1.97942	1.98261	1.98580
146	1.98899	1.99218	1.99538	1.99857	2.00177	2.00497	2.00817	2.01138	2.01458	2.01779
147	2.02099	2.02420	2.02742	2.03063	2.03384	2.03706	2.04028	2.04350	2.04672	2.04994
148	2.05317	2.05639	2.05962	2.06285	2.06608	2.06932	2.07255	2.07579	2.07902	2.08226
149	2.08550	2.08874	2.09199	2.09523	2.09848	2.10173	2.10498	2.10823	2.11148	2.11474
150	2.11799	2.12125	2.12451	2.12777	2.13103	2.13430	2.13756	2.14083	2.14410	2.14737
151	2.15064	2.15391	2.15718	2.16046	2.16374	2.16702	2.17029	2.17358	2.17686	2.18014
152	2.18343	2.18672	2.19000	2.19329	2.19659	2.19988	2.20317	2.20647	2.20977	2.21306
153	2.21636	2.21966	2.22297	2.22627	2.22958	2.23288	2.23619	2.23950	2.24281	2.24612
154	2.24944	2.25275	2.25607	2.25938	2.26270	2.26602	2.26934	2.27267	2.27599	2.27932
155	2.28264	2.28597	2.28930	2.29263	2.29596	2.29929	2.30263	2.30596	2.30930	3.31264
156	2.31598	2.31932	2.32266	2.32600	2.32935	2.33269	2.33604	2.33939	2.34273	2.34608
157	2.34944	2.35279	2.35614	2.35950	2.36285	2.36621	2.36957	2.37293	2.37629	2.37965
158	2.38301	2.38638	2.38974	2.39311	2.39648	2.39985	2.40322	2.40659	2.40996	2.41333
159	2.41671	2.42008	2.42346	2.42683	2.43021	2.43359	2.43697	2.44036	2.44374	2.44712
160	2.45051	2.45389	2.45728	2.46067	2.46406	2.46745	2.47084	2.47423	2.47742	2.48102
161	2.48441	2.48781	2.49121	2.49460	2.49800	2.50140	2.50480	2.50820	2.51161	2.51501
162	2.51842	2.52182	2.52523	2.52864	2.53204	2.53545	2.53886	2.54228	2.54569	2.54910
163	2.55251	2.55593	2.55935	2.56276	2.56618	2.56960	2.57302	2.57644	2.57986	2.58328
164	2.58670	2.59013	2.59355	2.59698	2.60040	2.60383	2.60726	2.61068	2.61411	2.61754
165	2.62097	2.62441	2.62784	2.63127	2.63471	2.63814	2.64158	2.64501	2.64845	2.65189
166	2.65532	2.65874	2.66220	2.66564	2.66909	2.67253	2.67597	2.67941	2.68286	2.68630

$\Omega/(°)$	0	0.1	0.2	0.3	0.4	0.5	0.6	0.7	0.8	0.9
167	2.68975	2.69320	2.69664	2.70009	2.70354	2.70699	2.71044	2.71389	2.71734	2.72079
168	2.72424	2.72769	2.73115	2.73460	2.73806	2.74151	2.74497	2.74842	2.75188	2.75534
169	2.75880	2.76226	2.76572	2.76918	2.77264	2.77610	2.77956	2.78302	2.78648	2.78995
170	2.79341	2.79688	2.80034	2.80381	2.80727	2.81074	2.81421	2.81767	2.82114	2.82461

圆段角函数

$\theta/(°)$	$h/R\ /\times10^2$	$b/R\ /\times10^2$	$h/b\ /\times10^2$	$\phi/\times10^2$	$\theta/(°)$	$h/R\ /\times10^2$	$b/R\ /\times10^2$	$h/b\ /\times10^2$	$\phi/\times10^2$	$\theta/(°)$	$h/R\ /\times10^2$	$b/R\ /\times10^2$	$h/b\ /\times10^2$	$\phi/\times10^2$
1	0.004	1.745	0.218		34	4.370	58.474	7.473	0.5446	67	16.61	110.39	15.05	3.961
2	0.015	3.491	0.433		35	4.628	60.141	7.696	0.5935	68	17.10	111.64	15.29	4.132
3	0.034	5.235	0.655		36	4.898	61.803	7.919	0.6451	69	17.59	113.28	15.53	4.308
4	0.061	6.980	0.873	0.001	37	5.168	63.461	8.143	0.6996	70	18.08	114.72	15.77	4.485
5	0.095	8.724	1.091	0.002	38	5.448	65.114	8.367	0.7567	71	18.59	116.14	16.01	4.673
6	0.137	10.467	1.310	0.003	39	5.736	66.761	8.592	0.8174	72	19.10	117.59	16.25	4.863
7	0.187	12.210	1.528	0.005	40	6.031	68.404	8.816	0.8808	73	19.61	118.97	16.49	5.057
8	0.244	13.951	1.746	0.007	41	6.333	70.042	0.042	0.9474	74	20.14	120.36	16.73	5.257
9	0.308	15.692	1.965	0.010	42	6.642	71.674	9.267	1.0171	75	20.66	121.75	16.97	5.460
10	0.381	17.431	2.183	0.014	43	6.958	73.300	9.493	1.0901	76	21.20	123.13	17.22	5.668
11	0.460	19.169	2.402	0.019	44	7.282	74.921	9.919	1.1664	77	21.74	124.56	17.46	5.881
12	0.548	20.906	2.621	0.024	45	7.612	76.538	9.946	1.2460	78	22.28	125.86	17.71	6.099
13	0.643	22.641	2.839	0.031	46	7.950	78.146	10.173	1.3291	79	22.84	127.22	17.95	6.321
14	0.745	24.374	3.058	0.039	47	8.294	79.750	10.400	1.4157	80	23.40	128.56	18.20	6.458
15	0.856	26.105	3.277	0.047	48	8.646	81.347	10.628	1.5058	81	23.95	129.89	18.45	6.780
16	0.973	27.833	3.496	0.058	49	9.004	82.939	10.856	1.5995	82	24.52	131.21	18.69	7.017
17	1.098	29.562	3.715	0.069	50	9.369	84.524	11.085	1.6969	83	25.10	132.52	18.94	7.259
18	1.231	31.287	3.935	0.081	51	9.740	86.10	11.31	1.7980	84	25.69	133.83	19.10	7.505
19	1.371	33.010	4.155	0.09	52	10.120	87.67	11.54	1.9029	85	26.27	135.12	19.44	7.756
20	1.519	32.730	4.374	0.112	53	10.51	89.24	11.77	2.0115	86	26.86	136.40	19.70	8.012
21	1.675	36.447	4.594	0.129	54	10.90	90.80	12.00	2.1241	87	27.46	137.67	19.95	8.273
22	1.837	38.162	4.815	0.149	55	11.30	92.30	12.24	2.2406	88	28.06	138.93	20.20	8.538
23	2.008	39.874	5.035	0.170	56	11.70	93.89	12.47	2.3610	89	28.67	140.18	20.46	8.809
24	2.185	41.582	5.255	0.193	57	12.11	95.43	12.70	2.4855	90	29.29	141.42	20.71	9.085
25	2.370	43.288	5.476	0.218	58	12.53	96.96	12.93	2.6140	91	0.2991	1.4265	0.2097	9.305
26	2.563	44.991	5.697	0.245	59	12.96	98.49	13.16	2.7466	92	0.3053	1.4387	0.2122	9.649
27	2.763	46.689	5.918	0.275	60	13.40	100	13.40	2.8834	93	0.3117	1.4508	0.2148	9.909
28	2.970	48.384	6.139	0.306	61	13.84	101.51	13.63	3.024	94	0.3180	1.4627	0.2174	10.234
29	3.185	50.076	6.361	0.340	62	14.28	103.01	13.87	3.170	95	0.3244	1.4746	0.2200	10.533
30	3.407	51.764	6.583	0.376	63	14.74	104.50	14.10	3.319	96	0.3309	1.4863	0.2226	10.838
31	3.637	53.448	6.885	0.4140	64	15.20	105.98	14.33	3.473	97	0.3373	1.4979	0.2252	11.148
32	3.874	55.128	7.027	0.4550	65	15.66	107.46	14.57	3.631	98	0.3439	1.5094	0.2279	11.462
33	4.118	56.803	7.250	0.4985	66	16.13	108.93	14.81	3.794	99	0.3505	1.5208	0.2305	11.780

续表

θ /(°)	h/R /$\times 10^2$	b/R /$\times 10^2$	h/b /$\times 10^2$	ϕ /$\times 10^2$	θ /(°)	h/R /$\times 10^2$	b/R /$\times 10^2$	h/b /$\times 10^2$	ϕ /$\times 10^2$	θ /(°)	h/R /$\times 10^2$	b/R /$\times 10^2$	h/b /$\times 10^2$	ϕ /$\times 10^2$
100	0.3572	1.5321	0.2331	12.104	127	0.5538	1.7899	0.3094	22.56	154	0.7751	1.9487	0.3977	35.80
101	0.3639	1.5433	0.2358	12.432	128	0.5616	1.7976	0.8124	23.01	155	0.7835	1.9526	0.4012	36.32
102	0.3706	1.5543	0.2385	12.766	129	0.5695	1.8052	0.3155	23.46	156	0.7921	1.9563	0.4048	36.86
103	0.3775	1.5652	0.2412	13.104	130	0.5773	1.8126	0.3185	23.91	157	0.8006	1.9599	0.4085	37.39
104	0.3843	1.5760	0.2439	13.446	131	0.5853	1.8199	0.3216	24.38	158	0.8091	1.9633	0.4122	37.93
105	0.3912	1.5867	0.2466	13.793	132	0.5932	1.8271	0.3247	24.84	159	0.8178	1.9665	0.4159	38.46
106	0.3982	1.5973	0.2493	14.146	133	0.6012	1.8341	0.3278	25.31	160	0.8263	1.9696	0.4196	39.00
107	0.4052	1.6077	0.2520	14.502	134	0.6093	1.8410	0.3399	25.77	161	0.8349	1.9726	0.4232	39.54
108	0.4122	1.6180	0.2548	14.863	135	0.6173	0.8478	0.3341	26.26	162	0.8436	1.9754	0.4270	40.08
109	0.4193	1.6282	0.2575	15.229	136	0.6253	1.8544	0.3373	26.72	163	0.8521	1.9780	0.4308	40.63
110	0.4264	1.6383	0.2603	15.600	137	0.6335	1.8608	0.3404	27.20	164	0.8608	1.9805	0.4346	41.17
111	0.4336	1.6483	0.2631	15.975	138	0.6416	1.8672	0.3436	27.68	165	0.8694	1.9829	0.4385	41.71
112	0.448	1.6581	0.2658	16.355	139	0.6497	1.8733	0.3468	28.17	166	0.8781	1.9851	0.4423	42.26
113	0.4480	1.6678	0.2687	16.739	140	0.6579	1.8794	0.3501	28.66	167	0.8868	1.9871	0.4463	42.80
114	0.4581	1.6773	0.2715	17.127	141	0.6661	1.8852	0.3534	29.15	168	0.8954	1.9890	0.4502	43.36
115	0.4627	1.6868	0.2743	17.520	142	0.6744	1.8910	0.3567	29.65	169	0.9041	1.9908	0.4542	43.91
116	0.4700	1.6961	0.2771	17.917	143	0.6827	1.8967	0.3600	30.14	170	0.9128	1.9924	0.4582	44.45
117	0.4775	1.7053	0.2800	18.319	144	0.6909	1.9021	0.3632	30.64	171	0.9215	1.9938	0.4622	45.01
118	0.4894	1.7143	0.2829	18.725	145	0.6992	1.9074	0.3666	31.15	172	0.9302	1.9951	0.4663	45.56
119	0.4924	1.7233	0.2857	19.136	146	0.7076	1.9126	0.3699	31.66	173	0.9389	1.9963	0.4703	46.12
120	0.5000	1.7321	0.2887	19.550	147	0.7160	1.9176	0.3734	32.16	174	0.9476	1.9973	0.4744	46.67
121	0.5076	1.7407	0.2916	19.969	148	0.7244	1.9225	0.3768	32.67	175	0.9563	1.9981	0.4787	47.22
122	0.5151	1.7492	0.2945	20.392	149	0.7327	1.9273	0.3802	33.19	176	0.9651	1.9988	0.4829	47.78
123	0.5228	1.7576	0.2976	20.819	150	0.7412	1.9319	0.3837	33.71	177	0.9736	1.9993	0.4870	48.33
124	0.5305	1.7659	0.3004	21.250	151	0.7496	1.9363	0.3871	34.22	178	0.9826	1.9997	0.4914	48.89
125	0.5385	1.7740	0.3034	21.685	152	0.7581	1.9406	0.3905	34.75	179	0.9912	1.9999	0.4857	49.44
126	0.5460	1.7820	0.3064	22.12	153	0.7666	1.9447	0.3942	35.27	180	1.0000	2.0000	0.5000	50.00

注：θ 为圆心角；h 为弓形高；b 为弦长；R 为半径；ϕ 为填充率。

空间夹角　　　　　　　　　　　　　　　　　　　　　单位：(°)

α_1	α_2												
	40.0	42.5	45.0	47.5	50.0	52.5	55.0	57.5	60.0	62.5	65.0	67.5	70.0
40.0	30.07	32.2	32.7	33.7	34.4	35.2	35.9	36.3	37.2	37.6	38.0	38.4	38.7
42.5	32.2	32.9	34.0	34.6	35.7	36.5	37.2	38.3	38.8	39.65	40.0	40.9	41.7

α_1	α_2												
	40.0	42.5	45.0	47.5	50.0	52.5	55.0	57.5	60.0	62.5	65.0	67.5	70.0
45.0	32.7	34.0	35.3	36.0	37.5	38.1	39.3	40.1	40.9	41.65	42.2	42.9	43.3
47.5	33.7	34.6	36.0	37.2	38.6	39.5	40.6	41.9	42.6	43.5	44.0	45.0	45.1
50.0	34.4	35.7	37.5	38.6	40.1	41.0	42.5	43.5	44.5	45.33	46.2	47.0	47.9
52.5	35.2	36.5	38.1	39.5	41.0	42.3	43.7	45.0	46.0	47.0	47.8	48.9	49.9
55.0	35.9	37.2	39.3	40.6	42.5	43.1	45.3	46.5	47.8	49.15	50.0	51.0	51.9
57.5	36.3	38.3	40.1	41.9	43.5	45.0	46.5	48.0	49.2	50.6	51.7	52.9	53.9
60.0	37.2	38.9	40.9	42.6	44.5	46.0	47.8	49.2	50.8	52.0	53.4	54.8	56.0
62.5	37.6	39.65	41.65	43.5	45.33	47.0	49.15	50.6	52.0	53.4	55.0	56.6	58.0
65.0	38.0	40.0	42.2	44.0	46.2	47.8	50.0	51.7	53.4	55.0	56.6	58.3	59.6
67.5	38.4	40.9	42.9	45.0	47.0	48.9	51.0	52.9	54.8	56.6	58.3	59.9	61.2
70.0	38.7	41.7	43.3	45.4	47.9	49.9	51.9	53.9	56.0	58.0	59.6	61.2	62.9

研磨体技术参数

球						段					
球径/mm	单重/(kg/个)	吨个数/(个/t)	容重/(kg/m³)	单个表面积/(cm²/个)	吨表面积/(m²/t)	段尺寸($\phi \times L$)/mm	单重/(kg/个)	吨个数/(个/t)	容重/(kg/m³)	单个表面积/(cm²/个)	吨表面积/(m²/t)
100	4.115	243	4560	314	7.6	35×45	0.3330	3048		68.69	20.94
90	2.994	334	4590	254	8.5	30×35	0.1870	5347	4620	47.10	25.18
80	2.107	474	4620	201	9.5	25×35	0.1320	7692		37.29	28.68
75	1.736	576	4630	176.7	10.18	25×30	0.1110	9009	4670	33.37	30.06
70	1.410	709	4640	154	11.00	20×25	0.0701	14265	4710	22.0	31.4
60	0.889	1125	4660	113	12.70	18×25	0.0513	19493	4780	18.1	35.3
50	0.514	1946	4708	78	15.20	15×20	0.0342	29240		13.0	38.0
40	0.263	3802	4760	50	19.00	25×25	0.093	107.52		29.44	31.65
30	0.111	9009	4850	28	25.00	22×22	0.0635	15748		22.80	35.90
25	0.046	15625		19.63	30.67	20×20	0.0470	21276		18.84	40.08
20	0.033	30303		12.566	38.08	18×18	0.0357	28011		15.26	42.75
19	0.028	35714		11.341	40.50	16×16	0.0244	40983		12.06	49.42
18	0.024	41667		10.178	42.41	14×14	0.0163	61349		9.23	56.63
17	0.020	50000		9.079	45.40	12×12	0.0103	97087		6.78	65.85
16	0.0168	59312		8.042	47.70	10×10	0.0060	167785		4.71	79.03
15	0.0139	71942		7.068	50.85	8×8	0.0031	327808		3.01	95.83
14	0.0113	88496		6.158	54.50	钢球单重：$G = \rho d^3 \times 7.85 \times 10^{-6}/6(\text{kg})$					
12	0.007	14285		4.522	64.60	单个表面积：$F = \rho d^2 \times 10^{-2}(\text{cm}^2)$					
10	0.004	25000		3.14	78.5	钢段单重：$G_d = 0.785 d^2 \times L \times 7.85(\text{kg})$ 单个表面积：$F_d = 2 \times 0.785 d^2 + \pi dL(\text{cm}^2)$					

附录十三　用于生产水泥的组分材料要求

硅酸盐水泥类

品种	材料	要　求　内　容
通用硅酸盐水泥	硅酸盐水泥熟料	以硅酸钙为主要矿物成分的水硬性胶凝材料,符合《硅酸盐水泥熟料》(GB/T 21372—2008)规定的化学性能和物理性能。其中要求硅酸盐矿物≥66%、f-CaO≤1.5%、C/S≥2.0%
	石膏	(1)天然石膏:应符合规定的 G 类或 M 类二级(含)以上的石膏或混合石膏 (2)工业副产石膏:以硫酸钙为主要成分的工业副产品。采用前应试验证明对水泥性能无害
	活性混合材	所使用的活性混合材应符合相关标准:《用于水泥中的粒化高炉矿渣》(GB/T 203—2008)、《用于水泥和混凝土中的粒化高炉矿渣粉》(GB/T 18046—2008)、《用于水泥中的火山灰质混合材料》(GB/T 2847—2005)、《用于水泥和混凝土中的钢渣粉》(GB/T 20491—2006)
	非活性混合材料	活性指标分别低于活性混合材标准要求数值的材属于非活性混合材。其中石灰石中三氧化铝含量应不大于 2.5%
	窑灰	符合《掺入水泥中的回转窑窑灰》(JC/T 742—2009)的有关规定
	助磨剂	水泥粉磨时允许加入不大于水泥质量的 0.5% 的助磨剂。助磨剂品质应符合《水泥助磨剂》(GB/T 26748—2011)的有关规定
石灰石硅酸盐水泥	水泥熟料	应符合《硅酸盐水泥熟料》(GB/T 21372—2008)相关规定的化学性能和物理性能
	石膏	(1)天然石膏:应符合规定的 G 类或 A 类,品位等级三级(含)以上的石膏 (2)工业副产石膏:以硫酸钙为主要成分的工业副产品。采用前应试验证明对水泥性能无害
	石灰石	石灰石质量应符合 $CaCO_3$ 含量≥75%、Al_2O_3 含量≤2%
	助磨剂	水泥粉磨时允许加入不大于水泥质量的 1.0% 的助磨剂。助磨剂品质应符合《水泥助磨剂》(GB/T 26748—2011)的有关规定
钢渣硅酸盐水泥	水泥熟料	应符合《硅酸盐水泥熟料》(GB/T 21372—2008)规定的化学性能和物理性能
	石膏	应符合《天然石膏》(GB/T 5483—2008)的有关规定
	钢渣	应符合《用于水泥中的钢渣》(YB/T 022—2008)的有关规定
	矿渣	应符合《用于水泥中的粒化高炉矿渣》(GB/T 203—2008)的有关规定
	助磨剂	水泥粉磨时允许加入不大于水泥质量的 1.0% 的助磨剂。助磨剂品质应符合《水泥助磨剂》(GB/T 26748—2011)的有关规定
镁渣硅酸盐水泥	硅酸盐水泥熟料	以硅酸钙为主要矿物成分的水硬性胶凝材料,符合《硅酸盐水泥熟料》(GB/T 21372—2008)规定的化学性能和物理性能。其中要求硅酸盐矿物≥66%、f-CaO≤1.5%、C/S≥2.0%
	石膏	(1)天然石膏:应符合规定的 G 类或 M 类二级(含)以上的石膏或混合石膏 (2)工业副产石膏:以硫酸钙为主要成分的工业副产品。采用前应试验证明对水泥性能无害
	活性混合材	所使用的活性混合材应符合相关标准:《用于水泥中的粒化高炉矿渣》(GB/T 203—2008)、《用于水泥和混凝土中的粒化高炉矿渣粉》(GB/T 18046—2008)、《用于水泥中的火山灰质混合材料》(GB/T 2847—2005)、《用于水泥和混凝土中的钢渣粉》(GB/T 20491—2006)
	非活性混合材	活性指标分别低于活性混合材标准要求数值的材料属于非活性混合材。其中石灰石中三氧化铝含量应不大于 2.5%
	镁渣	应符合《镁渣硅酸盐水泥》(GB/T 23933—2009)附录 A 的规定
	助磨剂	水泥粉磨时允许加入不大于水泥质量的 1.0% 的助磨剂。助磨剂品质应符合《水泥助磨剂》(GB/T 26748—2011)的有关规定

品种	材料	要 求 内 容
磷渣硅酸盐水泥	水泥熟料	应符合《硅酸盐水泥熟料》(GB/T 21372—2008)规定的化学性能和物理性能
	石膏	(1)天然石膏:应符合规定的 G 类或 M 类二级(含)以上的石膏或混合石膏 (2)工业副产石膏:以硫酸钙为主要成分的工业副产品。采用前应试验证明对水泥性能无害。
	电炉磷渣	应符合《用于水泥中的粒化电炉磷渣》(GB/T 6645—2008)的有关规定
	高炉矿渣	应符合《用于水泥中的粒化高炉矿渣》(GB/T 203—2008)的有关规定
	火山灰质	应符合《用于水泥中火山灰质混合材料》(GB/T 2847—2005)的有关规定
	粉煤灰	应符合《用于水泥和混凝土中的粉煤灰》(GB/T 1596—2005)的有关规定
	石灰石	石灰石中 Al_2O_3 含量不应超过 2.5%
	窑灰	应符合《掺入水泥中的回转窑窑灰》(JC/T 742—2009)的有关规定
	助磨剂	水泥粉磨时允许加入不大于水泥质量的 0.5% 的助磨剂。助磨剂品质应符合《水泥助磨剂》(GB/T 26748—2011)的有关规定

专用水泥类

品种	材料	要 求 内 容
道路硅酸盐水泥	水泥熟料	应符合《硅酸盐水泥熟料》(GB/T 21372—2008)相关规定的化学性能和物理性能
	石膏	(1)天然石膏:应符合《天然石膏》(GB/T 5483—2008)的规定 (2)工业副产石膏:以硫酸钙为主要成分的工业副产品。采用前应试验证明对水泥性能无害
	混合材	所使用的活性混合材应符合相关标准:《用于水泥中的粒化高炉矿渣》(GB/T 203—2008)、《用于水泥和混凝土中的粒化高炉矿渣粉》(GB/T 18046—2008)、《用于水泥中的粒化电炉磷渣》(GB/T 6645—2008)、《用于水泥中的钢渣》(YB/T 022—2008)
	助磨剂	水泥粉磨时允许加入不大于水泥质量的 0.5% 的助磨剂。助磨剂品质应符合《水泥助磨剂》(GB/T 26748—2011)规定
砌筑水泥	水泥熟料	应符合《硅酸盐水泥熟料》(GB/T 21372—2008)相关规定的化学性能和物理性能
	石膏	应符合《天然石膏》(GB/T 5483—2008)的有关规定
	混合材	所使用的活性混合材应符合相关标准:《用于水泥中的粒化高炉矿渣》(GB/T 203—2008)、《用于水泥和混凝土中的粒化高炉矿渣粉》(GB/T 18046—2008)、《用于水泥中的粒化电炉磷渣》(GB/T 6645—2008)、《用于水泥中的钢渣》(YB/T 022—2008)、石灰石中 Al_2O_3 含量不应超过 2.5%
	窑灰	应符合《掺入水泥中的回转窑窑灰》(JC/T 742—2009)的有关规定
	助磨剂	水泥粉磨时允许加入不大于水泥质量的 1.0% 的助磨剂。助磨剂品质应符合《水泥助磨剂》(GB/T 26748—2011)规定
钢渣道路水泥	水泥熟料	应符合《硅酸盐水泥熟料》(GB/T 21372—2008)的相关规定,且 28d 抗压强度不低于 55MPa
	石膏	应符合《天然石膏》(GB/T 5483—2008)的有关规定
	钢渣	应符合《用于水泥中的钢渣》(YB/T 022—2008)的有关规定
	高炉矿渣	应符合《用于水泥中的粒化高炉矿渣》(GB/T 203—2008)的有关规定
	助磨剂	水泥粉磨时允许加入不大于水泥质量的 0.5% 的助磨剂。助磨剂品质应符合《水泥助磨剂》(GB/T 26748—2011)的有关规定

品种	材料	要求内容
钢渣砌筑水泥	水泥熟料	应符合《硅酸盐水泥熟料》(GB/T 21372—2008)的有关规定
	石膏	应符合《天然石膏》(GB/T 5483—2008)的有关规定
	钢渣	应符合《用于水泥中的钢渣》(YB/T 022—2008)的有关规定
	高炉矿渣	应符合《用于水泥中的粒化高炉矿渣》(GB/T 203—2008)的有关规定
油井水泥	水泥熟料	应符合《硅酸盐水泥熟料》(GB/T 21372—2008)相关规定
	石膏	应符合《天然石膏》(GB/T 5483—2008)的有关规定
	助磨剂	生产 A、B、C、D、E、F 级油井水泥时,允许掺入符合《水泥助磨剂》(GB/T 26748—2011)有关规定的符助磨剂。生产 G、H 级油井水泥时除熟料、石膏外,不得掺加其他外加剂

特性水泥类

品种	材料	要 求 内 容
低热微膨胀水泥	水泥熟料	应符合《硅酸盐水泥熟料》(GB/T 21372—2008)的有关规定
	石膏	(1)天然石膏:应符合《天然石膏》(GB/T 5483—2008)的有关规定 (2)工业副产石膏:以硫酸钙为主要成分的工业副产品。采用前应试验证明对水泥性能无害
	高炉矿渣	应符合《用于水泥中的粒化高炉矿渣》(GB/T 203—2008)规定的优等品粒化高炉矿渣
	助磨剂	水泥粉磨时允许加入不大于水泥质量的 0.5% 的助磨剂。助磨剂品质应符合《水泥助磨剂》(GB/T 26748—2011)的有关规定
	外掺物	经供销双方商定,允许掺加少量改善水泥膨胀性能的外掺物
中、低热水泥低热矿渣水泥	水泥熟料	应符合《硅酸盐水泥熟料》(GB/T 21372—2008)相关低热水泥品种规定的化学性能和物理性能
	石膏	(1)天然石膏:符合规定的 G 类或 M 类二级(含)以上的石膏或混合石膏 (2)工业副产石膏:以硫酸钙为主要成分的工业副产品。采用前应试验证明对水泥性能无害
	混合材	所使用的活性混合材应符合相关标准:《用于水泥中的粒化高炉矿渣》(GB/T 203—2008)、《用于水泥和混凝土中的粒化高炉矿渣粉》(GB/T 18046—2008)、《用于水泥中的粒化电炉磷渣》(GB/T 6645—2008)
	助磨剂	水泥粉磨时允许加入不大于水泥质量的 1.0% 的助磨剂。助磨剂品质应符合《水泥助磨剂》(GB/T 26748—2011)的有关规定
抗硫酸盐水泥	水泥熟料	应符合《硅酸盐水泥熟料》(GB/T 21372—2008)特定的矿物组成的硅酸盐水泥熟料
	石膏	(1)天然石膏:应符合规定的 G 类或 M 类二级(含)以上的石膏或混合石膏 (2)工业副产石膏:以硫酸钙为主要成分的工业副产品。采用前应试验证明对水泥性能无害
	助磨剂	水泥粉磨时允许加入不大于水泥质量的 1.0% 的助磨剂。助磨剂品质应符合《水泥助磨剂》(GB/T 26748—2011)的相关规定
硫铝酸盐水泥	水泥熟料	(1)用于制造快硬硫铝酸盐水泥、低碱度硫铝酸盐水泥熟料应符合相关规定要求 (2)用于制造自应力硫铝酸盐水泥的熟料,除符合基本要求外,其三氧化铝与二氧化硅的质量分数比,应不大于 6.0
	石膏	(1)用于制造自应力硫铝酸盐水泥的石膏,应符合规定的 G 类二级(含)以上规定要求 (2)用于制造快硬硫铝酸盐水泥和低碱度硫铝酸盐水泥的石膏,应符合规定的 A 类一级或 G 类二级(含)以上规定的要求
	石灰石	氧化钙含量应不少于 50%,三氧化铝含量应不大于 2.0%

品种	材料	要求内容
明矾石膨胀水泥	水泥熟料	(1)硅酸盐水泥熟料应符合《硅酸盐水泥熟料》(GB/T 21372—2008)的相关规定 (2)铝酸盐水泥熟料、三氧化二铝含量应不小于25%
	石膏	应符合《天然石膏》(GB/T 5483—2008)中A类一级品天然硬石膏的有关规定
	高炉矿渣	应符合《用于水泥中的粒化高炉矿渣》(GB/T 203—2008)的有关规定
	粉煤灰	应符合《用于水泥和混凝土中的粉煤灰》(GB/T 1596—2005)的有关规定
	助磨剂	水泥粉磨时允许加入不大于水泥质量的1.0%的助磨剂。助磨剂品质应符合《水泥助磨剂》(GB/T 26748—2011)的有关规定
彩色硅酸盐水泥	水泥熟料	应符合《硅酸盐水泥熟料》(GB/T 21372—2008)有关规定的硅酸盐水泥熟料
	水泥	应符合《白色硅酸盐水泥》(GB/T 2015—2008)要求;或符合《通用硅酸盐水泥》(GB 175—2007)要求
	石膏	(1)天然石膏:应符合规定的G类或M类二级(含)以上的石膏或混合石膏 (2)工业副产石膏:以硫酸钙为主要成分的工业副产品。采用前应试验证明对水泥性能无害
	混合材	选用并符合相应标准的混合材
	着色剂	应符合相应颜料国家标准的要求,并对水泥性能无害
	助磨剂	水泥粉磨时允许加入不大于水泥质量的1.0%的助磨剂。助磨剂品质应符合《水泥助磨剂》(GB/T 26748—2011)的有关规定
白色硅酸盐水泥	水泥熟料	含氧化铁少的硅酸盐水泥熟料
	石膏	(1)天然石膏:应符合规定的G类或A类,品位等级二级(含)以上的石膏 (2)工业副产石膏:以硫酸钙为主要成分的工业副产品。采用前应试验证明对水泥性能无害
	石灰石	石灰石中Al_2O_3含量不应超过2.5%
	窑灰	应符合《掺入水泥中的回转窑窑灰》(JC/T 742—2009)的有关规定
	助磨剂	水泥粉磨时允许加入不大于水泥质量的1.0%的助磨剂。助磨剂品质应符合《水泥助磨剂》(GB/T 26748—2011)的有关规定

参考文献

[1] 王君伟，李祖尚. 水泥生产工艺计算手册 [M]. 北京：中国建材工业出版社，2001.

[2] 李明豫，丁卫东主编. 水泥企业化验室工作手册 [M]. 北京：中国矿业大学出版社，2002.

[3] 胡宏泰，朱祖培，陆纯煊主编. 水泥的制造和应用 [M]. 济南：山东科学技术出版社，1994.

[4] 林宗寿. 水泥"十万"个为什么系列丛书 [M]. 武汉：武汉理工大学出版社，2006.

[5] 周立正，周君玉. 新型干法水泥生产技术问答丛书 [M]. 北京：化学工业出版社，2009.

[6] 王君伟. 水泥生产问答 [M]. 北京：化学工业出版社，2010.

[7] 胡佳山，王向伟，刘生瑞等. 水泥行业职业技能培训教材 [M]. 北京：中国建材工业出版社，2006.

[8] 白礼懋主编. 水泥厂工艺设计实用手册 [M]. 北京：中国建材工业出版社，1997.

[9] 陈友德，武晓萍. 水泥预分解窑工艺与耐火材料 [M]. 北京：化学工业出版社，2011.

[10] 丁奇生，王亚丽，崔素萍等. 水泥的原料与燃料 [M]. 北京：化学工业出版社，2009.

[11] 方文沐，杜惠敏，李天荣等，燃料分析技术问答 [M]. 第3版. 北京：中国电力出版社，2005.

[12] 刘文长，崔健，杨鑫等. 水泥及其原燃料化验方法与设备 [M]. 北京：中国建材工业出版社，2009.

[13] 中国建筑材料检验认证中心，国家水泥质量监督检验中心. 水泥实验室工作手册 [M]. 北京：中国建材工业出版社，2010.

[14] 刘数华，冷发光，罗季英等. 建筑材料试验研究的数学方法 [M]. 北京：中国建材工业出版社，2006.

[15] 张曾乾，王义宏. 现代企业班级管理 [M]. 上海：上海交通大学出版社，2006.

[16] 湖南省水泥质量监督检验授权站. 水泥质量及检验工作指南 [M]. 长沙：中南工业大学出版社，1998.

[17] 建筑材料科学研究院编著. 水泥窑热工测量 [M]. 第2版. 北京：中国建材工业出版社，1998.

[18] 马保国，田健. 水泥热工过程与节能关键技术 [M]. 北京：化学工业出版社，2010.

[19] 田文富，隋良志. 硅酸盐热工基础 [M]. 天津：天津大学出版社，2009.

[20] 王利剑，李建伟，张冬阳. 非金属矿粉碎工程与设备 [M]. 北京：化学工业出版社，2011.

[21] 江旭昌，王仲春，干雪英等. 管磨机 [M]. 北京：中国建材工业出版社，1992.

[22] 王仲春. 水泥粉磨工艺技术进展 [M]. 北京：中国建材工业出版社，2008.

[23] 陈全德. 新型干法水泥技术原理与应用 [M]. 北京：中国建材工业出版社，2004.

[24] 李斌怀，陈学军等. 预分解窑水泥生产技术与操作 [M]. 武汉：武汉理工大学出版社，2011.

[25] 熊会思. 新型干法烧成水泥熟料设备设计、制造、安装和使用 [M]. 北京：中国建材工业出版社，2004.

[26] 中国环保产业协会. 注册环保工程师专业考试复习教材 [M]. 第3版. 北京：中国环境科学出版社，2011.

[27] 孙向远，徐洛屹，孙星寿等. 建材工业利用废弃物技术标准体系 [M]. 北京：中国建材工业出版社，2010.

[28] 王迎春，苏英，周世华等. 水泥混合材和混凝土掺合料 [M]. 北京：化学工业出版社，2011.

[29] 刘后启等. 水泥厂大气污染排放控制技术 [M]. 北京：中国建材工业出版社，2007.

[30] 陈云生等. 环境试验与环境试验设备用湿度查算手册 [M]. 北京：中国标准出版社，2007.

[31] 马广大，黄学敏，朱天乐等. 大气污染控制技术手册 [M]. 北京：化学工业出版社，2010.

[32] 吴清仁，吴善淦. 生态建材与环保 [M]. 北京：化学工业出版社，2003.

[33] 潘永康，王善忠，刘向东等. 现代干燥技术 [M]. 第 2 版. 北京：化学工业出版社，2007.

[34] 于才渊等. 干燥装置设计手册 [M]. 北京：化学工业出版社，2005.

[35] 唐敬麟，张禄虎. 除尘装置系统及设备设计选用手册 [M]. 北京：化学工业出版社，2004.

[36] 周渭，于建国. 测试与计量技术基础 [M]. 西安：西安电子科技大学出版社，2004.

[37] 黄志安等. 胶凝材料标准速查与选用手册 [M]. 北京：中国建材工业出版社，2011.

[38] 张小平等. 固体废物污染控制工程 [M]. 北京：化学工业出版社，2004.

[39] 林景星，徐欣等. 企业计量知识问答 [M]. 北京：中国质检出版社，2011.

[40] 新世纪水泥导报杂志社. 第二届中国水泥工业中控操作论坛论文集 [C]. 武汉：2012（5）：364-365.

XINXING GANFA SHUINI
GONGYI SHENGCHAN
JISUAN SHOUCE

新型干法水泥工艺生产
· 计算手册 ·

本书按照水泥生产工艺主线，分别对水泥熟料矿物组成和率值、原燃料性能及评价、配料、生产检测、热工测定、粉磨、熟料烧成等工艺环节的计算知识进行了详细介绍，汇集了大量的计算公式和技术参数，并配有示例，可为读者提供"即查即用"的便捷参考。

本书可供水泥生产企业的技术人员和操作人员使用，也可供水泥行业相关人士、大专院校相关专业的学生参考。

ISBN 978-7-122-15280-0

9 787122 152800 >

销售分类建议：**建筑/建筑材料**

定价：50.00元